U0157536

中国被动式低能耗建筑年度发展研究报告
2021

住房和城乡建设部科技与产业化发展中心
（住房和城乡建设部住宅产业化促进中心）　编
北京康居认证中心有限公司

中国建筑工业出版社

图书在版编目（CIP）数据

中国被动式低能耗建筑年度发展研究报告. 2021/
住房和城乡建设部科技与产业化发展中心（住房和城乡建
设部住宅产业化促进中心），北京康居认证中心有限公司
编. —北京：中国建筑工业出版社，2021.10
ISBN 978-7-112-26481-0

Ⅰ.① 中… Ⅱ.① 住… ② 北… Ⅲ.① 生态建筑－建
筑工程－研究报告－中国－2021 Ⅳ.① TU-023

中国版本图书馆CIP数据核字（2021）第169452号

　　2020年9月，习近平同志在联合国大会上首次提出中国二氧化碳排放力争于2030年
前达到峰值，努力争取2060年前实现碳中和。为积极促进"双碳"目标下的建筑行业
绿色发展，北京康居认证中心有限公司特邀被动式超低能耗建筑领域行业专家、工程
师，多路径探索"建筑碳中和"实现方法。本书为中国被动式低能耗建筑年度发展研
究报告2021，主要介绍了我国被动房2021年国内研发所取得的研究成果，阐述专家观
点、重大技术突破和技术产品如何应用，以及有代表性示范项目的实践案例等内容，
另附有被动式低能耗建筑发展地方政策、大事记、最新产品选用目录、产业技术创新
联盟名单供读者参考。

　　本书适于欲从事被动式低能耗建筑的开发、设计、施工、监理等行业管理人员、
科研人员以及实践者参考阅读。

责任编辑：杨　晓　贺　伟　唐　旭
文字编辑：李东禧
责任校对：焦　乐

中国被动式低能耗建筑年度发展研究报告　2021
住房和城乡建设部科技与产业化发展中心
　　（住房和城乡建设部住宅产业化促进中心）　　编
北京康居认证中心有限公司

*

中国建筑工业出版社出版、发行（北京海淀三里河路9号）
各地新华书店、建筑书店经销
北京锋尚制版有限公司制版
天津图文方嘉印刷有限公司印刷

*

开本：787毫米×1092毫米　1/16　印张：20　字数：338千字
2021年10月第一版　　2021年10月第一次印刷
定价：**188.00**元
ISBN 978-7-112-26481-0
（38038）

推广被动式低能耗建筑力争实现碳中和目标

　　2010～2020年，中国被动式低能耗建筑领域经历了从学习理念、转变观念，到落地项目、制定标准的过程，实现了从政策体系、标准体系、技术体系、产品体系、管理体系、行业组织，到工程项目的全方位的发展，积累了丰富的经验。

　　被动式低能耗建筑的标准体系已逐步建立起来。中国第一部针对被动房用的中国材料与试验团体标准《被动式低能耗居住建筑　新风系统》T/CSTM 00325–2021已经颁布实施。《被动式低能耗建筑用弹性体改性沥青防水卷材》T/CSTM 00324–2021、《被动式低能耗建筑外墙外保温、屋顶保温用模塑聚苯板》T/CSTM 00395–2021、《被动式低能耗建筑用未增塑聚氯乙烯（PVC–U）塑料外窗》T/CSTM 00396–2021、《被动式低能耗建筑外墙外保温用聚合物水泥胶粘剂、抹面胶浆》T/CSTM 00408–2021、《被动式低能耗建筑保温免拆模板体系》T/CSTM 00480–2021，随着这些标准的颁布实施，影响被动房质量的关键材料与产品无标准可依的情况将得到彻底的改变。

　　被动式低能耗建筑的关键材料和产品取得了重大突破。可用于严寒地区的塑料窗、甲级防火被动门、无障碍外门、低火灾风险的EPS板、EPS板免拆模建筑体系、长寿命防水卷材保温系统等代表行业先进水平的材料和产品已经投入市场。这些市场为提升我国被动房建筑质量提供了有力保障。

　　被动式低能耗建筑已从小规模试点示范发展为大规模推广。截至2020年8月，我国各级政府共颁布被动式低能耗建筑鼓励政策115项。河北、山东出现了大规模的被动房住区。我国南方城市在南方城市无政策支持的情况下，也开始了规模化建造。如浙江、四川出现了10万平方米以上的被动房住区。

被动式低能耗建筑的推广，可以极大地降低社会终端能耗，甚至可以为乡村振兴战略、区域协调发展战略、可持续发展战略、健康中国战略的实施和满足人民日益增长的美好生活需要起到积极作用。习近平在2020年9月22日召开的第七十五届联合国大会上表示："中国将提高国家自主贡献力度，采取更加有力的政策和措施，二氧化碳排放力争于2030年前达到峰值，努力争取2060年前实现碳中和。"作为建设者，不断推动和引领中国被动式低能耗建筑的健康发展，始终坚持生态文明发展的战略，力争尽早实现小区层面、社区层面和城市层面的"碳中和"，是我们要坚守的初心和使命。

目录 | CONTENTS

工程案例

各地政策

专家观点

外墙外保温系统必将跟随被动房在"双碳"目标引领下实现高质量发展

张小玲

北京康居认证中心有限公司董事长

随着我国"双碳"目标的进程推进,建筑节能减碳的巨大潜力愈来愈被重视。通过被动房的手段实现室内达到舒适的同时,取消传统采暖系统并将采暖能耗降低90%以上,将夏季的空调能耗降低四分之三以上,从而极大地缓解温室气体的减排压力。

提高建筑外围护结构保温隔热性能,是降低建筑能耗的必要手段。在我国建筑节能发展的历程中有过多种保温系统和多种保温材料的出现:如保温浆料、保温装饰板、保温结构一体化、外墙外保温薄抹灰体系等保温系统;岩棉、模塑聚苯板即EPS板(以下简称EPS板)、挤塑聚苯板即XPS板、酚醛板、聚氨酯板、泡沫水泥、泡沫玻璃、泡沫陶瓷、珍珠岩等保温材料。同欧洲一样,外墙外保温薄抹灰系统在我国逐渐发展起来并在各地得到普及推广。

但是,外墙外保温薄抹灰系统并不只是给人们带来了温暖,一些工程事故所带来巨大的伤害给外墙外保温的应用带来了阴影。譬如外墙外保温系统的火灾时有发生,有些火灾给人民的生命财产造成巨大损失。如2009年2月9日的央视大火,造成1名消防队员牺牲,6名消防队员和2名施工人员受伤,并造成了直接经济损失1.6亿元;2010年11月15日发生于上海市静安区胶州路728号静安教师公寓大楼的一起特别重大火灾,据官方媒体报道,火灾共造成58人死亡,另有71人在火灾中受伤。建筑保温系统除了火灾事故外,剥落的事故也时有发生。这些事故使得人们对外墙外保温系统产生了怀疑和恐惧,某些省市禁止了外墙外保温系统的使用。如,上海市住房和城乡建设管理委员会颁发沪建建材〔2020〕539号规定"施工现场采用胶结剂或锚栓以及两方式组合的施工工艺外墙外保温系统(保温装饰复合板除外),禁止在新建、改建、扩建的建筑工程外墙外侧作为主体保温系统设计使用"。河北省住房和城乡建设厅颁发的冀建质安〔2021〕4号规定施工现场采用胶结剂或锚栓以及两种方式组合的薄抹灰外墙外保温系统禁止在新建、改建、扩建的民用建筑工程外墙外侧作为主体保温系统设计使用(砌体结构除外)。这两个禁令使得被动式低能耗建筑（被动房）几乎无法在这两个地区推行。

1 为什么被动式低能耗建筑主要选择外墙外保温薄抹灰系统

国内外的被动式低能耗建筑绝大部分选择外墙外保温薄抹灰系统。主要有以下原因：一是外墙外保温薄抹灰系统可以实现外围护结构的无热桥构造，利用保温材料可以有效避免在外墙、基础、门窗洞口和女儿墙部位形成热桥，从而在有效避免室内能量流失的同时，杜绝了由热桥产生的各种结露发霉现象，如图1所示。二是外墙外保温系统可以使建筑外围护结构构成最佳的热工性能，处于保温材料内侧外围护结构一年四季温度基本保持在20～25℃左右，使得结构层起到调节温度的重要作用。三是避免建筑造成城市热岛效应；同内保温相比，这一点尤其重要，每一个内保温的建筑无疑增加了城市热岛效应。四是无热桥的外墙外保温系统可以极大地延长建筑的使用寿命。保温将结构层完全包覆起来，使得结构层免受风霜雨雪的侵蚀。这也是被动房被国外认为是永远不坏的建筑的主要原因。五是技术成熟，体系完善。外墙外保温在欧洲至少有40年以上的历史，其材料工法十分完善，已成为超低能耗建筑（被动房）外墙保温隔热的主流方案。

（a）窗洞口周围结露

（b）外墙内保温结露

（c）热桥部位结露发霉

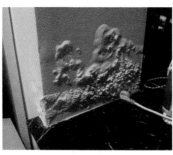
（d）外墙内侧结露

图1 外墙部位出现的各种结露现象

我国的外墙外保温薄抹灰系统时常出问题主要由以下原因导致：

（1）原材料产品质量不合格

由恶性竞争等原因采用不合格原材料产品引起质量事故占绝大多数。主要表现在原材料价格低于成本价造成原材料产品本身质量就不合格。例如：符合质量要求的外墙外保温用聚合物砂浆应该在1400元/吨左右，而某些地区的成交价格居然不足1000元/吨。保温板选用质次价低的保温板，图2（a）中保温板颗粒之间粘接强度低；图2（b）保温板遇光照即翘曲，防火性能差，锚栓性能差；图3（a）中锚栓塑料强度低；图3（b）中锚栓无断热桥构造。

（2）施工质量不合格

外墙外保温系统施工质量不合格。造成这种情况有多种原因，一方面是技术水平不够，另一方面是故意偷工减料。我国建筑业产业工人处在一个很特殊的时期，工地工作艰苦，年轻人不愿意干，很多建筑公司因经营压力，

（a）保温板颗粒之间粘接强度低　　　　　　（b）见光翘曲的保温板

图2　质量不符合要求的保温材料

（a）锚栓塑料强度低　　　　　　　　　　（b）锚栓无断热桥构造

图3　性能不符合要求的锚栓

不愿意招收正式的建筑工人，导致工人没有归属感，流动性大。很多从事建筑行业的工人没有机会得到正规培训。而外墙外保温工程施工不但工人要做好基层的基本操作，还要有一定的专业知识。图4中防火隔离带位置设置错误，本应该设置在窗上部的岩棉防火隔离带设置在了窗口中部，使防火隔离带丧失了作用；同时也说明施工队管理混乱，基础知识匮乏，监理没有起到一定的作用。图5锚栓打穿砌块砂浆层，显示工人不按"锚栓应打入砌块"的施工要求，并且选用了过长的锚栓。图6显示保温板之间缝隙过大，穿墙管没有使用预压膨胀密封带。图7显示粘接砂浆用量太少，明显偷工减料。图8显示外窗安装不规范，金属连接件不按要求安装。以上这些问题均出现在近三年的被动房工地上，让人触目惊心。

图4　防火隔离带位置错误

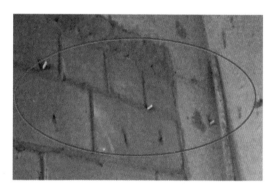
图5　锚栓打穿墙体

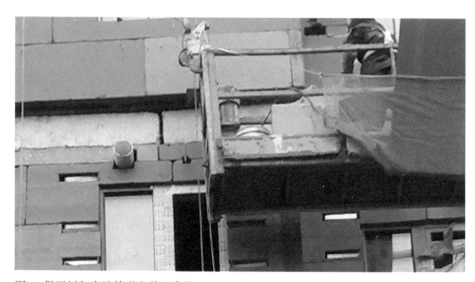
图6　保温板与穿墙管道安装不合格

图7　大量减少粘接砂浆用量　　　　图8　外窗安装不规范

2　无火灾风险的高质量外墙外保温系统是必然选择

外墙外保温系统在中国发展30年来，让人最怕的还是火灾带来巨大的生命财产的损失。有些人甚至提出宁可不做节能建筑，也不要使用有机类的保温材料。而我国"双碳"目标使得我国不得不把建筑能耗降下来，被动式低能耗建筑成了必然选择。为了让管理部门安心，让百姓放心，必须彻底解决外墙外保温火灾风险问题和施工质量问题。建议如下：

（1）选择低火灾风险的保温材料

除岩棉板外，EPS板是欧洲用量最大的建筑保温板。被动式低能耗建筑外墙外保温和屋面EPS板厚度普遍在150mm以上，严寒地区甚至超过400mm以上，比普通节能建筑板材的厚度增加了一倍以上。如果没有控制好板材质量，将造成工程质量隐患和在火灾中产生十分严重的后果。目前，我国的国家标准和行业标准中规定了燃烧等级的要求。借鉴国内外经验，当有机类的保温材料产烟特性、燃烧滴落物和微粒等级以及烟气毒性加以限制时，这类保温的火灾风险可以被有效地控制。欧洲发达地区的被动式低能耗建筑使用低火灾风险的EPS板时，甚至不使用防火隔离带（图9）。

图9　不设防火隔离带的EPS板多层建筑

我国目前已经有厂商生产出B₁（B）级的模塑聚苯板，当对其产烟特性、燃烧滴落物和微粒等级以及烟气毒性进一步加以限制时，其在火灾过程中造成的危害极低。如果规定任何用于外墙外保温材料烟气毒性必须达到准安全ZA₃级以上，则可将火灾过程中烟毒伤人的可能性大大降低。北京康居认证中心有限公司主编的中国材料与试验团体标准《被动式低能耗建筑　模塑聚苯板》CSTM LX 0325 00395-2020中要求被动式低能耗中的模塑聚苯板作为建筑模板和在室内使用时必须达到B₁（B）级，并且烟气毒性达到准安全ZA₁级，见表1；当EPS板作为外墙外保温或屋面保温板使用时其燃烧性能要求达到B₁（C）级，其烟气毒性达到准安全ZA₃级，见表2。烟气毒性能够达到准安全ZA₁级的保温材料，在烟毒试验中，10只小白鼠在30min烟雾中不得死亡（图10）。

（a）10只小白鼠装入试验盒中

（b）将保温材料产生的烟气充入试验盒

（c）30min烟气试验后10只小白鼠全部成活

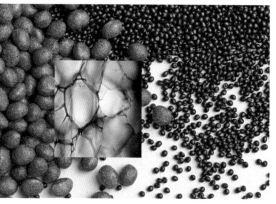
（d）生产B₁（B）级EPS板原材料

图10　烟毒试验

表1 模塑聚苯板作为建筑模板时燃烧性能要求

燃烧性能	等级要求	试验方法	分级判据
燃烧性能等级	B₁（B）	GB/T 20284且按GB/T 8626标准试验中，点火时间30s	（a）燃烧增长速率指数FIGRA$_{0.2MJ}$≤120W/s；（b）火焰横向蔓延未到达试样长翼边缘；（c）600s的总放热量THR$_{600s}$≤7.5MJ
			（a）60s内焰尖高度Fs≤150mm；（b）60s内无燃烧滴落物引燃滤纸现象
产烟特性	s1级	GB/T 20284	（a）烟气生成速率指数SMOGRA≤30m²/s²；（b）试验600s总烟气生成量TSP600s≤50m²
燃烧滴落物/微粒等级	d0级	GB/T 20284	试验方法600s内无燃烧滴落物/微粒
烟气毒性	t0级	GB/T 20285	达到准安全ZA₁级

表2 模塑聚苯板作为外墙外保温或屋面保温板燃烧性能要求

燃烧性能	等级要求	试验方法	分级判据
燃烧性能等级	B₁（C）	GB/T 20284且按GB/T 8626标准试验中，点火时间30s	（a）燃烧增长速率指数FIGRA$_{0.4MJ}$≤250W/s；（b）火焰横向蔓延未到达试样长翼边缘；（c）600s的总放热量THR$_{600s}$≤15MJ
			（a）60s内焰尖高度Fs≤150mm；（b）60s内无燃烧滴落物引燃滤纸现象
产烟特性	s1级	GB/T 20284	（a）烟气生成速率指数SMOGRA≤30m²/s²；（b）试验600s总烟气生成量TSP600s≤50m²
燃烧滴落物/微粒等级	d1级	GB/T 20284	600s内燃烧滴落物/微粒，持续时间不超过10s
烟气毒性	t1级	GB/T 20285	达到准安全ZA₃级

（2）选择经过认证的外墙外保温材料和专业施工队伍

低价竞争是难以克服的顽疾。政府加强市场监管虽然是切中要害的有效办法，但面对我国每年20亿市场的建造量，需要政府巨大的人力物力的投入。向德国学习，利用市场化手段造就良性竞争的市场是可借鉴的经验。借助认证机构做好两方面的认证将是一条可行的道路。一方面要求外墙外保温产品和材料必须通过认证：对建筑质量产生重要影响的材料和产品必须经过权威认证才可进入市场，当某家企业的产品被认证机构否定，也就意味着企业要承担失去市场的风险。另一方面对外墙外保温施工企业进行服务认证，这类企业除拥有专项资质外还必须有一定数量的产业工人，促使企业有培训工人的动力，促使工人对企业有归属感。认证机构为了确保避免经营上的风险，必然会设定严密的实施认证规则。认证的实施规则越严谨，所认证的产品和服务越会得市场的认可。认证机构会根据市场的需求，自动配置资源，而不会形成政府直接监管所带来的沉重的经济压力。一旦认证产品和服务出了问题，认证机构将被追究连带经济责任，甚至会被吊销营业执照。走北欧的社会认证机构之路，可以降低政府监管成本，同时降低企业的宣传检测成本并避免恶性竞争。

北京康居认证中心有限公司（以下简称康居中心）经过多年的努力，为被动式低能耗产品和材料做认证，已经向社会提供169家企业21大类369项认证产品，获得社会广泛认可。为了推动行业进步，康居中心不断完善认证实施规则，明确拒绝会伤害行业进步的认证，如不适用于被动房产品的材料、不从事产品生产只贴牌的企业等。康居中心经过三年的基础工作准备，今年将推出"外墙外保温薄抹灰系统施工"服务认证，将对外墙外保温的企业、技术人员和工人进行认证。希望服务认证能够推动外墙外保温系统走向良性发展。

最后给担忧外墙外保温火灾和质量的管理部门一个建议：不要一刀切地禁止使用外墙外保温薄抹灰体系，可以将保温材料燃烧性能定为B_1（C）以上，甚至可以定为B_1（B）级，烟气毒性达到准安全ZA_1级，并规定只有获得服务认证的施工企业才可以进行施工，还节能建筑实现被动式低能耗建筑的机会。

碳中和之路与被动式低能耗建筑

陈守恭

德国被动房研究所代表

2030碳达峰，2060碳中和。中国对世界的承诺，已经开始行动。但对许多人而言，30、60还是两个十分遥远的数字。

气象学家指出，极端气候事件频发、强度大增的根本原因在于全球气候变暖。而大气中温室气体浓度增加，是气候变暖的直接原因。工业革命前，地球大气二氧化碳浓度在280ppm左右。半世纪前，升到了340ppm。而2020年最高已经达到417ppm。人类大量使用化石能源，是碳排放暴增的原因。

这一条因果链十分清楚：要遏制地球升温，减少温室气体排放，也就是减少化石能源消耗，是刻不容缓的主要的手段。

1 中国承担起减排的世界责任

中国在2005年成为世界碳排放第一大国，且还在快速增长。自21世纪以来，中国的二氧化碳年排放量增加近二倍。2019年中国的碳排放量占全球的27.2%，是第二名美国的1.9倍。在2030年碳达峰之前，还要继续增长。

中国的双碳政策，对于遏制地球升温，挽救气候危机，维持可持续生存环境，意义极为重大。这不只是一个只许成功，不能失败的国际承诺，也是对中国自己后代子孙的承诺。

表1 中国"2030碳达峰、2060碳中和"的自主承诺

习近平的国际发言摘要	2015年11月30日气候变化巴黎大会讲话	2020年9月22日联合国大会一般性辩论讲话	2020年12月12日气候雄心峰会讲话
A. 使二氧化碳排放达到峰值	2030年左右达到，并争取尽早实现	力争于2030年前达到	
B. 碳中和		争取于2060年前实现	
C. 风电太阳能发电总装机容量			达到12亿kW以上

续表

习近平的国际发言 摘要	2015年11月30日 气候变化巴黎大会 讲话	2020年9月22日 联合国大会一般性辩 论讲话	2020年12月12日 气候雄心峰会讲话
D. 2030年单位国内生产总值二氧化碳排放比2005年下降	60%～65%		65%
E. 非化石能源占一次能源消费比重	20%左右		25%
F. 森林蓄积量比2005年增加	45亿m³左右		60亿m³

2 可再生能源不足以取代化石能源

实现碳中和，就是基本放弃化石能源，以可再生能源进行取代。但可再生能源仍是稀缺、昂贵、使用受限的。全部取代，几乎绝无可能。以排放最多的电力行业而论，目前72%来自火力发电，18%来自水力发电，核能、风能、太阳能合计仅10%。即使我国按计划加速风能与太阳能发电，在2030年前将两者装机容量翻倍，占比仍然很低（图1）。

2020年发电装机容量22亿千瓦　　　　　　2020年发电量7.4万亿千瓦时

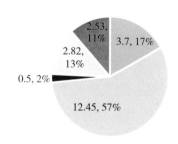
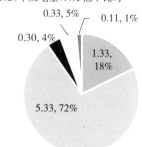

图1　2020年全国可再生能源的发电量占比小于装机容量占比

3 节能才是实现碳中和的主要手段

碳中和的实现，依赖的是75%的能效提高（节能），25%的可再生能源替代。这是德国对碳中和途径的预测。维持现有服务水平不坠，达成2050年碳

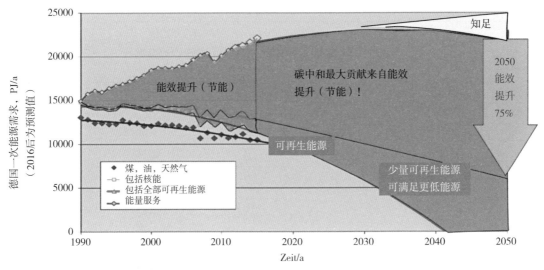

图2　德国实现碳中和的实践与预测途径（费斯特教授）

中和的目标是可能的。诚如德国默克尔总理所言："最好的电，是没有使用的那度电。"（图2）

4　建筑是排放大户，也是节能黑马

　　减少碳排放，自然要从主要排放来源下手。世界主要工业国家，能源消耗的占比大约是工业生产、交通、建筑各占三分之一。目前我国建筑运营期间的能耗占社会终端能耗的21%。随着生活水平提高，此比例还将继续上升。如果计算建筑全生命周期，即包括建材生产及建造过程的能耗，按统计方法的不同，总计高达全部能耗的38%~52%。无论采用哪一种数据，建筑节能减排无疑是重中之重。本文主要探讨建筑运营期间的节能途径。

　　2030碳达峰的目标，在2015年就已提出。2016年2月，发改委与住建部《城市适应气候变化行动方案》中，针对"（三）提高城市建筑适应气候变化能力"，明确提出了"积极发展被动式超低能耗绿色建筑"的指示。其依据是始于2010年，住建部在与德国能源署合作下开展的对被动式低能耗建筑的探索，取得的良好成果。这一技术路线的迅速广泛应用，是实现2060碳中和目标的必经之路。

5 被动式低能耗建筑是节能主力

被动式低能耗建筑,源于德国被动房技术。被动房五个主要措施,现在已经被普遍接受,不必多做阐述(图3)。但如果以为被动房技术尽在于斯,则是误解。凡以被动方式,减少建筑能耗的手段,都是被动房技术所欢迎、提倡、探索的。例如体型比、朝向、固定遮阳、活动外遮阳、冷色(反射)涂料、冷辐射材料、地道送风等等。原则上,被动房要求每个人员使用房间都必须有窗,以保证在适宜条件下可实现开窗通风。技术进步无止境,被动节能技术期待更高效益的材料、产品、方法的出现。

就以这五个主要措施而言,也不是一成不变的。良好的设计,就是在多种可能相互冲突的条件下寻求最优解。被动式技术是建筑节能的不可或缺的基础,但不是唯一的、排他的措施。

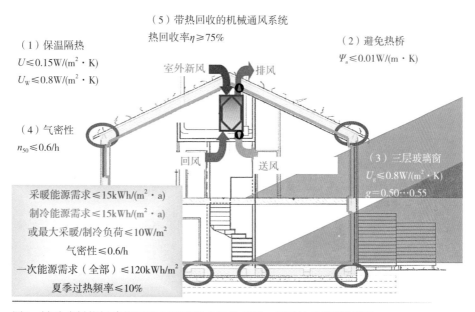

图3 被动式低能耗建筑五项主要措施(图片来源:德国被动房研究所)

6 被动式建筑是近零能耗、超低能耗建筑的基础

自2019年9月1日我国推出"近零能耗建筑技术标准",以及该标准中定义为"初级表现形式"的"超低能耗建筑标准"以来,"被动式超低能耗绿

色建筑"的提法似相对被忽视。其实，在近零能耗标准的"基本规定"中开宗明义地指出："建筑设计应根据气候特征及场地条件，通过被动式设计降低建筑冷热需求和提升主动式能源系统的能效达到超低能耗，在此基础上，利用可再生能源对于建筑消耗能源进行平衡和替代达到近零能耗。有条件时，宜实现零能耗。"

标准中的"建筑本体性能指标"，建立在被动式技术的基础上。而"被动式建筑"，已经发展为完整的技术体系，提出了可遵循的设计原则与计算工具，带动了市场上多样而价格合理的产品，为达成目标提供了技术与经济的保障。

我国近零能耗建筑标准，接轨于欧盟2010年就确定原则、2021年开始实施（公用建筑提前2年）的近零能耗建筑标准，也在一定程度上参考了德国被动房研究所的被动房标准。不同于欧盟的由各成员国自行制定标准，我国则按不同气候区制定了不同的标准。德国被动房研究所认证的5000多个被动房项目，是当今世界上最大的近零能耗建筑数据库。

7 建筑节能的主要手段

以下列举的建筑节能减排手段，无一不重要，无一可忽略。但实施策略上，有相对的轻重缓急。其中最重要、最基本的是被动式节能。在总预算有限，必须在不同措施间有所取舍的情况下，优先投资被动式节能措施是最合理的选择。

被动式建筑绝不排斥其他措施。相反的，只有各种措施的共同配合，碳中和才能真正实现。因为被动措施导致设备的需求减少（例如空调、地暖、散热器的装机容量或必要性），则是无可避免的趋势。

（1）被动优先节能

充分利用被动式节能技术，使建筑本体在满足舒适（例如合适、均匀的温湿度）与健康（充足的氧气供应）的条件下，对使用主动供暖供冷的需求降至最低。

（2）主动优化节能

合理选用、配置高能效的建筑设备，包括供暖、制冷、除湿设备、（空气源、水源、地源）热泵、热水、照明、家用及办公设备、电梯，以及各种辅助设备，如风机、循环泵等。也包括设备系统的整合，例如新风空调一体，供热制冷一体，发电、储能、储热、热水、供暖一体。

（3）可再生（低碳）能源利用

与建筑密切相关的是太阳能、风能、地热能。在能耗大幅降低的条件下，才有可能完全取代化石能源。建筑上的即产即用，是可再生能源的最有效利用。

（4）智能能量调配

包括利用自动检测、控制技术，优化、整合设备运行，提高能效；利用短期、长期储电、储热设施提高风电、太阳能发电的利用率；错峰用电，调节电网负荷；利用夜电节省电费。

（5）绿化固碳

以屋顶花园、垂直绿化、落叶树遮阳等方式，提高建筑的保温防热蓄水功能。从建材减排的观点，以更多可再生、蓄碳的木结构，部分取代使用高能耗建材的钢筋混凝土与钢结构，具有更重大的意义。

8　被动措施与可再生能源的比较

前述所有节能减排措施都应该被充分考虑。优良的设计应该在多种可能中权衡取舍，寻求最优方案。而确保被动式节能技术的充分利用，通常是最优解。

在现行国家"近零能耗建筑技术标准"中，将可再生能源10%列为必要。鼓励引导可再生能源的利用。这与被动式节能技术相辅相成，并行不悖。但设计者不应误以为可再生能源与被动节能为"等价"。未充分利用被动措施，难以用可再生能源作为弥补。

可再生能源应作为被动节能手段穷尽（达到最佳效益）之后的补充，而非之前的替代，因为后者的效益更高。表2为上海某建筑规划时为降低80000kWh/年能耗所做的方案比较。其中可以看到，采取被动式措施明显投资更少，效益更高。

表2 上海某办公大楼节能方案：被动措施与可再生能源比较

某办公建筑为满足绿建三星标准	被动方式	主动方式
要求：节电80000kWh/a	增加外围护保温厚度	增设光伏板
一次性投资	低（4.5元/kWh·a）	高（8元/kWh·a）
使用年限	>50年（建筑同寿命）	20年
占用面积	小（无，现建成屋顶花园）	900m²屋顶面积
空调装机容量	小	大
维护费用	低（无）	有
对环境温度影响	无	有
后期增设光伏板可能性	高	有限
后期成为零能房、产能房可能性	高	低
对建筑物的保护	更好	无
舒适度	更好	一般

9 被动优先原则

被动优先有几重含义：

一是在规划设计的顺序上，被动措施必须"先"于主动措施；

二是在经济投资的效益上，被动措施显著"优"于主动措施（及可再生能源）；

三是在舒适健康的水平上，被动措施自然高于（单独依赖）主动措施；

四是在未来迈向碳中和的路径上，被动式建筑是第一步。

（1）被动设计优先

- 只有最大限度地利用被动节能技术，才能完全开发建筑节能的潜力。跳过被动措施不可能充分节能。

- 一栋建筑内，被动技术的节能潜力，显著高于主动措施的节能潜力，以及建筑范围内可能提供的可再生能源。

- 被动措施为建筑本体不可分割的一部分，直接影响建筑设计概念、造型、布置、功能定位。必须在一开始就纳入整体规划。

- 被动节能后的能量需求缺口，决定了主动设备的装机容量。被动节能越充分，主动措施投入越少。未经充分被动节能的建筑，会造成主动设备的过度投资，或低效运行。并导致能量需求缺口过大，无法以可再生能源覆盖，因而无法达成碳中和目标。

- 在新建或改建时如果错过采取被动节能措施的机会，几十年内难以补救，或至少要付出更高代价。

- 相反的，部分主动措施与可再生能源为后期可能增添的设备。生命周期相对较短，更常更新替换。随着技术持续进步，效益提高，稍晚投入可能反而后来居上，对经济性与减排总量未必不利。

- 今天的新建建筑就是2060年的既有建筑，必须从现在开始。

- 在被动式低能耗建筑基础上，加上可再生能源，才有可能达到碳中和。

（2）经济性的优势

- 与一般直觉相反，被动式建筑是更有价值的建筑，却不必是更昂贵的建筑。在合理可控范围内的一次性增量投资，带来的更低的能耗成本、运行维护成本，全生命周期的总成本低于一般建筑。被动式建筑通常是经济性最优方案（图4）。

- 在一次性投资时免除或减小调温设备的容量与投资，例如空调、地暖、散热器等。这个效益在设备第二次更新时依然存在。

- 保温层加厚，可能导致使用面积减小，是被动式建筑推广的主要障碍。现在各地方政府已纷纷推出对低能耗房的容积率补偿政策。今

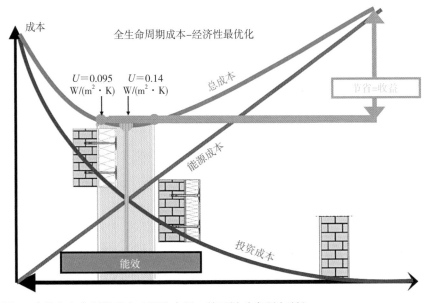

图4　建筑全生命周期成本（图片来源：德国被动房研究所）

后不仅不是障碍，还可能借优化设计及选材获得容积率红利。

- 被动式建筑具备蓄能优势，可利用离峰电力，节省电费。同时借错峰用电，减少社会电力负荷。
- 提升建筑物价值，被动式建筑是一次到位的超精装修房（含通风、采暖、制冷、除湿、过滤设备）。
- 房屋寿命延长，维修减少，价值更高。
- 房产增值，投资报酬率高。无论是长租、自持、转让，都有更大的获利空间，更大的市场。
- 利用绿色金融手段，将增量投资的现值，转化为长期融资。购房者在零增量负担下可以购得更优质、更高价值房产。而节省的能源费用，可以抵消月供增加的负担。
- 政策倾斜，对低能耗优质房产提供奖励，提出差异化房贷规定、限价规定。

（3）舒适健康优势

- 被动式建筑要求具备高气密性、机械通风系统，阻绝空隙漏风，完全过滤空气，这是对抗雾霾及其他空气污染的最有效方法。使室内真正成为恶劣天气时的避风港，并可以大幅减少室内灰尘。
- 同样达到"恒温、恒湿"状态，被动式建筑比一般建筑更为舒适健康。这是因为室内温湿度受外界影响小，不需要过多主动供暖制冷形成对抗。室内空气的温度分布更为均匀，没有吹风感。窗边、地板、阁楼温度均匀，可更多地利用面积。
- 无热桥设计，使室内无低温内表面，杜绝一般建筑中普遍存在的发霉、返潮现象。
- 显著降低噪声。

（4）碳中和的必经之路：被动式建筑—零能耗房—产能房

- 第一步是被动优先（建筑本体），主动优化（建筑设备），将建筑能耗降至最低。
- 以可再生能源覆盖被动式建筑的少量能耗缺口，达到零能耗房（碳中和）；或产电超出建筑自身所需，成为产能房。
- 随建筑设备与再生能源的效益进一步提高，今天的被动式建筑，明天可成为零能耗房；后天可成为产能房。

- 从单体建筑的被动式建筑、零能耗房、产能房，构成片区、城乡、区域能源互补体系，实现全面碳中和。
- 建筑将从耗能单位，转变为城市的能量供应站、调节站，净输出能量。
- 建筑不但满足自身能耗需求，更进一步承担交通能耗（例如电动车充电）、生产能耗（例如服务业）。
- 将能源及电力最大限度地用于生产领域，提高经济竞争力。

10 建筑能效标准的提前实践

2019年推出的国家《近零能耗建筑技术标准》，目前还是引导性而非强制性标准。随着双碳目标的确立，成为强制性标准的进程必将加速。欧盟已经从2021年起全面实施近零能耗建筑标准，中国将迅速赶上。

江苏省首先提出2025年后实施超低能耗建筑标准，预计将有更多的地方政府推出类似政策。政府的强制性标准，都应该被视为最低标准，是门槛而非天花板。有条件的业主与开发商，完全可以更早地、合理地自主实施更高的标准。试想，如果明知在几年之后，超低能耗或近零能耗将成为强制性标准，在已知未来标准要求、已有可靠技术的条件下，在过渡的这几年中新建或改造的建筑，何必继续采用几年后就将落伍，直到2060年都将持续超标排放，拖累碳中和目标实现的标准呢？

高标准建筑并不意味着更为昂贵。仅仅满足标准也不意味着最佳性价比。以气密性为例，只要设计合理，施工精良，50Pa压差之下0.6/h或更低的换气次数不难达到。即不需要额外措施与投资，就可以"超过标准"。气密性高低，不仅攸关建筑能耗，也可作为施工良窳的一个间接参考。

11 迈向碳中和的建筑大变革

实现碳中和的大部分责任，落在建筑业身上。每一栋在规划中的未来建筑，每一栋预备改造的现有建筑，都必须认准碳中和这个终极目标，迈出正确的第一步：首先提升建筑本体功能，成为被动式低能耗建筑。

错失机会，即使在主动优化、可再生能源措施上付出更高代价，都难以弥补。被动式建筑是最经济的选择。

这是建筑产业的巨大变革。高质量、长寿命、低消耗的被动式低能耗建筑成为常规建筑。新的材料、设备、设计、工法、运营、金融将蓬勃发展。

12　所有参与者需要新的思维

更重要的是，参与这建筑大变局的各方要建立起新的思维，新的价值观。

政策制定者，积极推动更高建筑能效标准的实施，给予优惠奖励政策，严格考核。扫除实施障碍（例如容积率补偿，对高质量建筑的差异限价），引导良性发展，开放绿色金融，引导性或强制性推动限时高能效旧房改造。

城市规划者，认识到未来城市建筑的能量需求与供给，将与过去大不相同：集中供暖系统取消，自给自足供电供暖成为可能，更多可再生能源并网。城市更健康干净，终至完全脱碳（碳中和）。

建筑设计者，将能效列为建筑本体价值体系的一个主要维度，与安全、经济、功能、审美等放在同一天平上考虑。被动式节能设计如今是建筑设计中一项重要的专业。

建筑设备供应商与规划者，认识到被动式低能耗建筑，是不可逆的市场趋势，需要新一代低功率、高能效设备。小而精、功能更好、集成一体化的设备才有未来。

施工者，认识到被动式建筑要求精致施工，这是未来建筑的常态。热桥、气密性成为施工人员必备的常识。

开发商，认识到建筑的长期经济价值，必须建造高能效、可持续的优质建筑。在同一使用面积上，建造更有价值的建筑，创造新的业务增长点。

购房者，理性选择优质房产，响应政策目标，以消费者的新认知、新要求，引导开发商必须满足新市场的需求。充分利用节能红利，减轻经济负担，享受更高的生活品质。

金融业者，为低能耗建筑的购买者提供奖励性房贷条件：更少首付，更高额度，更低利率。将一次性增量投资，转化为可与运营成本减少相抵的长期贷款。

减排首要在节能，节能首要在建筑，建筑需要在被动式基础上，将一切节能技术相结合。碳中和的集结号已经吹响。挽救环境恶化刻不容缓。立即行动，我们还来得及。

研究探讨

中国被动式低能耗建筑的
发展模式和发展趋势

马伊硕　郝生鑫　曹恒瑞
北京康居认证中心有限公司

摘　要： 中国引入被动式低能耗建筑已有十年，经历了从学习理念、转变观念，到落地项目、制订标准的过程。本文从政策体系、标准体系、工程项目、产品体系四个方面全面总结了我国被动式低能耗建筑领域的十年发展情况，分析了未来被动式低能耗建筑规模化发展，以及以被动式低能耗建筑为基础进行区域能源规划和实施碳中和城市建设的趋势。

关键词： 被动式低能耗建筑；发展模式；发展趋势；政策体系；标准体系；产品体系

中国引入被动式低能耗建筑已有十年，被动式理念和技术在中国已开始从探索走向成熟，"以降低建筑本体能源需求为原则，减少对机械式采暖和制冷设备的依赖"，正在成为高能效建筑领域的共识。

应该说，被动式低能耗建筑技术改变了建筑的角色定位——在大幅度降低建筑对外界能源需求的情况下，建筑从单纯的能源消耗者转变为能源需求侧的控制者和管理者；改变了人们的用能理念——开始相信低能采暖和低能制冷，相信高能效和高舒适可以协调并存。

2010～2020年，中国被动式低能耗建筑领域经历了从学习理念、转变观念，到落地项目、制定标准的过程，实现了从政策体系、标准体系、技术体系、产品体系、管理体系、行业组织，到工程项目的全方位的发展，积累了丰富的经验。时至2020年，不可回避的瑕疵固然存在，举其大者如设计经验尚浅，习惯性陷入"一如既往"的设计；高能效产品规范化程度不足，系统化水平不高；囿于工人专业素质、施工成本和工期限制，精细化施工尚有难度，等等。然而，我们依然欣喜地看到，工程项目逐个落地，技术路线逐步明朗，政策和标准逐渐颁布，市场上适用材料与设备国产化大步前行，全行业以及用户市场认识度不断加深。中国这一世界第一建筑大国，实际上正在以中国效率和市场规模，以及超越国际水平的技术创新，成为这一场建筑领域变革的领军者。

1 被动式低能耗建筑的发展模式

1.1 政策体系发展

截至2020年8月，我国各级政府共颁布被动式低能耗建筑鼓励政策115项，其中国家层面13项，21个省/直辖市/自治区、16个城市先后发布102项。其中，《山东省绿色建筑促进办法》《河北省促进绿色建筑发展条例》《辽宁省绿色建筑条例》还将被动式低能耗建筑建设写入了地方法规。

经过十年发展，各级政府对被动式低能耗建筑的认可度越来越高，体现在政策数量上，2015～2017年，全国共发布27项政策，占现有政策总数的23%；截至2020年8月31日，全国已发布36项政策，占总数的31%，见图1。

除了数量上的增多，政策的针对性及可实施性也逐年增强。2015～2017年发布的27项政策中，仅有5地6项政策具有较高的可执行性。2018年9个城市先后出台被动式低能耗建筑补贴政策。2019年4省市出台省级财政补贴政策。截至2020年8月31日，全国36项政策文件涉及15个省/直辖市/自治区，被动式低能耗建筑开始在全国范围内掀起发展热潮。其中，河北省编制完成《被动式超低能耗建筑产业发展专项规划（2020-2025年）》，明确了未来五年被动式低能耗建筑产业的发展方向，提出在全省范围内组建被动式低能耗建筑全产业链。

从地域上看，被动式低能耗建筑发展仍然表现出不均衡性。在已发布的政策文件中，严寒和寒冷地区占79%；夏热冬冷地区共发布18项政策，其中上海市、宜昌市明确了可执行的激励措施；夏热冬暖地区、温和地区共发布政策3项，见图2。

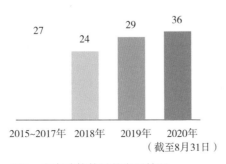

图1 发布政策数量的发展情况

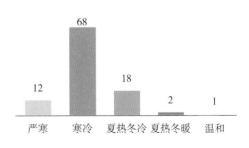

图2 不同气候区的政策数量分布情况

1.2 标准体系发展

2015年2月27日，河北省住房和城乡建设厅发布《被动式低能耗居住建筑节能设计标准》（DB13（J）/T177-2015）[1]，自2015年5月1日起实施，成为中国第一部被动式低能耗建筑标准。

2016年8月5日，住房和城乡建设部批准《被动式低能耗建筑——严寒和寒冷地区居住建筑》（16J 908-8）[2]为国家建筑标准设计图集，自2016年9月1日起实施，成为我国第一部被动式低能耗建筑的国标图集，为设计和施工人员提供了重要参考。

此后，我国典型气候区的支撑性标准逐步建立，从规划与设计、施工与建造、检测与验收、运行与维护四个方面，全面整合场地环境、建筑本体、机电系统、材料部品等内容，对被动式低能耗建筑提供全过程、全专业技术支撑。

截至2020年全国共发布被动式低能耗技术导则9项[3-11]，设计、检测、评价标准14项[1, 12-24]。其中全国性导则1项，严寒地区导则/标准3项，寒冷地区导则/标准14项，夏热冬冷地区导则/标准5项，见图3，居住建筑类导则/标准13项，公共建筑类导则/标准1项，涵盖了居住和公共建筑类导则/标准9项。

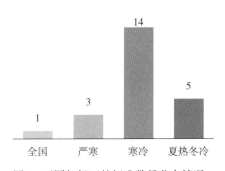

图3 不同气候区的标准数量分布情况

下一阶段，标准研究深化到产品和检测类层面，已经完成编制的有《被动式超低能耗建筑透明部分用玻璃》（T/ZBH 012-2019）[25]、《被动式低能耗居住建筑新风系统技术标准》（CSTM LX 0325 00325-2019）[26]。正在编制过程中的有门窗类、保温材料类、防水材料类、通风设备类、密封材料类和粘结/抹面砂浆类标准。

1.3 工程项目发展

以国内三家主要被动式低能耗建筑技术咨询单位在2013～2020年启动的89个项目为基础进行统计分析，建筑面积总计222万m²。其中涉及：

（1）北京、河北、山东、四川、浙江、江苏等16个省/直辖市；

（2）严寒、寒冷、夏热冬冷、夏热冬暖4个气候区；

（3）住宅、办公、幼儿园、学校、展馆等多种建筑类型；

（4）钢筋混凝土、混凝土装配式、钢结构装配式、砖木等不同结构形式。

从分布情况看，90%的项目位于寒冷地区，且以居住建筑为主，见图4、图5。应该说，被动式低能耗建筑的推广仍然主要集中在我国北方地区。然而，夏热冬冷地区冬寒难熬，夏热冬暖地区湿热季漫长，主动制冷不可或缺。在南方推动被动式低能耗建筑，不仅可以解决夏热冬冷地区冬季采暖的民生问题，更可以在夏热冬暖地区实现"低能制冷"。

从建设进度看，2013～2018年的总竣工面积为16万m²，占项目样本总量的7%。2019年竣工项目规模大幅增长。自2020年开始，竣工项目开始呈指数型增长。预计2021年竣工项目将达到142万m²，约占项目样本总量的64%，见图6。今后两年将是被动式低能耗建筑大规模竣工交付的周期，既是对其性能的一场社会性考验，也是提高其市场认识度的机会。

从结构形式看，绝大部分项目为钢筋混凝土现浇结构体系，但也有一些项目做出了探索性尝试。如北京市焦化厂公租房项目探索了装配整体式混凝

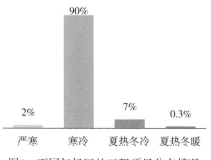

图4　不同气候区的工程项目分布情况

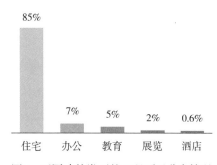

图5　不同建筑类型的工程项目分布情况

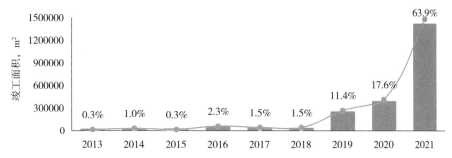

图6　工程项目竣工年份的分布情况

土结构技术和被动式低能耗建筑技术的结合，研发了预制整体式夹心保温墙板，提出了被动式门窗与预制外墙的连接构造，预制保温墙板接缝的断热桥和气密性措施，以及外挑阳台与主体结构之间的断热桥技术方案；山东建筑大学教学实验综合楼项目探索了钢结构装配式技术与被动式低能耗建筑技术的结合，解决了外窗安装、外墙挂板气密性、钢结构节点热桥等问题；2018国际太阳能十项全能竞赛爱舍（Es-Block）项目探索了可拆装式的被动式低能耗建筑技术，创造性地实现了模块化拆分、运输，拼装后的建筑整体符合被动式低能耗建筑的气密性、断热桥和能耗指标要求。

1.4　产品体系发展

被动式低能耗建筑的发展，不仅促进了我国节能技术的发展创新，更带动了建材产业的升级。关注被动式低能耗建筑产品的企业日益增多，我国已逐渐形成配套产品体系，实现全部关键产品国产化，拥有自主知识产权。

被动式低能耗建筑产品体系发展，以专有的产品认证为核心，实现了高品质建材产品的集聚和辐射效应。目前已有180项产品/系统完成被动式低能耗建筑产品认证。

（1）被动式门窗系统从无到有，从有到优

38家单位80项产品已完成被动式低能耗建筑门窗认证。其中铝包木外窗共16家单位29项产品，木包铝外窗共1家单位4项产品，铝合金外窗共8家单位11项产品，塑钢外窗共13家单位18项产品。

（2）引导外墙外保温系统化发展

29家单位16个系统、6种保温材料已完成被动式低能耗建筑外墙外保温系统/保温材料产品认证。其中EPS外墙外保温系统9项，岩棉板外墙外保温系统4项，岩棉带外墙外保温系统3项；模塑聚苯板（含石墨聚苯板）22项，岩棉板9项，岩棉带5项。

（3）为真空玻璃、真空绝热板创造了应用市场

真空玻璃和真空绝热板是我国技术领先产品，热工性能较同类产品有大幅提升，被动式低能耗建筑为两类产品创造了广阔的应用市场。

（4）催生了防水隔汽膜、防水透气膜、断热桥锚栓等产品研发

4家单位9项防水隔汽膜/防水透气膜产品，以及3家单位15项断热桥锚栓

产品已收录在被动式低能耗建筑产品选用目录[27]中。其中，2项防水隔汽膜、1项防水透气膜由国内企业自主完成了研发、生产和检测；15项断热桥锚栓均出自国内企业。

（5）高效热回收新风系统已初具规模

17家单位34项产品已完成被动式低能耗建筑新风系统产品认证，其中带有热泵的新风空调一体机产品共24项，包括户用小风量设备22项，1000m³/h新风量以上的设备2项；不带热泵的新风系统共10项，新风量均在350m³/h以下。

1.5　发展模式总结

纵观被动式低能耗建筑的十年发展，基本上演绎了以项目为主导，带动产业生态圈建设的发展模式。

起步阶段，以2013年秦皇岛在水一方项目启动为标志，不仅首次实践了被动式低能耗建筑的技术方案，而且在国内严重缺失适用产品、国际上也没有高层建筑先例的情况下，创造性地采用了阳台断热桥措施、分户式新风空调一体机、厨房补风系统等中国方案，成功地将18层住宅楼建造为被动式低能耗建筑，实现了零的突破。

发展阶段，以黑龙江、山东、北京、湖南、福建等地开始启动首个/首批被动式低能耗建筑示范项目为标志，同时各地开始以项目为依托进行政策和标准研究，最后形成政策、标准、项目相互支撑的形势。

快速发展阶段，以2018年《关于加快被动式超低能耗建筑发展的实施意见》（石政规〔2018〕）的发布为标志，被动式低能耗建筑进入区域性、规模化发展阶段。同时建筑行业上下游秉持高质量发展的企业看到了高能效、高品质产品的发展前景，以被动式低能耗建筑为载体的产品体系也进入快速发展阶段，形成了绿色发展新动能。

2　被动式低能耗建筑的发展趋势

2.1　规模化发展

中国被动式低能耗建筑已从小范围示范向规模化建设方向发展。北京、河北、山东、浙江、四川、黑龙江、内蒙古等地都出现了10万m²以上的被动式低能耗建筑社区。石家庄市目前在建项目34个，总建筑面积211万m²。

2020年7月，河北省人民政府办公厅印发《关于支持被动式超低能耗建筑产业发展的若干政策》，计划到2025年全省竣工和在建被动式低能耗建筑面积合计达到1340万m²以上。综合本文图6的项目发展趋势，保守估计到2035年全国将有约20亿m²的被动式低能耗建筑产业容量，见图7。

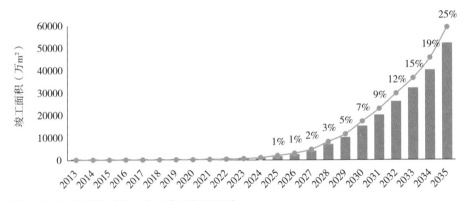

图7　被动式低能耗建筑的产业容量发展预测

2.2　区域能源规划

被动式低能耗建筑的规模化发展，使高能效目标实现的路径，从单体建筑转向片区/城区；从单体建筑能效提升和能源利用，转向片区/城区层面上的总体能源规划。

以片区/城区为尺度实施高能效建设，即以被动式低能耗建筑技术为基础，通过优化区域内建筑业态的混合比例，不同用能峰值时刻的参差，实现区域整体负荷的平准化，从而进一步抑制区域的供能要求。同时集成应用位于不同空间的可再生能源（光电、光热、地热、风电等），并采用低品位能源直接供冷供热/预冷预热，以及储能电站、储热储冷系统提供用能灵活性，最终实现片区/城区的能源产、储、消平衡。

2.3 以"碳中和"为核心的城市建设

"碳中和"概念在全球气候变暖这一时代背景中孕育产生。人类社会应对气候变化，不仅要努力减少人类活动的碳排放，同时应关注陆地生态系统与海洋生态系统的固碳作用，从"碳源"与"碳汇"两端来寻找低碳社会发展途径。所谓"碳中和"是指，以碳收支计算为基础，通过优化城市建设策略，平衡碳排放量与碳吸收量，达到碳源与碳汇中和的目标。因此碳中和是比低碳更进一步的发展诉求。

被动式低能耗建筑技术，使建筑的低能采暖和低能制冷成为可能；使依靠低品位的可再生能源实现区域性的能源产储消平衡成为可能；使脱离对化石能源的依赖从而实现城市能源转型和真正的区域性碳中和成为可能。

以被动式低能耗建筑为载体的能源转型和碳中和城市建设，是一个整体性、一体化的发展过程。它将去碳化、能效提升、能源系统融合以及技术多样性集为一体；将空间布局、能源规划、市政基础、建筑系统、交通系统、产业系统、资源利用集为一体；是规划和建设领域的根本性变革。

在下一个十年，中国要引领这场根本性变革，行业内和行业间的配合应全面展开。

从国家和地方的战略决策上，应认识到被动式低能耗建筑和碳中和城市建设巨大的能源和资源节约意义、环境和生态保护意义，以及对延续人类福祉和社会可持续发展的价值，制定更开放的政策框架条件，同时修改、摒弃不利于建筑高效节能发展的条例、规定。

从城市发展的路径选择上，应认识到规模性建设被动式低能耗建筑不仅可显著消弭城市峰值负荷，缓解调峰电厂建设压力，抑制城市热岛效应，还可带来整体居住和生活品质的提升，建筑质量和建筑寿命的提升，以及建筑运营成本的降低，对高质量推进中国城市化进程形成正效应。

从技术融合的实施模式上，应认识到打破专业、行业间技术壁垒的重要性。对被动式低能耗建筑单体而言，应遵循多专业协同的工作模式，在设计和施工阶段，协调建筑、暖通、结构、给水排水、电气与室内装修专业共同参与，以便优化设计，合理安排进度和资源配置；对碳中和城市建设而言，纵向涉及城市、区域、建筑、用户系统的一体化融合，横向涉及电力、热力、建筑、交通等系统的一体化融合。

从金融和保险的制度保障上，应认识到被动式低能耗建筑和碳中和城市建设将引导建筑行业进入长期获利经营模式，并促成跨界互补、互惠互利的新型合作模式和商业模式，如余热利用促成工业、商业与建筑业主、运营商的合作等。推出地方性的专项扶持政策和激励措施，以及多元化的融资模式和保险制度，提高建设方和使用方的积极性，让高质量建设引导内循环经济迫在眉睫。

3 总结

下一个十年，在对能源节约和建筑品质的双重关注下，被动式低能耗建筑正面临规模化、区域化发展的新形势。

实际上，被动式低能耗建筑由于其优越的节能效果，改变了建筑在区域性的能源网络中的角色定位，使建筑从单纯的能源消耗者转变为能源需求侧的控制者和管理者：被动式技术使建筑成为能源的截流者；小型可再生能源设备的安装使建筑成为能源的生产者；储能材料或设备的使用使建筑成为能源的存蓄者；与上级能源网络的控制和调节系统的设置使建筑成为能源的调配者。

以被动式低能耗建筑的能源需求侧管理为基础，实施区域需求侧能源规划和高能效城区建设，最终实现区域性的能源转型和碳中和目标，将是我国高能效建筑领域下一个十年的发展趋势。

在下一个十年，探索并寻求出符合时代需求和家国利益的建筑节能和城市发展的中国方案，是我们这一代建设工作者走向成熟，引领这场根本性变革的必经之路。

参考文献

［1］ 河北省工程建设标准. 被动式低能耗居住建筑节能设计标准DB 13（J）/T177-2015［S］.

［2］ 国家建筑标准设计图集. 被动式低能耗建筑——严寒和寒冷地区居住建筑16J 908-8［S］.

［3］ 住房和城乡建设部. 被动式超低能耗绿色建筑技术导则（试行）（居住

建筑）[S]. 2015.

[4] 北京市住房和城乡建设委员会. 超低能耗示范项目技术导则. 2018.

[5] 北京市住房和城乡建设委员会. 超低能耗农宅示范项目技术导则[S].
    2018.

[6] 山东省住房和城乡建设厅. 山东省超低能耗建筑施工技术导则JD 14-
    041-2018[S].

[7] 青海省住房和城乡建设厅, 青海省质量技术监督局. 被动式低能耗建
    筑技术导则（居住建筑）DB 63/T 1682-2018[S].

[8] 上海市住房和城乡建设管理委员会. 上海市超低能耗技术导则（试行）.
    2019.

[9] 江苏省住房和城乡建设厅. 江苏省超低能耗居住建筑技术导则（征求
    意见稿）. 2019.

[10] 青岛市城乡和建设委员会. 青岛市被动式低能耗建筑节能设计导则（试
    行）. 2017.

[11] 吉林省住房和城乡建设厅. 吉林省超低能耗绿色建筑技术导则（公示
    稿）. 2018.

[12] 河北省工程建设标准. 被动式超低能耗居住建筑节能设计标准DB 13
    （J）/T 273-2018[S].

[13] 河北省工程建设标准. 被动式低能耗建筑施工及验收规程DB 13（J）/T
    238-2017[S].

[14] 河北省工程建设标准. 被动式超低能耗公共建筑节能设计标准DB 13
    （J）/T263-2018[S].

[15] 河北省工程建设标准. 被动式超低能耗建筑评价标准DB 13（J）/T
    8323-2019[S].

[16] 河北省工程建设标准. 被动式超低能耗建筑节能检测标准DB 13（J）/T
    8324-2019[S].

[17] 山东省工程建设标准. 被动式超低能耗居住建筑节能设计标准DB 37/T
    5074-2016[S].

[18] 山东省工程建设标准. 建筑气密性能检测标准（风机气压法）.

[19] 黑龙江省工程建设标准. 被动式低能耗居住建筑设计标准DB 23/T2277-
    2018[S].

［20］北京市地方标准. 超低能耗居住建筑设计标准DB11/T 1665–2019［S］.

［21］河南省工程建设标准. 河南省超低能耗居住建筑节能设计标准DB J41/T 205–2018［S］.

［22］中国建筑节能协会团体标准. 夏热冬冷地区超低能耗住宅建筑技术标准（征求意见稿）.

［23］湖南省工程建设标准. 湖南省被动式超低能耗居住建筑节能设计标准（征求意见稿）.

［24］湖北省地方标准. 被动式超低能耗（居住）绿色建筑节能设计标准（征求意见稿）.

［25］中国建筑玻璃与工业玻璃协会. 被动式超低能耗建筑透明部分用玻璃T/ZBH 012–2019［S］.

［26］中国材料与试验团体标准. 被动式低能耗居住建筑新风系统技术标准CSTM LX 0325 00325–2019［S］.

［27］被动式低能耗建筑产品选用目录（第八批）. http://www.passivehouse.org.cn/.

基于被动式超低能耗建筑发展现状的
被动窗市场分析

张福南　赵及建　魏贺东　焦长龙

河北奥润顺达窗业有限公司

摘　要： 文章从被动式超低能耗建筑近年来在我国的发展，深度剖析了被动窗在国内的发展现状及技术路径并进行了总结和探讨，对被动式超低能耗建筑及被动窗今后的发展应用具有重要意义。

关键词： 被动式超低能耗建筑；被动窗

中国作为世界建筑体量最大的国家，绿色建筑和超低能耗建筑的发展有目共睹，建筑能耗占社会总能耗的比例已有所好转，从2018年的33.3%以上降为21%，但其中仍有70%以上属于高能耗建筑。据统计，2016年我国北方地区既有建筑面积206亿m²。北方地区大气污染物排放量超出环境容量的50%以上，排放强度最高达到全国平均水平的5倍，在采暖季又将增加30%左右的排放量。如将该区域建筑全部改造成超低能耗建筑，每年可节约3.49亿吨标准煤，在极大缓解大气污染治理难题的同时将减轻"煤改气"和"煤改电"引起的能源紧张局面。因此深入推广和发展超低能耗建筑，营造健康、舒适、宜居的环境，对提升建筑节能水平、推动行业转型升级、保护环境等方面具有十分重要的意义[1]。

随着人民生活水平的不断提高，人们对居住环境的要求也越来越高，已从以前的"有住就行、有房就行"上升到"住好才行、房好才行"。特别是经历了此次新冠肺炎疫情后，人们更加注意到打造健康舒适的居住环境尤为重要。门窗作为建筑能耗流失的"黑洞"，近年来节能门窗已被设计师和大众熟知并认可。随着建筑节能水平和人民对生活品质要求的不断提高，被动窗的市场会越来越大且呈现多元化发展，在材料的应用和外观上也较传统门窗有极大水平的提高及突破。

1 被动式超低能耗建筑及被动窗发展研究

1.1 被动式超低能耗建筑发展现状

中国建筑科学研究院研究团队收集了我国已建成、在建的超低能耗建筑示范项目，并对其中具有代表性的64个示范项目展开技术经济分析。64个项目分别于2012～2019年期间建成，其中建筑类型涵盖居住建筑、办公建筑、学校建筑等常规建筑类型，以及康复中心、展览馆等特殊功能建筑。其中，包含世界建筑规模最大的超低能耗建筑社区（120万 m^2）——高碑店列车新城，见图1。

居住建筑由于技术和市场逐渐成熟，增量成本从1300元/ m^2，降至600元/ m^2，降幅达53.8%，办公建筑增量成本从1620元/ m^2，降至800元/ m^2，降幅50.6%，学校类建筑增量成本主要集中在围护结构和空调新风系统方面，增量成本从1540元/ m^2，降至1000元/ m^2，降幅35.1%。2017、2018年间，夏热冬冷地区项目增多，此气候区示范建筑增量成本较寒冷地区相对降低[2]。

目前示范项目围护结构采用的保温材料主要为岩棉、XPS、EPS，以及真空绝热板等，其中使用最为普遍的仍然是岩棉和XPS。在北方地区SEPS石墨聚苯板因其优异的性能同样被广泛采用，但因其耐火等级和运输成本具有

图1 高碑店列车新城

一定的区域性限制。环境一体机随着被动式超低能耗建筑的发展作为中国"特色产品"，其技术水平及相关标准也逐渐成熟。

1.2 被动窗发展现状

在建筑外围护结构中，外窗、外墙、屋面和地面是建筑能耗的四大部位。通过门窗损失的能量约占建筑围护部件总能耗的40%～50%，可见门窗是建筑节能的关键所在。因此，降低被动式超低能耗建筑外窗（以下称被动窗）的能耗，提高被动窗的保温隔热性能，是被动房室内环境和能耗的重要保障。

"被动窗"进入国内从业者的视野有十几年的时间，经过行业不断地发展，现在符合我国《近零能耗建筑技术标准》GB/T 51350-2019的门窗产品较前几年已经有长足的发展，伴随而来的是巨大的行业红利。

被动窗的生产方式及工艺要求十分严苛，要有设计、研发、低导热系数材料及大量的计算及实验验证，还要有精密的加工设备及熟练的门窗工匠和研发团队，确保产品的各项性能。国内门窗生产企业主要以奥润顺达集团的MOSER门窗等为代表，目前国内列入"被动式低能耗建筑产业技术创新战略联盟"被动式低能耗建筑产品选用目录（第八批）共计38家企业，其中84%均为北方的门窗企业。

北方冬季采暖能耗巨大，且政府推行清洁能源，实施老旧小区节能改造，且出台支持被动式产业发展的省市均以北方为主，故近年来被动式超低能耗建筑技术的发展应用及相关配套的部品生产企业或基地以北方的严寒和寒冷地区为主。

作为整栋建筑的"瓶塞"，被动窗要求具有极高的保温性能，《被动式超低能耗居住建筑节能设计标准》DB13（J）/T 273-2018[3]中规定被动窗在严寒、寒冷地区传热系数K≤1.0W/（m²·K），见表1。

表1　外门窗、采光顶传热系数K和太阳得热系数SHGC参考值

参数名称	单位	严寒地区	寒冷地区
传热系数	W/（m²·K）	≤1.0	≤1.0
冬季太阳得热系数（SHGC）	—	≥0.45	≥0.30

1.3 被动窗产品现状

随着我国建筑节能标准的提高及各地市被动式超低能耗建筑鼓励政策的出台。目前国内市场"符合标准要求"的被动窗种类越来越多，其配置也是越来越丰富。$K \leqslant 0.6W/（m^2 \cdot K）$ 的"真空复合中空""四玻三腔"等高性能玻璃、柔性暖边间隔条及安装配套材料、防水隔汽膜、防水透气膜、节能附框等。窗框种类及形式也呈多样化，例如铝木复合、隔热铝合金、塑料、玻璃纤维增强聚氨酯、铝塑共挤、聚氨酯隔热铝合金等一系列符合标准要求的被动窗型材。被动窗市场中铝木复合及隔热铝合金材质的被动窗因进入市场较早，发展时间较长，相关标准及产品工艺较为完善，目前在国内占整个市场的主要份额。

1.4 被动窗技术现状

被动窗的技术主要是既有产品的升级改造和性能提升，近些年随着新材料的研发及国外技术的引进，也不乏有新的技术方案来生产制造被动窗。但目前这些技术方案及工艺流程并不被业内人员所熟知或接受，只能通过市场多元化的发展来逐步推动新材料、新技术被大众熟知并认可。

被动窗既有产品的改造升级是目前绝大部分企业所采用的，也是被大众熟知和认可的。传统产品的改造升级，有利于国内行业的健康发展和企业的降本增效，也成为系统的延续。目前我国被动窗市场仍处于较为混乱的阶段，以次充好的现象较为严重，真正大型生产并有较高质量保证的企业较少，有自己独立的被动窗加工生产和创新研发的系统及技术方案的生产制造企业并不多。被动窗的技术发展并不充分，正在经历市场的优胜劣汰。

1.5 被动窗经济成本现状

被动式超低能耗建筑的窗户必须满足严格的标准，目前国内市场上有较多可供选择的产品。高性能、高舒适度的产品价格也相对较高。由于产品能耗较低、性能高的特性，所以被动式超低能耗建筑的采暖、制冷成本也会相应降低。结合既有的被动式超低能耗建筑的运行情况和整体增量成本而言，选用高性能的被动窗性价比是很高的。

被动窗的价格是被动式超低能耗建筑中增量成本最大的一项，目前国内实行75%节能的地区，居住建筑的外窗要求$K \leqslant 2.0$W/（$m^2 \cdot K$）。在2019年9月1日实施的GB/T 51350–2019《近零能耗建筑技术标准》中要求寒冷地区居住建筑外窗传热系数$K \leqslant 1.2$W/（$m^2 \cdot K$），严寒地区外窗传热系数$K \leqslant 1.0$W/（$m^2 \cdot K$）。传热系提高带来的首先是价格提升，因为普通型材和单片或双片玻璃很难达到被动式超低能耗建筑的使用要求。型材的改良、加厚、升级结合三玻两腔中空或真空、真空复合玻璃才能达到相关标准的使用要求。

依据中华人民共和国住房和城乡建设部发布的《建筑门窗工程、防水工程、地源热泵工程造价指标（试行）》[6]中的相关指标：东北、华北地

表2 被动窗与传统门窗性能对比表

建筑类型	居住建筑			
节能标准	节能65%	节能75%	节能80%	节能≥90%
外窗传热系K，W/（$m^2 \cdot K$）	≤2.8	≤2.0	≤1.1	≤1.0
气密性	不低于6级	不低于7级	不低于7级	不低于8级
玻璃传热系数K，W/（$m^2 \cdot K$）	2.7～2.5	1.6～1.8	≤0.8	≤0.8
玻璃配置	普通中空玻璃	Low-E中空玻璃或普通三层中空玻璃	三玻双层Low-E充氩气玻璃	三玻双层Low-E暖边间隔条充氩气玻璃、真空玻璃、四玻三中空玻璃
铝合金窗框型材 系列	60系列	65系列	90系列	90系列
铝合金窗框型材 隔热条宽度	≥14.8	≥24	≥40mm	≥50mm
铝合金窗框型材 密封数量	2道	2道	2道	3道
铝包木窗框型材 系列	Ⅳ 58系列	Ⅳ 68系列	Ⅳ 78系列	Passive 130
铝包木窗框型材 厚度	58mm	68mm	78mm	129mm
铝包木窗框型材 密封数量	3道	4道	5道	5道
PVC窗框型材 系列	60系列	65系列	75系列	82系列
PVC窗框型材 腔室数量	≥3腔	4腔或5腔	≥6腔	≥7腔
PVC窗框型材 密封数量	2道	3道	3道	3道

注：以上部分数据来源于《被动房与节能门窗的研究应用》[4]及《民用建筑门窗工程技术标准（征求意见稿）》[5]。

表3　东北、华北地区建筑门窗工程造价指标

序号	保温性能	传热系数	材质	开启方式	指标，元/m²	费用占比，%			
						人工费	材料费	机械费	综合费用
1	七级	1.6	铝合金窗	平开及悬窗	928.69	9.96	78.44	–	11.60
2	八级	1.5	铝包木窗		1842.02	5.84	82.16	–	12.00
3	十级	1.0	铝合金门	平开	1729.66	6.22	82.42	–	11.36
4		1.0	铝合金窗	平开及悬窗	1604.76	5.99	80.91	–	13.1

注：以上截取自《建筑门窗工程、防水工程、地源热泵工程造价指标（试行）》部分数据。

区，保温性能为十级的平开铝合金门，指标为1729.66元/m²，其中材料费占比为82.42%。东北、华北地区，保温性能为十级的平开悬开铝合金窗指标为1983.45元/m²，材料费占比为80.91%。根据其他工程项目的均价，同等配置的铝包木及塑钢窗指导价也均在2000元左右，材料费用的占比约80%以上。该造价指标中给出的价格参数与实际制造经营满足要求的"基本配置"被动窗经济成本基本持平。若客户有其他特殊需求，成本还会增加，例如选配"金刚一体纱"、"高端五金"、特殊的施工安装等。

除材料、加工、人员工时费外，被动窗另外一项增量费用，就是安装费用。被动窗为降低安装传热系数和安装固定件产生的热桥，在外墙外保温的结构中，被动窗通常采用外挂式的安装方式。经过测算，被动窗外挂式安装的增量成本约为400~450元。其中占比最大的费用是安装材料费用，主要是固定支架及防水隔汽膜、防水透气膜。外挂式安装施工需要在室外进行，也会增加安装辅助设备的使用时间和增加项目周期。目前被动式门窗的更换也需在室外进行，无形中增加了被动窗的成本，导致被动窗的价格成为被动式超低能耗建筑中增量成本最大的一项。

2　被动窗的产品研究

2.1　铝木复合门窗

铝木复合型材是将铝合金型材和实木通过保温隔热型材连接的方法复合而成的型材框体，其室外侧为铝合金型材，室内侧为木制型材，充分避免了

木材和金属收缩系数不同的属性，克服了实木型材受室外环境影响易腐蚀、易虫蛀和易变形等缺点。

随着现代木材加工工艺的不断发展，大多采用集成木材制作框体，木材经过严格筛选，进行防腐、脱脂、阻燃、防白蚁等特殊处理，使木材的强度和耐候性得到改善。木材热阻率大，传热系数低，市场主流铝包木被动窗厚度100～130mm，窗框$U_f \leqslant 0.8W/（m^2 \cdot K）$。目前铝包木型材生产成本较高，但受中国传统木作的影响和其优异性能及多样化的造型，市场对铝包木产品十分青睐（图2）。

2.2 铝合金型材

隔热铝合金型材是在传统铝合金型材的基础上，采用高强度增强尼龙隔热条将室内外冷热腔体分割，使其具有良好的阻热性能（图3）。隔热条24mm宽的铝合金型材传热系数为$U_f=2.8W/（m^2 \cdot K）$；隔热条37.5mm宽的铝合金的传热系数$U_f=1.7W/（m^2 \cdot K）$。随着隔热条的厚度增加，其传热系数逐渐降低。但隔热条增加到一定程度，会导致材料成本大幅增加。国内铝合金被动窗的隔热条宽度基本在50mm以上，目前隔热条最大宽度为64mm，窗框$U_f \leqslant 0.8W/（m^2 \cdot K）$。

2.3 塑料型材

塑钢型材是以聚氯乙烯树脂为主要原料，通过添加特定比例的化学药剂挤出型材，然后在型材内部加入钢衬或无热桥衬（图4）。随着塑钢型材的发展，

图2 铝包木被动窗　　图3 铝合金被动窗　　图4 塑料被动窗

其材质不断优化，告别了容易老化、黄边、龟裂等现象。同时其结构形式也不断进化，型材厚度不断增大，空腔数量也逐渐增加。因为塑料窗空腔越多，其传热性能越好。目前市场主流的塑料被动窗腔体基本在6腔以上，部分型材厚度95mm塑料窗腔体数量达到8腔。腔体内填充$K \leq 0.032W/（m^2 \cdot K）$的保温材料，大大降低了其传热系数，增强了保温性能，达到$U_f \leq 0.8W/（m^2 \cdot K）$。

3 市场分析

被动式超低能耗建筑进入我国后，除国家政策推动外，各省市地方也相继发布补贴政策，推动超低能耗建筑的发展。自2016年开始，部分省市相继发布文件明确超低能耗建筑发展目标和具体实施管理办法，截至2019年12月，7个省及自治区、13个城市共出台28项超低能耗建筑激励政策。

2020年7月27日河北省人民政府办公厅印发《关于支持被动式超低能耗建筑产业发展的若干政策》，指出2020年和2021年，石家庄、保定、唐山市每年分别新开工建设8万m²、20万m²，其他设区的市每年分别新开工建设3万m²、12万m²，定州、辛集市2021年分别新开工建设2万m²。2022～2025年每年以不低于10%的速度递增。到2025年，全省竣工和在建被动式超低能耗建筑面积合计达到1340万m²以上。

该"通知"还要求要同时突出利用省级大气污染防治（建筑节能补助）专项资金，对单个项目（以立项批准文件为准）建筑面积不低于2万m²的被动式超低能耗建筑示范项目给予资金补助。

4 结论

目前超低能耗建筑产业及被动窗市场正处于起步阶段，但随着技术迭代，在产品规模化生产、大规模应用推广、政策支持以及建筑节能标准的提升等多重作用下可成为积极拉动建筑行业高质量发展的高效引擎，将拉动建筑相关部品部件、建材、建筑设计、建筑施工及运维服务等行业的全面升级，催生巨大市场空间。

参考文献

［1］江亿. 中国建筑节能年度发展研究报告2020. 第十六届清华大学建筑节能学术周公开论坛［C］.

［2］张时聪，吕燕捷，徐伟. 64栋超低能耗建筑最佳案例控制指标和技术路径研究［J］. 建筑科学，2020（6）：7-13+135.

［3］被动式超低能耗居住建筑节能设计标准. DB13（J）/T 273-2018［S］.

［4］易序彪. 被动房与节能门窗的研究应用［J］. 建设科技，2014（12）：23-28.

［5］民用建筑门窗工程技术标准（征求意见稿）. 北京市市场监督管理局官方网站，2020年8月6日.

［6］建筑门窗工程、防水工程、地源热泵工程造价指标（试行）.

被动式建筑发展现状及设计策略研究①

杨庭睿　　乔春珍

北方工业大学土木工程学院

摘　要： 被动式建筑具有低建筑能耗、长生命周期和对环境友好的优点。研究表明，被动式建筑能够有效地控制室内的温度波动，提高室内环境的热舒适性，满足人体对室内空气品质的要求。本文对被动式建筑在国内外的研究进展和设计策略进行了综述，阐述了近年来被动式建筑在国内外的发展应用情况。从建筑规划布局、体型设计、围护结构、自然通风、自然采光和建筑遮阳等方面指出了被动式建筑在设计过程中应注意的方法策略。分析表明，在德国、瑞典等欧洲国家被动房已被广泛应用。我国在被动房理论与实践方面也取得了诸多成果，但较欧洲的发达国家尚有一定差距。在实际工程项目中，应灵活采用被动式建筑设计理念，因地制宜地采取合理的设计策略，才能达到节能环保的目的。

关键词： 被动式建筑；设计理念；发展历史；设计策略

清华大学建筑节能研究中心发布的《中国建筑节能年度发展研究报告2020》指出：2018年，我国建筑面积总量约达601亿m^2，建筑运行的总商品能耗为10亿tce，约占全国能源消费总量的22%[1]。由此可见，提高能源使用效率、进行建筑节能对实现经济社会的可持续健康发展，保障我国的能源独立性具有重要意义。

被动式建筑能够有效降低建筑能耗，营造一个人与自然、房屋三者和谐共处的建筑环境。而随着被动式建筑设计理念与技术的不断成熟，其为实现建筑的节能降耗提供了切实有效的解决方案，为建筑行业的健康发展带来了积极的促进作用。

1　被动式建筑发展现状

1988年，来自瑞典的博·亚当姆森教授和来自德国的沃尔夫冈·菲斯特教授首次共同提出了"被动式房屋"（Passive House）理念[2]。其设计要点是

① 支持项目：北京市教育委员会科技计划一般项目（110052971921/069）

根据建筑物所在当地的气候和自然条件，尽可能采用被动式设计的方法，减少对化石燃料等主动能源的利用，让室内拥有一个舒适的采光与热湿环境。技术措施包括：高保温隔热和高气密性的外围护结构；高效的新风热回收系统；优化建筑物体型与规划布局，让自然通风、自然采光在建筑物运行过程中得到充分的利用；同时尽量采用可再生能源作为备用能源，降低建筑物二次能源的消耗量，做到节能减排，保护环境。在我国，被动式房屋也被称为被动式超低能耗建筑[3]。

1.1 国外研究现状

德国：1991年，德国率先在达姆施达特市建立了世界上第一个被动式住宅[4]。在此之后，德国于1996年成立了世界上首个被动房研究所（PHI），致力于推广和规范被动式房屋的标准。由德国PHI开发的PHPP软件现已成为国际被动房检测认证的权威工具。截至2015年，德国已有60000多栋采用被动房标准建造的建筑物。建筑类型以居住建筑为主，也包括办公、学校、酒店等，并且约一半以上的建筑获得了PHI的认证[5]。作为被动房先驱的德国，经过多年来对被动房的不断探究与推广，现已成为被动房技术水平最高、被动房发展最好的地区，在被动房领域处于世界前列。而且，德国被动房标准作为全球最为成熟的被动房技术体系，在世界范围内受到了极大的关注，许多国家在对此标准体系进行学习借鉴的基础上，发展了适合于本国国情的被动房标准体系。

瑞典：1994年名为Minergie的建筑理念首次在瑞典被提出，意为一系列的超低能耗技术标准体系。1997年Minergie理念获得了瑞典政府的认可，成为后来瑞典被动房建筑标准的前身。2001年，瑞典政府在参照借鉴德国被动房技术体系的基础上，通过了对原来Minergie标准的修改，发布了适合瑞典本土气候条件和国情的被动式超低能耗技术标准体系——Minergie-P标准。截至2009年，瑞典获得了Minergie认证的建筑约有15000栋。

丹麦：1961年，丹麦编制了本国的第一部建筑条例（简称BR）。2000年被动房设计理念被引入丹麦，开始在全国范围内积极进行被动房的普及与建设。2008年，丹麦政府在编制的BR08中首次明确了对低能耗建筑的要求[6]。2006年，丹麦政府将引入的低能耗建筑分为低能耗1级和低能耗2级两类。低能耗2级建筑被作为2010年丹麦建筑条例的最低标准，要求在2006年标准建筑能耗的基础上节能25%；低能耗1级建筑被作为2015年丹麦建筑条例的最低标准，要求在2006年标准建筑能耗的基础上节能50%。而到2020年丹麦建筑条例的节能目标为在2006年的基础上节能75%。其中丹麦被动房的认证标准是参考了德国被动房的标准和指标，认证机构则是由丹麦被动房研究所负责。

其他国家：德国被动房标准体系作为世界范围内被动房标准的开山之作，对世界各国被动房的发展历程产生了深远的影响，被世界各国广泛吸收借鉴。除了上述3个国家，其他国家被动房的发展模式可以分为以下三种：（1）直接将德国被动房作为本国的被动房标准，如挪威、英国、新西兰、加拿大等国；（2）以德国被动房为基础依照本国气候特点与国情制定适宜于本国的标准，如芬兰、意大利、奥地利等国。值得一提的是，奥地利政府规定，从2015年开始，奥地利的新建建筑中仅被动房可以获得国家的补贴[7]；（3）仅接受被动房设计理念，重新制定本国的被动房标准，如美国、瑞士等国。

1.2　国内研究现状

我国对被动式房的研究起步较晚，2010年亮相上海世博会的"汉堡之家"是国内第一座获得认证的被动房项目，它在不消耗电能、不采用采暖制冷设备的情况下，能将室温全年维持在25℃左右，形成一个舒适的室内环境，这引起了国内大量专家学者的兴趣，开始对被动房进行大量的研究[8]。

2012年，彭艺以湖南湘中地区传统建筑为研究对象，从建筑水环境、风环境、空间环境、技术和材料应用等方面入手，分析出传统建筑中的"被动式建筑"理念，以其为指导思想，提出了适宜于当地区域生态特点的被动式技术[9]。

2013年，李爽对被动式住宅的设计策略和评级手段进行了阐述，同时通过对河北省"在水一方C区被动房"进行现场实测和数据研究分析，分析了此建筑的主要技术特点，得出被动式住宅可以减少水资源与不可再生能源的消耗，虽然在我国的起步较晚，但拥有广阔的市场前景的结论[10]。

2014年，王肖丹通过探究寒冷地区特殊气候条件，以已有被动式建筑案例为基础，从规划选址、建筑形态、平面布局、围护结构、室内环境控制、设备的运用等方面对建筑能耗的影响进行了分析，得出了我国寒冷地区被动式办公建筑设计方法[11]。

2015年，住房和城乡建设部在以我国国情为基础、借鉴德国被动房设计理念的情况下，提出了我国首个被动房标准——《被动式超低能耗绿色建筑技术导则》(简称导则)。这是我国第一个从法律上明确定义的被动房设计标准。它首次明确了我国被动房的各技术指标与设计原则，并对被动式建筑在建筑施工、质量控制和验收评价等方面进行了详细的说明，是被动房在我国发展的里程碑事件[12]。

2016年，曾扬对广州地区的气候状况和建筑能耗特点进行了调查分析，提出了适宜广州地区的被动式设计策略组合。将上述分析所得到的设计策略运用到广州大学被动式绿色建筑实验楼的设计中，运用Ecotect、PHOENICS等软件模拟了建筑耗能情况，对方案所采用的技术措施进行了科学的验证，提出了对最终设计方案的指导意见[13]。

2017年，惠星星将新型的建筑理念BIM融入被动式建筑设计中，通过能耗软件模拟定量地分析了室内外风环境、建筑遮阳、建筑朝向、体型设计、围护结构等因素对建筑能耗的影响，探索出了与实际工程项目最为契合的设计方案，为被动式建筑的设计提供了一种新的思路[14]。

2018年，刘艳杰从设计理念、技术指标、构造做法方面对德国被动房和我国被动房进行了对比分析，点明了二者间的异同点，并对"在水一方"示范项目进行了实测分析，提出了适宜于我国北方住宅建筑的被动式建筑设计策略[15]。

2019年，杨一栋根据兰州的气候条件与地区特点，以兰州被动式办公建筑实例为研究对象，用能耗模拟软件Energy Plus分析了建筑热工参数对建筑能耗的影响，提出了适宜于兰州地区的被动式建筑设计策略[16]。

2 设计策略

被动式建筑坚持以人为本的设计原则，同时做到尊重自然生态，实现建筑物与自然的和谐相处，为人类打造更加舒适绿色化的居住环境。本文主要从建筑规划布局、体型设计、围护结构、自然通风、自然采光、建筑遮阳等方面对被动式建筑的设计策略进行了分析研究。

2.1 建筑规划布局

建筑本体在规划阶段的设计布局是进行被动式设计的先决条件,其设计方案的合理性将在很大程度上决定被动式建筑建造效果的好坏,良好的建筑规划布局不仅能降低建筑能耗,同时还能营造健康舒适的室内环境。其影响因素包括:建筑平面布局、建筑朝向、建筑间距。

2.1.1 建筑平面布局

建筑平面布局是指从宏观的角度出发,综合考虑风向、日照辐射、障碍物遮挡等外部因素对建筑物的影响,通过合理的平面布局,让建筑物产生节能经济的效果。建筑平面布局形式包括并列式、错列式、斜列式、周边式、自由式几种[17]。不同平面布置形式特点,如表1所示。

表1 不同平面布置形式特点

布置形式	特点
并列式	建筑采光效果好,但受风面较窄,部分区域通风效果差
错列式	可将风导入建筑群内部,风场布局合理,自然通风效果更好
斜列式	有利于建筑的通风与采光
周边式	中部形成开阔空间,有利于人物活动与建筑绿化,但不利于风的导入,在冬季寒冷地区更为适用
自由式	可充分利用地形,综合多种布局优点,日照与通风效果良好

2.1.2 建筑朝向

建筑朝向对建筑物的影响主要来源于日照与风向的不同。不同建筑迎风面的压力最大值出现在风向的垂直面上[18],且我国绝大多数地区夏季的主导风向为南向或东偏南方向。故建筑主立面(长边)尽量选择垂直于夏季主导风向,此时,自然通风效果较好,也避免了东西向日晒。冬季时,建筑南向太阳辐射量最大,选择建筑朝向为南向,还可降低冬季采暖能耗。

2.1.3 建筑间距

需合理地设置建筑间距。当建筑群之间的间距过小时,在建筑的背风面和建筑物的下迎风面会出现局部区域风压过小的情况，极端情况下可产生涡旋，不利于自然通风。且建筑物之间密集地相互遮挡，会使日照得热量减少，不利于室内光环境和热环境；建筑间距过小时，还会对火灾防控产生不利影响。

2.2 体形设计

建筑的体型设计是在建筑初期规划布局时应注意的要点。合理的体型设计可以给建筑的被动式节能设计留下充足的发挥空间，达到事半功倍的效果。体型设计包括体形系数和窗墙比。

2.2.1 体形系数

体形系数是指建筑物与室外大气接触的外表面积与其所包围的体积的比值[19]。体形系数越大，建筑的热损失就越大，越不利于建筑节能，故需尽量控制建筑物的体形系数。控制体形系数的方法为：（1）简化建筑布局，减少建筑物凹凸面；（2）增加建筑物层数，增加建筑物体量；（3）减少建筑面宽，加大建筑进深。

2.2.2 窗墙比

窗墙比是指某一朝向的外窗面积与同一朝向墙面总面积之比。窗墙比对建筑能耗的影响主要表现在：当窗墙比增大时，窗户与外界接触的接触面积增大，传热损失增加，但是建筑物的采光面积增大，自然采光效果增强，照明能耗会减少。在设计时应综合考虑传热损失与照明能耗，选取适宜的窗墙比。

2.3 围护结构

围护结构热工性能的好坏对建筑的节能效果有着显著的影响，选择合适的围护结构，是降低建筑能耗的重要手段之一。建筑的围护结构可分为非透明围护结构（外墙、屋面）和透明围护结构（窗）两类，在设计策略上各有不同。

外墙：外墙在围护结构中所占面积最大，据研究其传热耗热量可达到围护结构总传热量的25%[20]，故需对外墙的热工参数进行严格控制。根据墙体中保温层的安装位置可将其分为外墙外保温、外墙内保温、外墙自保温和外墙夹心保温。外墙外保温具有适用范围广、技术可靠、施工便捷且效益良好的特点，从而被我国重点推广。保温材料应选择导热能力较弱且热惰性较强的材料，常用的有膨胀聚苯乙烯板（EPS）、挤塑聚苯乙烯板（XPS）。外墙表面还可涂刷吸收太阳辐射的浅色光滑材料，降低吸收太阳辐射热量。

屋顶通常会吸收最多的太阳辐射热量，需设置适宜厚度的保温层。同时，屋顶还需兼具防积水功能和良好的水密性，在设计时需兼顾二者。如今，我国普遍采用正置式和倒置式的防水保温构造[21]。正置式屋面构造简单，工程做法是在紧贴屋面设置一道防水隔汽层，在其上方铺设保温层，再在保温层上方设置防水层，倒置式屋面则与其相反，是将保温层安装在防水层上方，起缓冲作用，而防水层处于密封状态，可避免受外界条件侵蚀发生老化。

外窗：外门窗是极易与外界产生热量交换的地方，据统计，通过门窗的热损失占到了建筑总体热损失的40%以上[22]，是建筑在进行设计时需要注意的重点。降低外窗的热损失主要从两个方面着手：一是减少外窗的传热能耗；二是提高窗户的气密性。可通过选取传热系数低、遮阳系数高的节能玻璃和节能窗框来减少传热能耗。通过对窗框与墙体、窗框与玻璃之间的缝隙用耐久性良好的密封材料进行密封，加设密封条，可有效提高外窗的气密性，降低空气渗透造成的热损失。

2.4 自然通风

良好的自然通风系统可以显著提高室内空气品质，降低建筑通风系统能耗。在被动式建筑中，常采用的通风方式包括：穿堂风、单侧通风和中庭通风。从原理上来说可分为：风压通风和热压通风。风压通风，即建筑迎风面对气流的阻挡导致迎风面静压升高，而背风面静压下降，当人打开窗户，由于建筑两侧存在风压差，导致气流从正压区流入建筑物，从负压区流出建筑物，形成穿堂风或单侧通风。利用自然通风原理，在进行建筑规划时可将建筑主要功能间设在正压区，而设备间、卫生间等空气质量要求不太高的房间设在负压区，让室外新鲜空气从正压区流入建筑，从负压区流出，最大限度地改善室内空气品质。热压通风又称烟囱效应，当室外空气进入室内被加热后，其密度减小，向建筑物上方流动，经过顶部出风口排到室外，空气密度较低的底部区域卷袭室外新鲜空气进入室内，如此往复循环。热压通风通常应用在建筑进深较大或气流组织流动较差的场合。中庭通风，即是典型的热压通风实例，通过在建筑物内部设置竖井空间或烟囱空间，可有效促进室内空气快速流动，改善室内空气品质。

2.5 自然采光

太阳光是绿色能源，通过自然采光能够节约能源，降低照明能耗，保护环境。被动式建筑中常用的自然采光方式可分为侧窗采光和天窗采光。侧窗采光能看到外界环境，视野比较开阔，可满足人体视觉需求，提高室内舒适度，但由于采光面积有限，一般用于进深不大的房间采光；天窗采光适用范围广，开窗限制少，且采光效率高，广泛用于工业建筑和公共建筑，作为补充采光。当侧窗采光和天窗采光都不能满足室内照明要求时，还可采用辅助的采光装置进行采光，如光导管采光系统等。

2.6 建筑遮阳

建筑遮阳可降低进入室内的太阳辐射量，同时防止产生眩光，影响视线。按遮阳设备的布置位置可将建筑遮阳分为室外遮阳和室内遮阳。室外遮阳的隔热遮光效果要优于室内遮阳，而室内遮阳的目的主要是防止眩光。按遮阳方式的不同又可分为水平式、垂直式和挡板式。水平式能够有效遮挡太阳高度角较大时来自上方的直射阳光，适合布置在南向或接近南向的窗口；垂直式能够遮挡太阳高度角较低时从窗户两侧照射过来的阳光，适合布置在东西向窗口。挡板式能够阻挡从窗口正前方射来、太阳高度角较小的直射阳光，适合布置在东西向的窗口。在设计建筑遮阳时，应综合考虑建筑朝向与设计要求，选择适宜的遮阳措施。还可采用活动遮阳的方式，根据需求适时调整室内摄入的太阳辐射量，兼顾冬季采暖与夏季防晒的需求。

3 结语

　　被动式建筑自德国诞生至今，经过欧洲各国政府的大力推行，现已成为主流的建筑类型。我国被动式建筑的标准体系形成较晚，技术水平与科研开发与上述欧洲国家还存在一定差距，但是被动式建筑作为一种经过大量实践证明的建筑形式，以其健康、舒适、节能的特点，在我国未来的建筑类型中必将扮演重要角色。被动式建筑注重对当地气候与自然环境的利用，在实际应用过程中，建筑师应综合考虑建筑规划布局、体型设计、围护结构、自然通风、自然采光、建筑遮阳对建筑能耗与舒适性的影响，因地制宜地选取合适的设计策略组合，尽可能依靠被动式的方法，在降低建筑能耗的同时营造一个健康舒适的建筑环境。

参考文献

［1］清华大学建筑节能研究中心. 中国建筑节能年度发展研究报告2020［M］. 北京：中国建筑工业出版社，2020：10-12.

［2］郭子豪. 寒冷地区被动式建筑外墙保温体系设计研究［D］. 郑州：郑州大学，2019.

［3］李佳兴. 被动式建筑在严寒地区的适用性研究［D］. 乌鲁木齐：新疆大学，2016.

［4］王智宇. 被动式低能耗技术在严寒地区高校教学建筑中的应用研究［D］. 长春：长春工程学院，2016.

［5］徐伟，孙德宇. 中国被动式超低能耗建筑能耗指标研究［J］. 动感（生态城市与绿色建筑），2015（01）：37-41.

［6］刘玮，郝雨楠. 国内外被动式建筑发展现状［J］. 门窗，2017（02）：26-29.

［7］王垂宁. 山东地区超低能耗宾馆建筑供暖供冷能耗的研究［D］. 济南：山东建筑大学，2019.

［8］刘玮怡. 天津地区既有住宅被动式节能改造效果研究［D］. 天津：天津大学，2018.

［9］彭艺. 湘中传统建筑"被动式技术"应用研究［D］. 长沙：湖南师范

大学，2012.

[10] 李爽. 被动式节能住宅技术分析研究及案例 [D]. 天津：天津大学，
2013.

[11] 王肖丹. 寒冷地区被动式办公建筑设计研究 [D]. 天津：河北工业大
学，2014.

[12] 住建部发布被动式超低能耗绿色建筑技术导则 [J]. 资源节约与环保，
2015（11）：6.

[13] 曾扬. 广州大学被动式绿色建筑实验楼设计 [D]. 广州：广州大学，
2016.

[14] 惠星星. 基于BIM技术的被动式节能建筑设计研究 [D]. 合肥：安徽
建筑大学，2017.

[15] 刘艳杰. 中德比较视角下的北方地区超低能耗集合住宅设计研究 [D].
大连：大连理工大学，2018.

[16] 杨一栋. 兰州地区办公建筑被动式技术应用研究 [D]. 西安：西安建
筑科技大学，2019.

[17] 杨新春. 自然通风在现代住宅建筑设计中的应用探究 [J]. 住宅与房
地产，2019（03）：2+7.

[18] 黄志远. 住宅建筑设计中自然通风的考虑及设计分析 [J]. 绿色环保
建材，2017（04）：37+39.

[19] 赵军波. 基于DeST模拟的夏热冬冷地区绿色公共建筑被动式节能设计
研究 [D]. 成都：西南石油大学，2018.

[20] 李继业，陈树林，刘秉禄. 绿色建筑节能设计 [M]. 北京：化学工业
出版社，2015.

[21] 住房和城乡建设部科技与产业化发展中心. 中国被动式低能耗建筑
年度发展研究报告2018 [M]. 北京：中国建筑工业出版社，2018：
34-36.

[22] 宋敏，韩金玲. 夏热冬暖地区被动式建筑设计策略 [J]. 绿色环保建
材，2019（12）：88+90.

技术产品应用

被动式建筑外窗副框安装方式探究

郝生鑫　陈旭　王祺　曹恒瑞

北京康居认证中心有限公司

摘要： 外窗安装在被动式低能耗建筑当中属于关键节点，外窗安装方式的研究对被动式低能耗建筑外围护结构的整体性能产生较大影响。本文采用有限元模拟软件THERM对三种外窗安装方案进行模拟，并计算得出安装线传热系数，通过对安装线传热系数的定量分析，及不同方案优缺点的定性分析，为被动式低能耗建筑中外窗安装方式的选择提供依据。

关键词： 被动式低能耗；外窗安装；数值模拟；线热桥系数

1 引言

2010年至2021年，在被动式理念的建筑进入中国的十余年中，中国的被动式建筑已经由最初的蹒跚学步，发展到现在年建设量以百万计的建设规模。被动式理念进一步得到认可，中国的建设者开始逐步探索更加适用于中国国情的节点构造、材料、工艺来满足被动式建筑的要求。

在被动式建筑节点当中，外窗的安装一直以来都受到广泛的讨论，在此之前，国内的新建建筑外窗安装全部采用洞口内的安装方式进行安装，而被动式低能耗建筑从开始便采用了固定件外挂的安装方式，随着越来越多的国产被动式门窗的问世，不同的门窗厂商及施工单位不断地探索更为安全、更为经济、施工更为简便的安装方式。然而，对于追求外围护结构及热工性能的被动式建筑来说，安装方式的不同，所产生的安装热桥存在很大的不同。

本文选取金属角钢固定外窗的安装方式与外窗副框洞口内、外窗副框洞口外两种安装方式，利用有限元模拟软件THERM进行辅助计算，通过安装热桥的定量对比及定性分析，希望对被动式低能耗建筑中外窗安装节点的选择提供借鉴意义。

2 热桥

建筑围护结构热工计算中，由于厚度方向的温度势远大于高度和宽度方向，因此通过围护结构的传热常按一维传热计算。但不可避免存在二维、三维传热，形成热桥。热桥定义为围护结构中热流强度显著增大的部位。

欧盟标准EN ISO 10211-1中关于建筑热桥定义如下：建筑围护结构热桥是由不同导热性能的材料贯穿或者结构厚度变化或者内外面积的不同（如墙、天花板和地板连接处）而引起的。热桥可以分为线热桥和点热桥，线热桥为沿一个方向具有相同截面的热桥，点热桥为可用一个点热桥系数表示的局部热桥。热桥的存在，增加了单元墙体的平均传热系数，导致热流增大，能耗增加。甚至会导致冬季热桥处内表面温度较低，引起墙体内侧结露甚至发霉，影响室内卫生状况。

3 模拟计算依据及模型设定

3.1 计算依据

本文依据《民用热工建筑设计规范》GB 50176-2016中附录C的规定，热桥值采用二维稳态传热计算软件进行计算。热桥线传热系数的计算方法如下：

$$\psi = \frac{Q^{2D} - KA(t_i - t_e)}{l(t_i - t_e)} = \frac{Q^{2D}}{l(t_i - t_e)} - KC$$

式中：ψ——热桥线传热系数，W/（m·K）；

    Q^{2D}——二维传热计算得出的流过一块包含热桥的围护结构的传热量，W，本文采用THERM热工分析软件得出；

    K——围护结构平壁的传热系数，W/（m²·K）；

    A——计算Q^{2D}的围护结构的面积，m²；

    t_i——围护结构室内侧的空气温度，℃；

    t_e——围护结构室外侧的空气温度，℃；

    l——计算Q^{2D}的围护结构的长度，热桥沿这个长度均匀分布，计算ψ时，l宜取1m；

    C——计算Q^{2D}的围护结构的宽度，即$A = l \cdot C$，可取$C \geq 1$m。

3.2 模型设定

本文模拟采用外墙高1.01m，外窗整体高0.4m，常见的200mm厚钢筋混凝土外墙，240mm厚模塑聚苯板作为外保温材料，具体构造做法见表1；模型中其他材料的导热系数以《民用热工建筑设计规范》GB 50176–2016为参照，室外环境参数如下：室外计算温度−10℃，墙体外表面对流换热系数为23W/（m²·K）；室内计算温度20℃，墙体内表面对流换热系数为8.7W/（m²·K）。

表1 外墙构造做法

材料	厚度，mm	导热系数，W/（m·K）
抹面砂浆	20	0.57
钢筋混凝土外墙	200	1.74
找平层	10	0.70
模塑聚苯板	240	0.03
抹面胶浆	10	0.70
高密度EPS	—	0.04

4 外窗安装节点

外窗安装中，上口与侧口的安装方式基本一致，下口的安装节点属于外窗安装中的薄弱点，因此本文选取不同外窗安装方案的上口和下口两个节点进行平行对比。

4.1 外窗上口安装节点

4.1.1 方案一：金属角钢洞口外安装，详见图1

被动窗采用金属角钢+10mm高密度EPS隔热垫片的安装方式进行固定，外保温压被动窗框，窗框外露15mm。

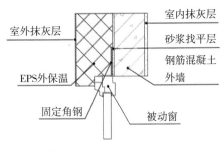

图1 方案一

4.1.2 方案二：副框洞口内安装，详见图2

被动窗整体嵌入窗洞口内，窗框外表面与墙体外表面齐平，被动窗与洞口间增设高密度EPS副框固定外窗，副框呈L形，副框覆盖被动窗窗框，窗框外露15mm，外墙外保温覆盖全部副框。

4.1.3 方案三：副框洞口外安装，详见图3

被动窗洞口外安装，采用高密度EPS副框进行固定，副框呈L形，副框覆盖被动窗窗框，窗框外露15mm，外墙外保温覆盖全部副框。

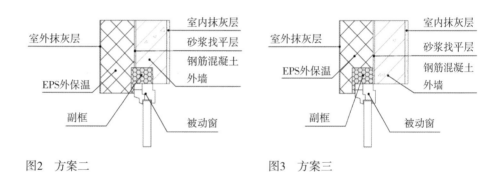

图2 方案二   图3 方案三

4.2 外窗下口安装节点

4.2.1 方案一：隔热垫块洞口外安装，详见图4

被动窗洞口外安装，用高密度EPS隔热垫块（垫块厚度50mm）进行固定，外保温压窗框15mm。

4.2.2 方案二：副框洞口内安装，详见图5

被动窗整体嵌入窗洞口内，窗框外表面与墙体外表面齐平，被动窗与洞

图4 方案一   图5 方案二

口间增设高密度EPS副框固定外窗，副框呈L形，副框覆盖被动窗窗框15mm，外墙外保温覆盖全部副框。

4.2.3　方案三：副框洞口外安装，详见图6

被动窗洞口外安装，采用高密度EPS副框进行固定，副框呈L形，副框覆盖被动窗窗框15mm，外墙外保温覆盖全部副框。

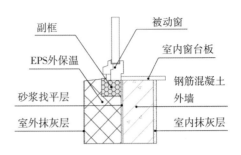

图6　方案三

5　安装线传热系数对比分析

应用THERM热工分析软件对三种方案六类节点进行热工模拟分析，分别计算得出六类节点的安装线传热系数进行比较。

5.1　窗上口安装节点

在窗上口安装节点中，方案一采用角钢+高密度EPS隔热垫片的固定方式，方案二和方案三采用了高密度EPS型材作副框，副框呈L形包覆至窗框外露15mm，见图1~图3。

模拟可得方案线热流密度，可计算得出窗上口安装线传热系数，详见表2，图7~图9为THERM热工分析软件所得热流密度图，结合线传热系数表可知，方案一固定角钢处热流密度较高，但固定角钢整体包覆在外保温内部，其整体线热流密度略小于方案二和方案三，安装线传热系数最小；方案二副框与外墙交接部位存在一定的热流密度，副框占据了导热系数较高的钢筋混凝土的厚度，其外侧保温厚度基本未受到影响，安装线传热系数较方案一升高19%；方案三热流密度图中热损失主要存在于窗框边缘，但由于副框导热系数较高并占据了外保温空间，同时副框外侧保温厚度减小，其安装线传热系数略高于方案二。

图7　方案一

图8　方案二

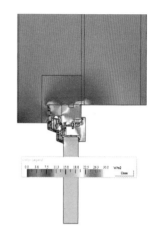
图9　方案三

表2　窗上口安装线传热系数

窗上口方案	模拟得线热流密度q，W/m	窗上口安装线传热系数，W/（m·K）
方案一	12.4665	0.02698
方案二	12.6204	0.03211
方案三	12.6726	0.03385

5.2　窗下口安装节点

窗下口需安装室外侧排水板，窗下口外保温压框宽度较小甚至无法压框，因此窗下口往往成为外窗四周热工性能薄弱位置，本文窗下口方案一采用高密度EPS隔热垫块，外保温压框15mm，方案二、方案三采用L形高密度EPS副框包覆15mm窗框，外保温覆盖副框，图4～图6。

模拟得方案线热流密度，可计算出窗下口安装线传热系数（表3），由表3可知，方案一线热流密度及安装线传热系数最小，方案三较方案一升高5%，而方案二较方案一，其安装线传热系数升高150%。由THERM热工分析软件所得热流密度图（图10～图12），可以看出，除去外窗本身，方案一和方案三热损失主要出现在窗框底端，而方案二底部热损失的范围要远高于方案一和方案三，同时在副框与外墙交接位置同样出现了比较明显的热流密度，由此可以得出，相同条件下，外窗下口洞口内安装方式的安装线传热系数要远大于洞口外安装。

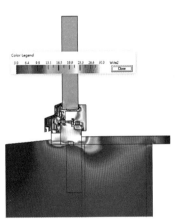

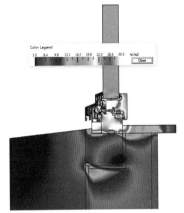

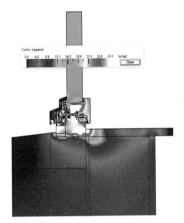

图10　方案一　　　　　　　图11　方案二　　　　　　　图12　方案二

表3　窗下口安装线传热系数

窗上口方案	模拟得线热流密度q，W/m	窗上口安装线传热系数，W/(m·K)
方案一	12.4420	0.01278
方案二	13.0188	0.03201
方案三	12.4612	0.01342

5.3　外窗安装方式分析

由以上结果可知，方案一从热工性能上应为最优的安装方式。当采用副框安装时，同样应采用洞口外安装的方式，洞口内安装将会显著提升外窗安装线传热系数。在实际操作过程中，方案一往往会存在一些问题，最突出的问题在于外窗的安装与外墙外保温之间存在衔接与工序问题，一方面影响了工期，另一方面施工现场无法对外窗做到有效的保护，外窗损坏的情况屡见不鲜；同时外窗整体被保温覆盖，后期无法对外窗进行更换。

副框的设置，可以很好地解决这样的问题，在保温施工前仅需完成副框的安装即可，外保温与外窗安装不再冲突，也为后期更换外窗提供了条件。但是副框的安装方式同样存在一些问题，由上文分析可知，副框安装方式，其安装线传热系数要高于方案一；在实际项目中，外墙窗洞口与外窗尺寸应严格匹配，对施工精度及外窗的加工精度有较高要求，副框的安装精度极大地影响后期外窗的安装，需要控制副框施工质量，避免施工的偏差造成外窗无法安装。此外目前副框的整体造价也会略高于方案一的安装方式。

6 结论

结合上文，可以得出不同的安装方式，产生的安装线传热系数存在较大不同，进而影响到外围护结构整体的传热量。被动式低能耗建筑的外围护结构具有优良的热工性能，因此被动式低能耗建筑中外窗安装方式的热桥分析尤为重要，本文仅选取了目前较为典型的三种安装方式进行了模拟计算。在实际项目当中应结合项目的能效分析情况，并综合考虑工期、造价等各方面因素进行比对分析，来确定最优的解决方案。

鉴于此，本研究结论如下：

（1）方案一从安装热桥来看，为最优方案，对保证外围护结构整体的热工性能有积极意义。

（2）洞口外副框的安装方式对施工工序及后期维护方面具有一定的积极意义，但受限于材料问题，满足副框要求的材料导热系数一般大于外墙外保温材料的导热系数，其安装线传热系数会高于方案一，在选择该安装方式时应综合分析比对，选用合适的副框材料进行安装。

（3）洞口内副框安装的方式将对外围护结构整体的热工性能产生较大影响，在实际工程中应当谨慎使用。

随着我国节能减排力度的加大，建筑节能势必会越来越受到各方重视，被动式的建筑理念越来越被接受和认可，建筑外围护结构的精细化设计及热工分析需要更多、更广泛的推广，以使建筑外围护结构的热工性能达到节能减排的条件。

参考文献

[1] 马伊硕，郝生鑫，曹恒瑞. 中国被动式低能耗建筑的发展模式和发展趋势［J］. 建设科技，2020（19）：8-12.

[2] 孙金栋，陈旭，张小玲，马伊硕. 被动式建筑策略下新风行业的发展［J］. 建设科技，2019（15）：12-15.

[3] 被动式超低能耗居住建筑节能设计标准DB13（J）/T 273-2018［S］.

夏热地区被动式居住建筑围护结构
传热系数分析

陈旭　马伊硕　郝生鑫　陈秉学
北京康居认证中心

摘　要： 合理的被动式居住建筑围护结构设计，有利于建筑节能及降低工程造价。本文根据夏热地区相关气候条件，研究了夏热冬冷和夏热冬暖地区被动式居住建筑屋顶、外墙、地下室采暖与非采暖隔墙及不采暖地下室顶板等围护结构传热系数适用范围。以上海、重庆、广州及海口四个城市分别作为夏热冬冷及夏热冬暖地区的计算对象，通过采暖需求、制冷需求及总一次能源需求的计算对比分析，结果发现由外墙传热系数引起的冷热需求影响较大，地下室采暖与非采暖隔墙及不采暖地下室顶板传热系数引起的冷热需求影响较小，并确定了外墙及屋顶传热系数适用范围趋于 $0.2 \sim 0.35\mathrm{W}/(\mathrm{m}^2 \cdot \mathrm{K})$ 之间。综合各围护结构传热系数等因素，以期为夏热地区被动式居住建筑围护结构设计提供一定的参考借鉴。

关键词： 被动式建筑；夏热地区；围护结构；传热系数；能源需求

　　现阶段，我国建成房屋面积与日俱增，而已建城乡建筑中99%为高能耗建筑，对能源及环境造成了极大破坏，促使建筑行业进入技术变革时代，被动式低能耗建筑理念得到进一步推广，逐步进入发展的快车道[1]。被动式低能耗建筑的设计理念在于通过减小建筑围护结构传热系数等措施，以维持室内温度全年在20℃～26℃之间，可有效降低建筑能耗[2]。自2011年秦皇岛"在水一方"住宅项目作为中国首个被动式低能耗建筑示范项目建成后，该类建筑在全国各地得到飞速发展。但就目前实施的被动式低能耗建筑设计标准仅涉及河北省、山东省及黑龙江省，即严寒地区与寒冷地区，而针对夏热冬冷、夏热冬暖地区尚无明确规范，在一定程度上致使建筑围护结构设计不合理、建筑能耗增加及工程开发成本提高等现象发生，阻碍被动式低能耗建筑推广[3]。

　　本文以被动式居住建筑为物理模型，结合夏热冬冷、夏热冬暖地区气候相关特征，参考河北省及黑龙江省被动式低能耗居住建筑设计标准中能耗计算准则，研究被动式居住建筑屋顶、外墙、地下室采暖与非采暖隔墙（被动区与非被动区）及不采暖地下室顶板等围护结构传热系数适用范围。对此开展研究分析，为夏热地区被动式低能耗居住建筑工程提供参考借鉴。

1 夏热地区气候参数及计算条件

按照我国热工设计分区，夏热地区位于我国寒冷地区南部，又分为夏热冬冷及夏热冬暖地区。相关气候参数及计算条件介绍如章节1.1、1.2及1.3所述。

1.1 居住建筑

本文以被动式居住建筑为研究对象，该建筑地上建筑18层，地下2层，建筑面积9092.6152m²，东、南、西、北墙面积分别为1474.15m²、1175.02m²、1459.82m²及1742.44m²。考虑人体传热量及各居住用户比例，设置该建筑总人数为201人。

能耗计算时，建筑的采暖期取连续三天以上持续低于15℃的小时数超过20小时，或全天24小时均低于15℃的日期为起始日期；取连续三天以上持续高于15℃的小时数超过5小时的日期为终止日期。建筑的制冷期取连续三天以上持续高于29℃的小时数超过4小时的日期为起始日期；取连续三天以上持续高于29℃的小时数小于4小时，或全天24小时均低于29℃的日期为终止日期。

1.2 夏热冬冷地区

夏热冬冷地区处于我国寒冷地区和夏热冬暖地区之间，该地区四季分明，气候变化大。夏天高温炎热，冬季寒冷，常年湿度较高，室内热环境质量较差[4]。夏热冬冷地区将以上海及重庆地区为代表城市进行计算分析。

其中，上海夏季空气密度为1.1589kg/m³，冬季空气密度为1.2851kg/m³；重庆夏季空气密度为1.108kg/m³，冬季空气密度为1.21kg/m³。考虑外窗辐射传热量，假设固定外遮阳门窗g值为0.4，传热系数均为1.5W/（m²·K）。

上海及重庆地区采暖期、制冷期及传热系数假定范围，如表1所示。

表1　上海及重庆地区总一次能源需求计算基本设置参数

采暖期（上海）	11.16 ~ 4.4		
制冷期（上海）	6.1 ~ 9.30		
采暖期（重庆）	11.11 ~ 3.29		
制冷期（重庆）	6.1 ~ 9.30		
传热系数类型，W/（m^2·K）	假定传热系数	传热系数趋近区间	区间划分
屋面传热系数，W/（m^2·K）	0.2	0.15 ~ 0.3	0.025
外墙传热系数，W/（m^2·K）	0.25	0.2 ~ 0.3	0.025
不采暖地下室顶板传热系数，W/（m^2·K）	0.28	0.2 ~ 0.4	0.04
地下室采暖与非采暖隔墙传热系数，W/（m^2·K）	0.6	0.5 ~ 0.7	0.05

1.3　夏热冬暖地区

夏热冬暖地区处于我国夏热冬冷地区南部，该地区长夏无冬，高温湿重，昼夜温差小。夏热冬暖地区以广州及海口地区为代表城市进行计算分析。

其中，广州夏季空气密度为1.147kg/m^3，冬季空气密度为1.2286kg/m^3；海口夏季空气密度为1.1446kg/m^3，冬季空气密度为1.2059kg/m^3。考虑外窗辐射传热量，假设固定外遮阳门窗g值为0.35，传热系数均为1.5W/（m^2·K）。广州及海口地区采暖期、制冷期及传热系数假定范围，如表2所示。

表2　广州及海口地区总一次能源需求计算基本设置参数

制冷期（广州）	5.11 ~ 9.30		
制冷期（海口）	4.17 ~ 9.10		
传热系数类型	假定传热系数	传热系数趋近区间	区间划分
屋面传热系数，W/（m^2·K）	0.2	0.15 ~ 0.3	0.025
外墙传热系数，W/（m^2·K）	0.25	0.2 ~ 0.3	0.025

不采暖地下室，W/（m²·K）顶板传热系数，W/（m²·K）	0.35	0.3 ~ 0.45	0.25
地下室采暖与非采暖隔墙传热系数，W/（m²·K）	1	0.8 ~ 1.2	0.05

注：由于冬季温度趋于15℃天数较多，不考虑采暖期。

2 被动式建筑能耗计算

根据河北省及黑龙江省《被动式超低能耗居住建筑节能设计标准》中涉及能耗计算要求进行计算。相关计算理论及公式，如章节2.1、2.2所述。

2.1 采暖能耗计算

（1）房屋单位面积的年采暖需求，应从规定的采暖起始日期至采暖终止日期，按下列公式逐时计算（当计算值为负值则取零；计算值是正则为该点的采暖需求，将各点累加即为房屋的采暖需求）[5, 6]：

$$Q_h = \sum_{t_2}^{t_1}(q_{hi}^{env} + q_{hi}^{dv} - q_i^s - q_i^{int}) \bullet \Delta t / 1000 \tag{1}$$

式中：t_1——计算的起始时点；

t_2——计算的终止时点；

Δt——计算时间步长，取1h；

q_{hi}^{env}——在i计算时点，围护结构传热引起的房屋单位面积耗热量，W/m²；

q_{hi}^{dv}——在i计算时点，通风引起的房屋单位面积耗热量，W/m²；

q_i^s——在i计算时点，透明围护结构通过太阳辐射获得的房屋单位面积得热量，W/m²；

q_i^{int}——在i计算时点，建筑物内部热源引起的房屋单位面积得热量，W/m²。

（2）围护结构传热引起的房屋单位面积耗热量（包括非透明围护结构及透明围护结构所引起的房屋单位面积耗热量），应按下列公式计算：

$$q_{hi}^{env} = \sum q_{hi,j}^{env} \tag{2}$$

（3）通风引起的房屋单位面积耗热量（包括开启外门进入空气及通风系统进入新风所引起的房屋单位面积耗热量），应按下列公式计算：

$$q_{hi}^{dv} = q_{hi}^{d} + q_{hi}^{v} \qquad （3）$$

（4）透明围护结构通过太阳辐射获得的房屋单位面积得热量，应按下列公式计算：

$$q_i^{s} = \sum q_{i,j}^{s} \qquad （4）$$

（5）建筑物内部热源引起的房屋单位面积得热量（包括人体散热、照明散热及家用电器散热所引起的房屋单位面积耗热量），应按下列公式计算：

$$q_i^{int} = q_i^{man} + q_i^{lig} + q_i^{app} \qquad （5）$$

2.2　制冷能耗计算

（1）房屋单位面积的年制冷需求，应从规定的制冷起始日期至制冷终止日期，按下列公式逐时计算（将所有时点的制冷需求累加，即为房屋的年制冷需求）：

$$Q_h = \sum_{t_1}^{t_2} (q_{ci}^{env} + q_{ci}^{dv} + q_i^{s} + q_i^{int}) \bullet \Delta t / 1000 \qquad （6）$$

式中：t_1——计算的起始时点；

$\quad t_2$——计算的终止时点；

$\quad \Delta t$——计算时间步长，取1h；

$\quad q_{ci}^{env}$——在i计算时点，围护结构传热引起的房屋单位面积得热量，W/m^2；

$\quad q_{ci}^{dv}$——在i计算时点，通风引起的房屋单位面积得热量，W/m^2；

$\quad q_i^{s}$——在i计算时点，透明围护结构通过太阳辐射获得的房屋单位面积得热量，W/m^2；

$\quad q_i^{int}$——在i计算时点，建筑物内部热源引起的房屋单位面积得热量，W/m^2。

（2）围护结构传热引起的房屋单位面积得热量（包括非透明围护结构及透明围护结构所引起的房屋单位面积得热量），应按下列公式计算：

$$q_{ci}^{env} = \sum q_{ci,j}^{env} \qquad （7）$$

（3）通风引起的房屋单位面积得热量（包括开启外门进入空气及通风系统进入新风所引起的房屋单位面积得热量），应按下列公式计算：

$$q_{ci}^{dv} = q_{ci}^{d} + q_{ci}^{v} \qquad (8)$$

（4）透明围护结构通过太阳辐射获得的房屋单位面积得热量，应按下列公式计算：

$$q_i^s = \sum q_{i,j}^s \qquad (9)$$

（5）建筑物内部热源引起的房屋单位面积得热量（包括人体散热、照明散热及家用电器散热所引起的房屋单位面积耗热量），应按下列公式计算：

$$q_i^{int} = q_i^{man} + q_i^{lig} + q_i^{app} \qquad (10)$$

3 能耗计算结果对比分析

通过改变被动式居住建筑屋顶、外墙、地下室采暖与非采暖隔墙及不采暖地下室顶板等围护结构传热系数中任意单一变量，观察总一次能源需求数据变化，进而得出该类建筑围护结构传热系数适用范围。参考河北省《被动式超低能耗居住建筑节能设计标准》，$60kW \cdot h/(m^2 \cdot a)$ 为被动式低能耗居住建筑采暖、供冷和照明总一次能源需求限值。因不考虑照明一次能源需求，且各围护结构保温传热系数之间具有耦合性，故取 $30kW \cdot h/(m^2 \cdot a)$ 为被动式低能耗居住建筑采暖及供冷总一次能源需求限值（该限值考虑了热泵提供的能源需求，但不包括太阳能等其他可再生能源提供的能源需求）。

3.1 夏热冬冷地区能耗计算结果分析

上海及重庆地区外墙传热系数分析如图1所示，通过改变上海及重庆地区外墙传热系数进行计算，发现上海及重庆地区总一次能源需求变动波幅较大，且波动范围趋于 $23 \sim 32kW \cdot h/(m^2 \cdot a)$。总一次能源需求随外墙传热系数增大而增大，当外墙传热系数在 $0.3W/(m^2 \cdot K)$ 以上时，总一次能源需求超过 $30kW \cdot h/(m^2 \cdot a)$。为保障夏热冬冷地区建设被动式低能耗居住建筑，建议外墙传热系数适用范围在 $0.2 \sim 0.3W/(m^2 \cdot K)$。

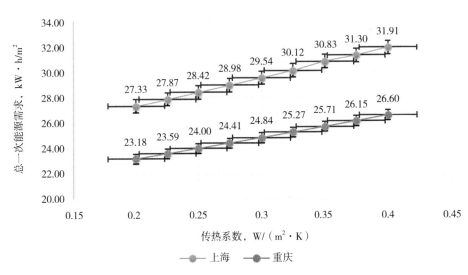

图1 上海及重庆地区外墙传热系数分析

上海及重庆地区屋顶、地下室采暖与非采暖隔墙及不采暖地下室顶板传热系数分析,如图2～图4所示。通过改变上海及重庆地区屋面、地下室采暖与非采暖隔墙及不采暖地下室顶板传热系数进行计算,发现上海地区总一次能源需求较高于重庆地区,且趋近于30kW·h/(m²·a),造成该现象的主要原因是重庆为国内日照较少的地区,冬季日照严重不足使得外窗辐射传热量存在差异。由屋面、地下室采暖与非采暖隔墙及不采暖地下室顶板传热系数

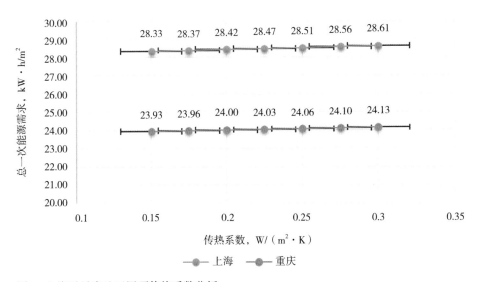

图2 上海及重庆地区屋顶传热系数分析

所引起的冷热需求影响较小，但屋面直接接触室外空气，受室外阳光直接照射，对居住建筑的顶层用户影响较大，故建议夏热冬冷地区屋面传热系数适用范围在$0.2 \sim 0.3 \mathrm{W/(m^2 \cdot K)}$；地下室采暖与非采暖隔墙传热系数适用范围在$0.5 \sim 0.7 \mathrm{W/(m^2 \cdot K)}$；不采暖地下室顶板传热系数适用范围在$0.3 \sim 0.45 \mathrm{W/(m^2 \cdot K)}$。

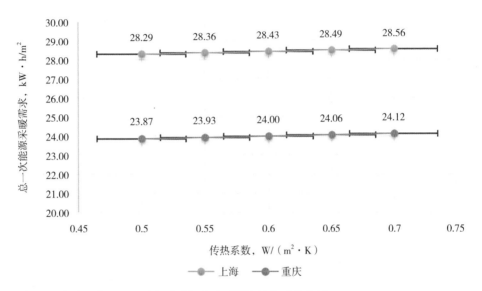

图3　上海及重庆地区地下室采暖与非采暖隔墙传热系数分析

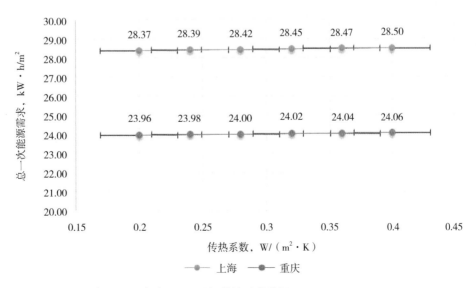

图4　上海及重庆地区不采暖地下室顶板传热系数分析

3.2 夏热冬暖地区能耗计算结果分析

广州及海口地区外墙传热系数分析，如图5所示，通过改变广州及海口地区外墙传热系数进行计算，发现广州及海口地区总一次能源需求随外墙传热系数增大，且变动波幅较大，波动范围趋于23～30kW·h/（m²·a）。夏热冬暖地区虽无采暖区，但由于制冷期较长，能耗较高。为保障夏热冬暖地区建设被动式低能耗居住建筑，建议外墙传热系数适用范围在0.2～0.35W/（m²·K）。

广州及海口地区屋顶、地下室采暖与非采暖隔墙及不采暖地下室顶板传热系数分析，如图6～图8所示。通过改变广州及海口地区屋面、地下室采暖与非采暖隔墙及不采暖地下室顶板传热系数进行计算，发现海口地区总一次能源需求高于广州地区，且趋近于30kW·h/（m²·a），原因在于海口地区天气较广州地区更加炎热，制冷能耗较大。由屋面、地下室采暖与非采暖隔墙及不采暖地下室顶板传热系数引起的冷热需求影响较小，建议夏热冬暖地区屋面传热系数适用范围在0.2～0.35W/（m²·K），地下室采暖与非采暖隔墙传热系数适用范围在0.8～1.2W/（m²·K），不采暖地下室顶板传热系数适用范围在0.35～0.45W/（m²·K）。

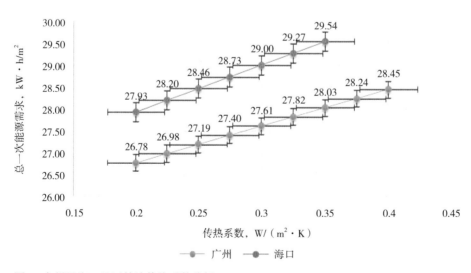

图5 广州及海口地区外墙传热系数分析

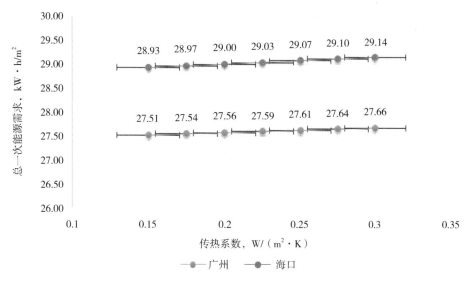

图6 广州及海口地区屋顶传热系数分析

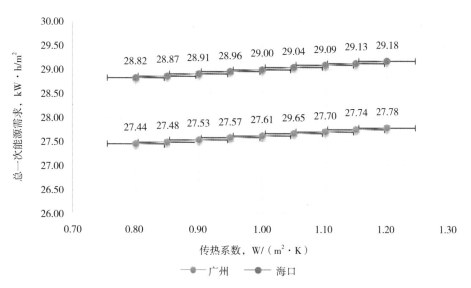

图7 广州及海口地区地下室采暖与非采暖隔墙传热系数分析

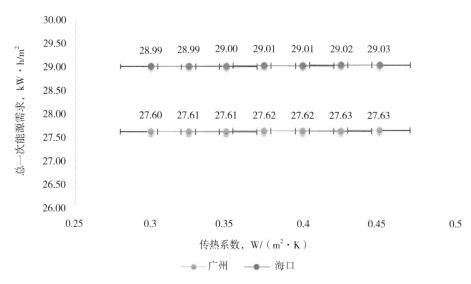

图8　广州及海口地区采暖地下室顶板传热系数分析

4　总结

本文根据夏热地区的气候特征，分析了被动式居住建筑外墙、屋面、不采暖地下室顶板等围护结构的热工性能对采暖、制冷能耗的影响，并得到以下结论：

（1）夏热地区属于非集中采暖区，针对该类地区节能的主要措施是解决建筑物的隔热问题，并适当兼顾保温；

（2）夏热地区城市虽属同一气候区，但采暖、制冷能耗具有不稳定性，主要是因不同地势地形导致日照存在差异，该问题不容忽视；

（3）夏热地区被动式居住建筑中，外墙对建筑能耗影响较大。建议夏热冬冷、夏热冬暖地区外墙传热系数适用范围分别在0.2～0.3W/（m²·K）、0.2～0.35W/（m²·K）之间；

（4）夏热地区被动式居住建筑中，顶层对建筑能耗影响虽较小，但对顶层用户影响较大、与外界直接接触面积较大，故建议屋顶传热系数与外墙一致；

（5）夏热地区被动式居住建筑中，地下室采暖与非采暖隔墙、不采暖地下室顶板对建筑能耗影响较小，传热系数可适当调整。

参考文献

［1］孙金栋，陈旭，张小玲，等. 被动式建筑策略下新风行业的发展［J］.
建设科技，2019（15）：12-15.

［2］文林峰，张小玲. 中国被动式低能耗建筑年度发展研究报告（2017）
［M］. 北京：中国建筑工业出版社，2017：1-2.

［3］王慧芳. 夏热冬暖地区被动房发展制约因素及应对策略［J］. 厦门理
工学院学报，2019，27（01）：65-70.

［4］樊葳. 夏热冬冷地区围护结构节能技术及经济分析［D］. 杭州：浙江
大学，2008.

［5］河北省工程建设标准. 被动式低能耗居住建筑节能设计标准DB13（J）/
T273-2018［S］.

［6］黑龙江省工程建设标准. 被动式低能耗居住建筑节能设计标准DB23/
T2277-2018［S］.

既有建筑节能改造内保温典型热桥数值模拟优化研究[①]

王晓波[1]   刘建伟[1]   陈占虎[2]   郭丹丹[2]

1. 河北三楷深发科技股份有限公司；2. 河北省超低能耗建筑保温材料技术创新中心

摘　要： 文章通过对既有建筑被动房节能改造内保温典型热桥进行研究，分析内保温延内墙做不同延伸时的外壁面温度、热流密度及内表面温度，发现延伸400mm时热损失降低44.31%，超过400mm时热损失降低幅度较小，考虑经济性、节能性和舒适性，500mm为最佳延伸长度，此时热损失降低49.2%，内表面温度与室内温度小于3℃。

关键词： 内保温；热桥；既有建筑；热损失；节能改造

1　引言

当下，中国城镇化发展正由"高质量"向"高舒适"转化，城市功能升级和既有建筑改造为满足人们高舒适、高品质的生活及建筑节能提供了重要途径。在既有建筑改造中，高层建筑单户居民建筑改造及别墅既有建筑改造占有很大市场需求，而传统的外墙外保温施工技术，在上述建筑节能改造中存在很多不足之处。特别是在高层单户居民建筑改造过程中，还存在作业危险、施工难、系统安全隐患及影响外墙美观等弊端。为此，在既有建筑改造中，推行外墙内保温施工技术显得尤为重要。然而，外墙内保温施工过程中易形成典型的结构冷（热）桥，使墙体结露、发霉，还会形成围护结构热工缺陷从而造成能量损失，针对这些典型冷（热）桥的设计、施工，并无相关标准规范，且行业内有关既有建筑改造外墙内保温热桥模拟的研究较少，因此研究内保温传热特性及内保温优化对于我国推进建筑节能改造具有重要意义。

本文通过利用数值模拟的方法，对既有建筑外墙内保温结构热桥进行模拟，根据模拟结果对热桥进行优化，得出既有建筑改造过程中外墙内保温结构热桥优化方案。

---

① 基金项目：河北省省级科技计划资助（项目编号：20374502D）

2　数值模拟

2.1　模型建立及网格划分

本次模拟对内保温内墙处做伸延并模拟，模型及网格如图1所示，由于围护结构内、外表面和不同材料交界面为传热变化较大的地方，因此需要对该区域进行网格加密。

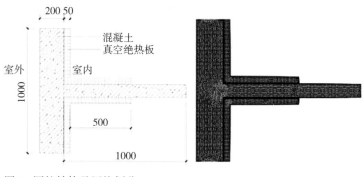

图1　围护结构及网格划分

2.2　相关假设

围护结构每种材料为均质，各材料导热系数各向同性；

无内热源；

忽略围护结构内水蒸气相变引起传热；

忽略内表面的辐射传热。

2.3　数学模型

本次模拟采用二维稳态传热数学模型，基于上述假设传热模型如下：

$$\rho c_{\mathrm{p}} \frac{\partial t}{\partial \tau} = \lambda \frac{\partial^2 t}{\partial x^2} + \lambda \frac{\partial^2 t}{\partial y^2} \tag{1}$$

2.4 边界条件

墙体与室内、室外空气接触的壁面采用第三类边界条件，计算公式如下：

$$-\lambda\left(\frac{\partial t}{\partial n}\right)_{w} = h_1(t_{w1} - t_{f1}) \tag{2}$$

$$-\lambda\left(\frac{\partial t}{\partial n}\right)_{w} = h_2(t_{w2} - t_{f2}) \tag{3}$$

式中 h_1 和 h_2 分别为围护结构内外壁面对流换热系数，按民用建筑热工设计规范分别取 8.7W/（$m^2 \cdot K$）、23W/（$m^2 \cdot K$），t_{w1}、t_{w2} 分别为室内外壁面温度，t_{f1}、t_{f2} 分别为室内外空气侧温度，根据《被动式超低能耗居住建筑节能设计标准》DB13（J）/T273-2018，室内温度按20℃计算，室外温度按不利因素考虑，根据《民用建筑供暖通风与空气调节设计规范》GB 50736-2012冬季室外计算温度按-8.8℃计算。

其他断面按照绝热壁面处理，计算公式如下：

$$-\lambda\left(\frac{\partial t}{\partial n}\right)_{w} = 0 \tag{4}$$

2.5 材料设定

本次模拟围护结构为石家庄某小区实际围护结构构造，砂浆导热系数大，且厚度相对其他材料厚度可忽略不计，因此只对主要材料进行建模，模型及尺寸如图1所示，材料热工参数如表1所示。

表1 材料热工参数表

材料名称	导热系数，W/（m·K）	比热容，J/（kg·K）	密度，kg/m^3
钢筋混凝土	1.74	920	2500
真空绝热板	0.008	1200	400

3 模拟结果分析

图2是内保温不做延伸及沿着内墙将保温层延伸至900mm的温度云图，内保温不做延伸的情况下，在保温与内墙的交界处壁面温度较低，易形成热桥并发生结露现象，在冬季室内热量易通过该区域造成能量损失，结露情况下还会造成发霉，恶化室内环境。同时，低温壁面在冬季还可能与人体表面发生长波辐射换热，影响室内热舒适环境。随着保温层沿着内墙延伸，延伸长度从100至900mm，室内墙体内表面温度逐渐趋于均匀，外墙混凝土层温度基本保持不变，而内墙内传热的温度梯度逐渐变小。

图3是室外侧壁面不同位置的温度与热流密度随内保温延内墙延伸长度的变换曲线，外壁面的位置延Y轴方向从0到1000mm，从图中可以看出，外壁面温度延Y轴方向先升高后降低，在中间位置达到温度最高值，这是由于在中心位置热流密度较大，该位置室内热量延内墙处造成的能量损失要高于其他位置，易形成热桥，随着延伸长度增加，外壁面整体温度、热流密度降低且逐渐均匀，说明延内墙延伸长度越长，热损失越小。

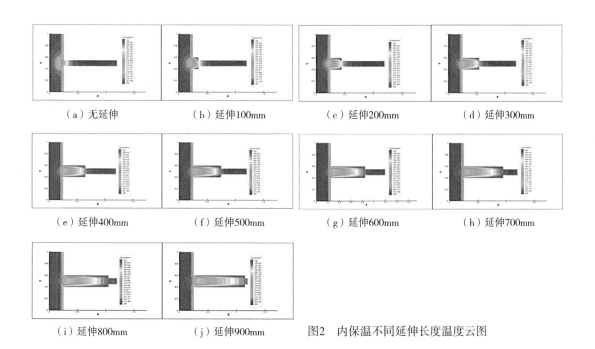

（a）无延伸　　（b）延伸100mm　　（c）延伸200mm　　（d）延伸300mm

（e）延伸400mm　　（f）延伸500mm　　（g）延伸600mm　　（h）延伸700mm

（i）延伸800mm　　（j）延伸900mm　　图2　内保温不同延伸长度温度云图

延伸保温长度虽然可以不断减小室内热损失，但随着延伸长度增加，热损失降低的幅度也逐渐减小，考虑到经济性与室内热环境，确定合理的延伸长度可以在有效降低热损失的同时保证室内人员的热舒适性及经济性。图4为不同延伸长度外壁面平均热流密度，反映了内墙热桥部位向室外传递热量的大小，可以看出延伸长度在达到400mm时，热流密度降低幅度较大，再做延伸，热流密度变化趋势较小，降低趋势基本保持不变。经计算分析延伸至400mm时热损失降低了44.31%，延伸至900mm时热损失降低了58.93%，多延伸500mm热损失也仅降低15.62%，经济性不佳。

图5为延伸500mm时内表面位置及内表面温度曲线图，内表面位置延X轴方向，可以看出内保温不做延伸时墙体表面温度较低，会出现结露的风险。

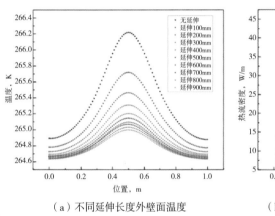
（a）不同延伸长度外壁面温度

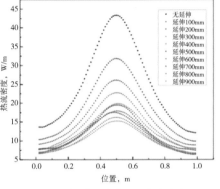
（b）不同延伸长度外壁面热流密度

图3　外壁面温度、热流密度

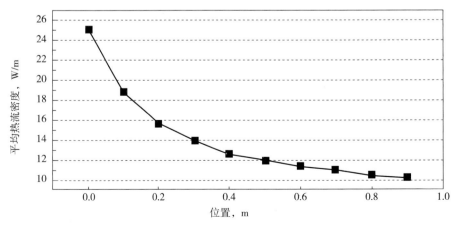

图4　不同延伸长度外壁面平均热流密度

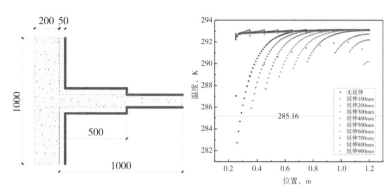

图5　内表面位置及温度

根据《被动式超低能耗居住建筑节能设计标准》DB37/T 5074-2016的规定，室内湿度要求为30%~60%，当室内湿度达到60%时，靠近外墙的内墙有部分墙体温度低于露点温度285.16K。根据标准规定，室内温度与内表面温度的差应当小于3℃，这样能够降低人体表面与低温内墙的辐射传热，保证室内人员可以有足够的热舒适度。图中可以看出内壁面保温层壁面温度基本一致，温度变化较大的区域为内墙混凝土表面，当延伸500mm时内表面与室内温度的差都小于3℃，结合图4热损失降低了49.20%。当延伸900mm时内墙混凝土内表面温度出现下降，这是由于室内侧断面为绝热壁面，而在实际工程中，断面为非绝热壁面，对室内侧混凝土表面换热影响较大，因此出现和实际不符的现象。

4　结论

文章对既有建筑被动房节能改造外墙内保温延内墙延伸长度进行数值模拟研究，得出主要结论如下：

（1）内保温延伸长度越长，外壁面温度越低，热流密度越小，热损失越小；（2）随着延伸长度增长，平均热损失逐渐降低，但降低幅度逐渐减小，当降低400mm时热损失降低了44.31%，延伸超过400mm时，热损失降低幅度变化较小；（3）综合经济性、节能性和舒适性，延伸500mm时最佳，热损失降低了49.20%，内表面与室内温差均小于3℃。

参考文献

［1］ 李铌，李亮，赵明桥. 城市既有建筑节能改造关键技术研究［J］. 湘潭大学自然科学学报，2009，31（3）：104-111.

［2］ 程文忠，孟杨. 外墙外保温施工技术在既有居住建筑节能改造工程中的应用［J］. 建筑技术，2011，42（1）：76-78.

［3］ 张君，黄振利，李志华，阎培渝，张盼. 不同保温形式墙体温度场数值模拟与分析［J］. 哈尔滨工程大学学报，2009，30（12）：1356-1365.

［4］ 民用建筑热工设计规范GB/T 50176-2016［S］. 北京：中国建筑工业出版社，2016.

［5］ 杨世铭. 传热学［M］. 高等教育出版社，2006.

［6］ 被动式超低能耗居住建筑节能设计标准DB（13）/T 273-2018［S］. 北京：中国建筑工业出版社，2018.

被动式超低能耗建筑在夏热冬冷地区的应用分析

王昊贤　叶芊蔚

苏州大学金螳螂建筑学院

摘　要： 被动式超低能耗建筑技术是一种源自德国的新型节约能耗并改善室内环境的建筑技术。它的主要理念是在保持人居室内环境一定舒适度的前提下，通过被动式的建筑技术大幅地降低建筑本身的能耗。本文首先简要概述了被动式超低能耗建筑的内涵，通过介绍被动式建筑的源起，探讨了在夏热冬冷地区推广被动式建筑的重要意义，接着结合我国夏热冬冷地区的气候特点，简要归纳出我国夏热冬冷区建筑中的被动式技术应用策略要点和适宜的节能改造技术路线，为今后在该地区的被动式建筑实践提供参考。

关键词： 被动式建筑；夏热冬冷地区；应用策略

纵观建筑历史可知，自然环境因素极大地影响了建筑的演变。农业社会的时候，建筑作为人们躲避风雨的地方，受气候因素影响很大，虽然舒适性不高，但是能耗较低。到了现代工业社会，伴随着技术的不断发展，涌现出各种各样可以协助建筑解决室内环境问题的设备，因此气候因素不再是人们设计建造建筑的桎梏。建筑舒适性有所提升，但能耗高，污染大，排放多。随着城市化的进程，建筑业上的投入逐渐增多，不断扩张却不环保的建筑业成了耗能大户并被人们所关注。如何设计出既保有建筑环境舒适度又以自然气候为基础，且结合艺术与技术的绿色节能建筑，是建筑师们将要面临的挑战[1]，因此超低能耗建筑的研究被提上了日程。

1　被动式超低能耗建筑内涵简介

被动式超低能耗建筑，指以德国被动房研究所所制定的标准设计建造的、顺应建筑周围的自然环境与气候，通过气密性、隔热性较高的围护结构和新风系统技术来保证室内的舒适性，并利用可再生能源来降低整体能耗的建筑。被动式超低能耗建筑的核心就在于利用"被动式"设计的手法，使建

筑对空调、取暖器之类的设备的依赖度降至最低，真正实现现代建筑设计的
"低成本"和"高舒适性"的要求[2]。

2 夏热冬冷地区被动式低能耗建筑的设计策略

2.1 夏热冬冷地区的气候特征

2.1.1 夏热冬冷地区（长江中下游地区）的全年温度以及变化特征

图1是夏热冬冷地区三个典型城市武汉、南京、上海的全年日平均干球
温度特征状况图，可以看出，该地区夏季高温闷热；冬季阴冷，冷感强烈，
且夏季时间持续较长，因而，建筑需兼顾夏季隔热和冬季保温。

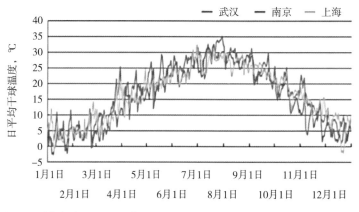

图1　夏热冬冷地区三个典型城市的全年日平均干球温度变化图

2.1.2 夏热冬冷地区的全年盛行风向和风速以及变化特征

图2是夏热冬冷地区三个典型城市武汉、南京、上海的全年风玫瑰图。
可以看出，该地区夏季炎热月份风速低，不利于热量消散；冬季则风速偏
高，加剧了体感的寒冷程度。

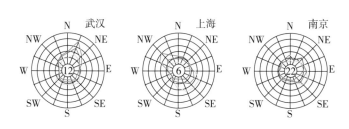

图2　夏热冬冷地区三
个典型城市的全年风
玫瑰图

2.1.3　夏热冬冷地区的全年相对湿度以及变化特征

图3是夏热冬冷地区三个典型城市武汉、南京、上海的全年相对湿度变化图。可以看出，该地区全年气候都非常潮湿，不同程度地加重了夏天闷热的感觉与冬天湿冷的感觉。

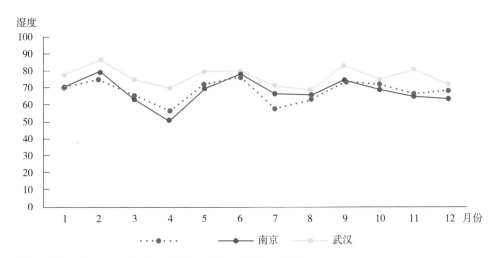

图3　夏热冬冷地区三个典型城市的全年相对湿度变化图

综合而言，相比于我国的寒冷地区，夏热冬冷地区的气候有如下特征：

（1）夏季室外温度较高，冬季室外温度较低。在被动式设计中对冬季室内的采暖和夏季室内的制冷需要统筹兼顾，作为整体考虑[3]；

（2）冬季西北盛行风较强，夏季风较弱，冬季的防风措施也是必要的；

（3）不管夏季还是冬季，夏热冬冷地区都非常潮湿，使舒适度大受影响。所以，在夏热冬冷的长江中下游地区，湿度的影响不容忽视。

因此，综合以上对夏热冬冷地区的自然环境与气候条件的分析，隔热、通风、除湿及太阳能的合理有效利用，是被动式低能耗建筑在该区域建设所需解决的四个关键点。

2.2　夏热冬冷地区建筑形成的环境因素及特征

在自然环境与气候方面，与其他地区不同的是，夏热冬冷地区的建筑呈现出一种与自然紧密结合、多层渗透的状态[7]。开敞、渗透、融合正是该地区建筑的主要特征。而在文化与地域性方面，夏热冬冷地区地处较为富庶的地区，经济文化相对繁荣。在此背景下，该地区的建筑，风格较为开放、丰富、变化多端。

2.3 夏热冬冷地区被动式超低能耗建筑设计策略

2.3.1 总体规划、建筑形体设计策略

规划方面，夏热冬冷地区因其气候特殊性，既要在夏季尽量减少西晒，避免房间过热，也要在冬季充分引入太阳光，利用其来温暖室内，减少空调能耗，所以居住建筑较适宜的主要朝向设置范围为南向偏东或南向偏西15°。

另外，在规划设计时还可利用水体蒸发吸收热量的特性，对热季进入室内的风进行预冷，降低空调等降温设施能耗并改善夏热冬冷地区夏季潮湿的问题，提高人体舒适度。

平面体形设计时可以通过凹进平面的手法以扩大迎风面或减少进深来促进穿堂风的形成[4]。竖向体形设计时通过底层架空、局部开洞、退台式等手法来优化室外人行高度的风环境。

2.3.2 建筑遮阳隔热策略

就被动式建筑来说，冬季时室内人们活动时产生的热量和太阳辐射热对降低热负荷起积极作用，但到夏季时它们就会起消极的作用，而被动式低能耗建筑又不能直接完全依靠空调等设备来解决这部分冷负荷，因此如何用被动式设计手法来给建筑遮阳隔热便是一个有价值的命题。

（1）合理设计窗户来遮阳隔热

通过窗户的形状进行遮阳中最常用也最有效的方式是采用凹形窗，也就是在建筑结构之后设置窗，这样太阳光射进室内时会先被建筑结构遮挡以达到遮阳的目的。如上海同济大学的中德学院就采用了此种遮阳办法。中德学院西南向在夏季受到的太阳辐射很强[5]，因此建筑师将窗户斜向设置并辅以挑出结构和透明的磨砂玻璃，从而控制了进入室内的太阳光照射量，有效减少了南向的太阳辐射，为室内走廊创造宜人的光环境。

（2）合理设置挑檐等固定的外遮阳构件来遮阳隔热

相较于只能阻隔20%～30%的太阳辐射热的内遮阳构件，能阻隔70%～85%的太阳辐射热的外遮阳构件节能效果更好。在建筑屋顶设置巨大的挑檐是常用的遮阳隔热策略，上海大剧院（图4）地处夏季阳光辐射很强的夏热

冬冷地区，便是一个很好的例子。出挑深远的檐部虽然不能根据太阳高度而自动调节角度，但是还是起到了遮挡太阳辐射的效果。同时，根据建筑气质来设计不同形态的挑檐在发挥遮阳隔热作用的同时还能发挥文化作用，强化建筑的视觉特征。

（3）设置外装式百叶等可调式外遮阳构件来遮阳隔热

不断用挑檐等固定的外遮阳构件来提升遮阳效果，在夏热冬冷地区并不是最优解决方案。因为它在减轻夏季冷负荷的同时也会干涉冬季的太阳辐射得热，因此应选取外装式百叶等可调的外遮阳构件。可调的外遮阳构件会随着太阳位置的移动和室内状况的变化来改变自身角度，从而灵活可变地遮挡太阳辐射。托马斯·赫尔佐格在设计建筑工业养老金基金会（图5）时便巧妙地利

图4　上海大剧院

图5　建筑工业养老金基金会

用了此法。构件在阴天时可以将顶光反射到楼地板的地面上提供照明，在阳光强烈时，又会旋转至最佳的遮阳角度，提升室内舒适性[6]。

上海某幼儿园为了改善西晒情况，在西向设置了竖向的可根据太阳的角度调整倾斜角度的遮阳板。同时又根据建筑性质，给遮阳板附着不同色彩的涂料，这样在遮阳的同时也为幼儿园的小朋友们创造出一个活泼、欢乐的气氛。

2.3.3　围护结构设计策略

围护结构的保温与隔热对室内环境有很大的影响，因此设计时需考虑围护结构各部分的保温性能与夏季的隔热性能。但遗憾的是，目前夏热冬冷地区的居住建筑实践在围护结构方面的节能设计意识较为欠缺。

（1）开口设计。窗墙比合理和开口位置恰当是开口设计的两个基本要求。在条件允许的情况下，优先考虑建筑进出风口的成对设计，如若只可单侧通风，便优先考虑于迎风面开口。当单个房间可以实现多个开口时，建议增加相邻开口之间的距离，以促进空气流动。

（2）外墙设计。目前节能保温墙体分为自保温墙体和复合保温墙体两种，

且基于经济性考量，自保温墙体未形成广泛应用，因此出现了复合保温墙体"一枝独秀"的局面。但复合保温墙体中最常见的外墙外保温技术却并不适合夏热冬冷地区。为避免外墙外保温技术阻碍夏热冬冷地区建筑的夏季散热，在降低建筑耗能方面起反作用，该区域住宅建筑采取外墙内保温技术。同时，不同朝向的墙体在设计构造上也不可一概而论，例如冬季主导风向迎风面的外墙便要额外进行加厚处理。

（3）透光构件设计。合理选择玻璃和窗框等透光构件的材料可以降低建筑热损失，因此外窗框宜采用导热系数低的材料，玻璃也应优先选用节能玻璃。在被动式建筑中，南向窗是集热构件，而东、西、北向不是集热窗，在东、西墙过量开窗会加剧夏季室内的炎热，而北向过量开窗会加重冬季热损失。因此要控制各墙面的窗墙比，提升门窗气密性和窗框保温性能，尽量避免严重的冷风渗透。

（4）屋面设计。建造屋顶花园是保温隔热的有效措施。屋顶直接接受太阳辐射，相较于东西立面温度上升更多，并与室内传热剧烈，极大影响室内温度，这一点在夏天又尤为明显。而在夏热冬冷地区，建造屋顶花园就像给建筑披上天然的保护层。

夏天温度高时，植物本身具有的蒸腾作用蒸发吸热可以降低屋顶温度；冬天温度低时，植物又可充当天然的"被子"，起保温作用。且建造屋顶花园不仅能保温隔热，而且可以让居住于其中的人参与种植，甚至辅以园艺疗法，以加强人们对该空间的亲近感。

3 总结

建筑节能问题作为能够直接影响到建筑业的可持续发展的问题，在当今能源紧张的大环境下是建筑改革的重中之重。而夏热冬冷地区作为关键枢纽，在整体中担当着提高能源率和保护环境的双重责任。因此，我国建筑部门应该不断从规划设计、构造设计等方面，对夏热冬冷地区节能型居住建筑设计进行深入探讨和革新。

夏热冬冷地区气候特征独特，既要考虑夏季高温，还要考虑冬季严寒且湿度极高，因此不可将其他地区的被动式建筑策略直接沿用。如何兼顾夏季放热和冬季保温，将是一个重要的课题。

此外，被动式建筑的实效与相应建材产品的质量关系密切。现在，我国许多被动式建材，尤其是被动式门窗，很大程度上依赖国际市场，且国外存在许多技术垄断现象，致使我国超低能耗被动式建筑的成本大幅度提高，且加之黑心厂家以次充好，极大影响甚至误导普通居民对超低能耗被动式建筑的评价，因此未来仍然任重而道远[7]。

参考文献

［1］马如月．基于传统智慧的绿色建筑空间设计策略与方法研究［D］．南京：东南大学，2018.

［2］龚红卫，王中原，管超，等．被动式超低能耗建筑检测技术研究［J］．建筑科学，2017（12）：188-192.

［3］张小玲．我国被动式房屋的发展现状［J］．建设科技，2015（15）：16-23，27.

［4］杨柳，杨晶晶，宋冰，等．被动式超低能耗建筑设计基础与应用［J］．科学通报，2015，60（18）：1698-1710.

［5］宋琪，杨柳，印保刚．为适应气候而建造：被动式建筑［J］．华中建筑，2014，32（04）：11.

［6］陶然，李霞，彼特·鲁格．最佳实践：中国南方地区首个被动式住宅［J］．景观设计学，2014（03）：80-85.

［7］李爽．被动式节能住宅技术分析研究及案例［D］．天津：天津大学，2013.

节能门窗优化策略分析（暖边篇）

林广利

温格润节能门窗有限公司

摘　要：门窗虽然只占建筑外维护结构面积的10%左右，却给建筑带来50%左右的能量损耗，建筑节能需要从门窗开始。本文综合分析了节能门窗的发展及综合优化路径，阐述节能门窗设计中容易被忽视的关键环节，提出兼备节能性及经济性的优化设计途径，为优化门窗综合性能提供可持续的设计方案参考。

关键词：节能门窗；节能玻璃；暖边间隔条

1　发展节能门窗的重要意义

中国建筑节能走过了近40年的奋斗历程，坚持自主研发兼顾借鉴国际先进的发展思路，到现在已经取得了长足的发展，建筑节能技术、节能产业更是百花齐放、百家争鸣。但我们不得不深刻地认识到，我国的建筑节能事业仍任重道远，充满挑战。从以下几点考虑，我们可以看到节能门窗发展的必要性。

1.1　建筑能耗的关键流失途径

门窗部位的保温性能对整个建筑的能量流失具有至关重要的影响，是真正的建筑能量损耗关键途径，也是我们进行建筑节能设计首先要解决的环节，建筑节能需要从门窗开始。

1.2　门窗应用所面临的主要问题

我们不得不面对因为门窗质量的低劣而带来的负面影响；由于门窗的保温性能不好，传热系数过高，造成门窗表面结露、渗水，并产生发霉、腐蚀等问题。久而久之，门窗的型材部件损坏并容易产生细菌的滋生、外观的腐蚀，带来大量的维护成本增加及使用寿命的降低。因此，门窗的保温性能不仅仅对降低能耗产生重要影响，而且会严重影响建筑的品质、生活的质量。

1.3 国家的节能政策及标准发展

近年来，随着绿色建筑、节能建筑的推进和发展，越来越多的省市地区开始更新升级本区域的建筑节能设计标准。1985年到2015年，我国建筑节能历经30年完成三步走的战略任务，实现65%节能标准。2012年多个省市开始实施四步节能标准。目前，北京率先提出五步节能设计标准，中国的建筑节能已经进入小步快跑的快速发展阶段。

因此，无论从门窗的使用现状、国家节能政策法规，还是从建筑能耗途径分析角度来看，发展节能门窗、优化门窗系统综合性能均符合国家节能发展的战略要求。节能门窗行业必将进入蓬勃发展的快车道。

2 节能门窗发展中的经济性问题

门窗作为建筑节能的关键突破口，往往所带来的成本增加会相对较大。只要脱离本位的局部的短期的思想羁绊，注重建筑大环境，放眼宏观、长期、可持续的经济效益，我们不难发现，发展建筑节能门窗具有投入少、产出多的特点。用建筑造价5%～10%的节能成本实现30%～75%的节能收益，住宅冬季室温提高10℃以上，将会获得非常理想的投资回报期，从而实现建筑节能最优化发展。对于西欧和北欧的一些国家，高舒适度和低能耗建筑发展较早，其节能门窗造价仅比普通门窗造价增加3%～8%左右，但可以实现65%～90%以上的节能比例，经济效益非常显著。因此，节能门窗的发展，将会越来越重视新材料、新技术的应用和发展；不断寻求新的突破，寻求小材料、大收益，以小博大地发展空间。

3 节能门窗性能优化的途径分析

由于门窗是产生建筑能耗的关键区域，追根溯源，节能门窗所追求的最基本要素当属门窗的隔热保温性能。高性能的节能门窗的发展也将围绕如何降低整窗传热系数、控制门窗失热效率而进行各个局部工艺技术、构造和材料的研发，逐步探索和应用一些细微节点的精细化设计，获得事半功倍的性能改善和提升。诸如，玻璃暖边技术的应用发展，进一步消除了门窗玻璃的热桥问题，控制了门窗的失热途径，门窗也因此获得以下这些更加优秀的节能特性和使用特性：采暖负荷低（制冷负荷也会降低），带来能源节约；窗户内表面的温度与室内温度更加接近，寒冷的冬季，室内的舒适使用空间大大提升，窗子的不舒适使用距离也会明显缩短；窗子内表面温度高于室内环境露点温度，从而降低结露结霜风险，且因此而延长使用寿命，获得更大的寿命周期内的节能收益，是可持续建筑解决方案的关键改善环节。

目前节能门窗的技术发展迅速，已经具备了非常优秀的技术和工艺，可以获得极低的整窗传热系数。门窗保温性能的优化途径大致有如下4个方面：节能玻璃设计、玻璃边部线性传热损失的优化设计、窗框型材系统的优化设计、门窗安装及密封设计要点。由于篇幅所限，本文将着重阐述暖边间隔条应用的相关技术要点。

3.1 暖边间隔条的应用

寒冷的冬季，大量的热量会通过窗户流失到室外，造成能源浪费。热量的流失途径主要有：玻璃传热损失、玻璃边部的线性传热损失、窗框的传热损失及其他连接部位的密封失热。我们通过前面的分析，解决了玻璃的节能设计问题，但这仅仅是解决了节能门窗系统的一个局部的设计。为获得最佳的门窗保温性能，就必须确保门窗各个组成部分均具备相当优良的保温性能，同时最大限度地避免局部连接位置的热桥问题，比如玻璃边部的线性传热损失，这个部位的节能设计是我们以往容易被忽视的，但却是非常关键的节能设计途径。尤其随着国家建筑节能设计标准的不断升级、被动式超低能耗建筑的快速发展，门窗节能优化设计也越来越关注局部细节优化问题，更加强调门窗性能的系统化提升。在被动式超低能耗建筑节能设计标准中更是明确地提出了对被动式门窗玻璃暖边间隔条的应用要求。

对热量通过门窗的流失路径模拟分析，如图1所示。对于不同分格形式，不同的框玻比及长宽比的玻璃窗，因窗框型材影响整窗性能的比例不同，通过玻璃边部流失的热量占整窗的流失热量比例可高达20%以上。这对于整窗性能的影响是巨大的。我们必须使用暖边间隔材料替换传统的冷边间隔材料，以实现最大限度地降低玻璃边部的线性传热损失。

由于金属材质的冷边间隔条会在玻璃嵌入框体的部位形成热桥，我们通过对典型的住宅窗户内侧温度进行红外检测会发现，玻璃与框体交界的区域温度通常会较低，主要是由于受冷边间隔条热桥影响，一般影响范围在距离框边63mm以内的区域。通过红外成像检测的热流分布，如图2所示。通过曲线可以看出，相同条件下，使用暖边间隔条可以有效提高内侧玻璃边缘部分的表面温度。因此，我们有必要探究如何有效应用暖边间隔条改善节能门窗系统的综合性能。

从图2中还可以看出，使用暖边间隔条可以有效改善玻璃边缘部分的温度分布梯度，对于降低此区域的线性传热损失作用明显。但是对于玻璃中心区域没有明显的热工改善，也就是说，使用了暖边间隔条，可以通过降低玻璃边部线性传热损失，从而有效改善整窗的保温性能，但不能有效降低玻璃的传热系数。因为我们所说的玻璃传热系数通常是指玻璃中心区域的传热系数，而使用暖边对于距离窗框边缘12mm范围内的玻璃边缘部分热工性能会有明显的改善，而这一部分区域也正是"冷边效应"特别明显的区域。

暖边间隔条对于整窗的热工改善作用明显，也得到了越来越广泛的推广和应用，接下来详细分析暖边间隔条的应用细节。

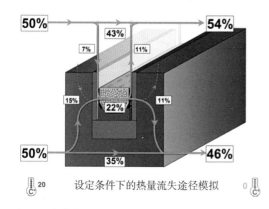

图1　设定条件下的热量流失途径模拟

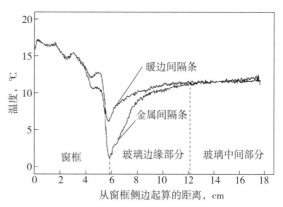

图2　暖边间隔条及冷边间隔条玻璃边部温度分布

3.1.1 暖边的定义及分类

目前，在国际上公认的暖边定义是依据EN10077标准提出的定义方法。评价间隔条保温隔热性能的优劣，主要看间隔条阻隔热量传递的能力。一般来说，热量通过间隔条传递到另外一侧的多少，取决于热量的传递路径材料壁厚及材料的导热系数。因此，把热量传递路径的材料壁厚及材料的导热系数乘积求和，就得到一个单位温差下通过间隔材料的传热量，称之为间隔条的导热因子。其计算按公式（1），这个值不大于0.007W/K，称之为暖边间隔条，反之，则为冷边间隔条。通过定义，我们明显看出，导热因子越低的间隔条，其材料的阻隔热量传递的能力就越强，材料的保温性能就越优秀。

根据这个定义，可得铝间隔条的导热因子为0.112W/K，壁厚为0.35mm的普通不锈钢间隔条的导热因子为0.016W/K，按照此标准定义，它们都属于冷边间隔材料。对于典型暖边间隔材料的非金属玻纤增强型复合间隔条，我们计算得出其导热因子为0.0006W/K。

$$d \times \lambda = 2（d_1 \times \lambda_1）+ d_2 \times \lambda_2 \qquad （1）$$

目前，国内市场常见的多种品牌暖边间隔条，其材质、工艺各不相同，所表现出的性能也是良莠不齐。表1列举了各种暖边间隔材料的导热系数。铝的导热系数为160W/（m·K），玻纤增强型暖边材料的热工性能比传统的铝条提升1000多倍，导热系数为0.14W/（m·K）。

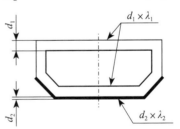

图3 间隔条示意图

表1 常用中空玻璃暖边间隔条材料的导热系数λ

材料	不锈钢（200/300）	聚丙烯塑料	热熔聚异丁烯胶	硅酮微孔材料/PVC	玻纤增强丙烯腈与苯乙烯聚合物
λ, W/（m·K）	15	0.19	0.20	0.17	0.14

3.1.2 暖边间隔条的应用意义

实践证明，暖边间隔条的应用可以为门窗综合性能带来明显提升。

（1）实现整窗的节能设计，提升门窗系统的保温性能

获得高性能的节能门窗系统，不仅需要高质量的玻璃系统、保温优良的窗框型材系统，还不能忽视玻璃边部的暖边间隔材料的应用。暖边间隔条可以最

大限度地降低玻璃边部线性传热损失，从而大大改善整窗的保温性能。使用暖边间隔条可以为整窗性能带来多少提升，针对不同的窗子，其比例不尽相同。通过整窗传热系数的计算公式可以看出，其与边部线性传热损失比例高低、间隔条的线性传热系数、玻璃的长宽比、窗户的框玻比，以及玻璃、框材的导热系数等因素相关。我们以SWISSPACER U型暖边间隔条为例进行计算，来看看能够为整窗保温性能带来多大的改善。计算结果如表2、表3计算报告所述。

表2 使用铝间隔条计算结果		表3 使用SWISSPACERU间隔条计算结果	
外部尺寸		外部尺寸	
$a=$	1.230 m	$a=$	1.230 m
$b=$	1.480 m	$b=$	1.480 m
材料：		材料：	
玻璃：		玻璃：	
离线可弯钢化双银低辐射Low-E玻璃17411		离线可弯钢化双银低辐射Low-E玻璃17411	
间隔条：		间隔条：	
铝		Swisspacer Ultimate	
框架：		框架：	
断桥铝窗		断桥铝窗	
框架宽度：	0.11 m	框架宽度：	0.11 m
细目：		细目：	
A_g（玻璃面积）：	1.273 m²	A_g（玻璃面积）：	1.273 m²
A_f（框架面积）：	0.548 m²	A_f（框架面积）：	0.548 m²
A_w（整窗体面积）：	1.820 m²	A_w（整窗体面积）：	1.820 m²
框架部分：	30%	框架部分：	30%
U_f（框架）	1.600 W/(m²·K)	U_f（框架）	1.600 W/(m²·K)
U_g（玻璃）	1.1 W/(m²·K)	U_g（玻璃）	1.1 W/(m²·K)
玻璃厚度，e+i：	6+6 mm	玻璃厚度，e+i：	6+6 mm
PSI（玻璃边缘）	0.12 W/(m·K)	PSI（玻璃边缘）	0.042 W/(m·K)
玻璃边缘长度	4.540 m	玻璃边缘长度	4.540 m
PSI（窗格条）	0 W/(m·K)	PSI（窗格条）	0, W/(m·K)
窗格条长度：	0.000 m	窗格条长度：	0.000 m
窗格条类型：		窗格条类型：	
内部		内部	
结露计算：		结露计算：	
T_e（外部温度）（℃）：	−5℃	T_e（外部温度）（℃）：	−5℃
T_i（内部温度）（℃）：	20℃	T_i（内部温度）（℃）：	20℃
R_{hi}（内部相对温度）（%）：	50%	R_{hi}（内部相对温度）（%）：	50%
T_{si}（内部表面温度）：	7.3℃	T_{si}（内部表面温度）：	12.4℃
T_{dp}（露点温度）：	9.2℃	T_{dp}（露点温度）：	9.2℃
结露		无结露风险	
$U_{Wal}=1.550$W/(m²·K)		$U_{WSWS}=1.355$W/(m²·K)	

注：上述计算使用德国Sommer Informatik GmbH 2013 Caluwin软件，依据标准为ift guideline WA-08/1热改善型间隔条PSI值测定标准。

选用玻璃的传热系数U_g=1.1W/（$m^2 \cdot K$），选用优质断桥铝型材U_f=1.6W/（$m^2 \cdot K$），窗外径尺寸按照欧洲标准窗1.23m×1.48m。通过报告我们可以看出，SWISSPACER U型暖边的使用，使这扇窗的整窗传热系数U_w值相较使用铝间隔条降低了0.20W/（$m^2 \cdot K$），性能提升将近13%。

由此可见，暖边间隔条相对整窗系统虽然是一个比较小的材料，所增加的成本占整窗的成本不足1%，但其对整窗性能的提升能够达到10%～20%或以上。因此，使用暖边间隔条进行门窗系统的优化设计是一个经济、高效的改善途径。

（2）使用暖边间隔条可以降低整窗边部结露风险，提升居住舒适度

因为暖边间隔条的低导热性能，可以使玻璃边部获得极佳的保温特性，避免大量热量通过边部线性传热流失。正因其良好的保温特性，使得寒冷冬季室内侧玻璃边部区域表面的温度得以保持更接近室内环境温度，且高于室内环境露点温度，从而避免表面结露、结霜，保持玻璃表面干燥，避免因潮湿而发生型材霉变、细菌滋生，带来损坏、缩减寿命、增加维护成本等使用问题。同时，室内表面温度较使用冷边间隔条提升5℃以上，有效增加了室内舒适使用空间。即使人靠近窗子，也不会明显感受到前热后冷的不适感，同时还节约了大量能耗。

我们通过对一扇窗户进行热工模拟，便可以看出暖边间隔条对室内表面温度的改善状况。假定环境条件：室外温度为-10℃，室内温度为20℃，相对湿度为50%，室内环境露点温度T_{dw}=9.27℃；使用三玻两腔Low-E中空玻璃U_g=0.7W/（$m^2 \cdot K$）；框材选用普通断桥铝型材U_f=1.2W/（$m^2 \cdot K$）；玻璃间隔条分别使用铝管和SWISSPACER U型暖边间隔条。模拟结果温度曲线如图4和图5所示。

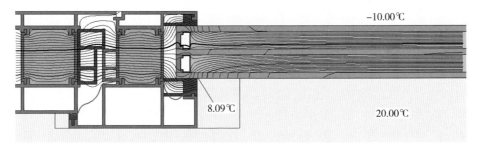

图4 使用铝管间隔条的中空玻璃温度曲线

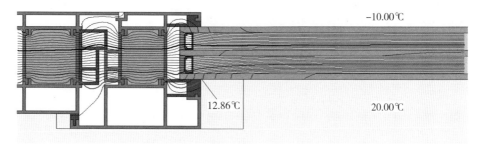

图5 使用暖边间隔条的中空玻璃温度曲线

通过模拟温度曲线可知，使用冷边间隔条，室内玻璃边部温度为8.09℃，低于室内露点温度T_{dw}=9.27℃，因此会形成凝露；改用暖边间隔条后，室内玻璃边部温度为12.86℃，温度升高近5℃，且高于T_{dw}=9.27℃，因此不会结露。

由此可见，使用了暖边间隔条后，明显提升了整窗系统抗结露性能，也就提升了窗户承受室外极端温度的能力，我们再对下面这扇窗进行模拟分析：窗户规格1.23m×1.48m，框材选用塑钢型材U_f=1.2W/（m²·K）；玻璃选用IGU 4Low-E+16Ar+4配置，U_g=1.1W/（m²·K）；室内温度20℃，相对湿度50%；中空玻璃的间隔条分别采用铝、不锈钢、非金属刚性暖边，计算出室内边部开始发生结露时的室外极限温度，见表4。

表4 不同间隔条玻璃结露时室外临界温度

间隔条类型	边部线性传热系数Psi-value，W/（m·K）	室外环境温度
铝间隔条	0.077	−3℃
不锈钢间隔条	0.051	−8℃
非金属刚性暖边	0.032	−14℃

从表4中可以看出，对于该扇窗，如果使用冷边间隔条，室外环境温度到达−3℃时室内表面便开始结露，如果使用暖边间隔条，产生结露的室外临界温度降低到−14℃，抗结露温度改善达10℃以上。

（3）改善玻璃版面温度分布梯度，降低玻璃破损风险

从图2可以看出，使用优质暖边间隔条可以提升玻璃边部温度5℃，甚至更高，从而减小玻璃板面端部与中部的温差，改善玻璃板面的温度梯度分

布，减小玻璃板面的温度应力，从而降低玻璃的破损风险。

根据JGJ113-2015建筑玻璃应用技术规程对建筑玻璃防热炸裂设计的相关规定：

玻璃的端面应力按下式计算：

$$\sigma_h = 0.74 E\alpha\mu_1\mu_2\mu_3\mu_4 (T_c - T_s) \tag{2}$$

式中：σ_h——玻璃端面应力（MPa）；

E——玻璃弹性模量，可按0.72×10^5MPa取值；

α——玻璃线性膨胀系数，可按10^{-5}/℃取值；

μ_1——阴影系数；

μ_2——窗帘系数；

μ_3——玻璃面积系数；

μ_4——边缘温度系数；

T_c——玻璃中部温度；

T_s——窗框温度。

装配玻璃板边框温度直接影响玻璃边部的温度，使用暖边间隔条对于提升玻璃边部区域温度有明显作用，玻璃边部与中部温度差降低5℃，可以使温度应力降低2.7N/mm以上（根据不同的阴影分布、窗帘形式、玻璃面积、固定或开启而作用不同），因此，暖边应用可以一定程度地降低玻璃热炸裂和自爆的风险。

（4）改善门窗的外观效果

不同材料的暖边间隔条生产工艺和特性不尽相同，除了可以获得不同的热工性能外，也会显现不同的外观效果。传统的铝管多为银白色的金属本色，也有少量使用黑色铝管，色彩非常单一，而且银白色铝管使用中也会存在一定的镜面效果，光照比较强时容易形成局部眩光，冷色彩与不同框体型材颜色质感的匹配度有限。因此，为获得更加优秀的外观效果，在选择间隔条时，需要综合考量其色彩与型材匹配度、表面眩光等影响因素。一些非金属暖边材料属于亚光质感，表层产生漫反射，不存在任何眩光影像。同时具备多种颜色的选择，可以满足不同类型、不同色彩和风格的窗框型材的搭配，成就完美的整窗外观效果。

（5）暖边间隔条的其他贡献价值

使用优质的耐久性良好的暖边间隔条，不仅可以改善整窗的保温性能，降低玻璃边部结露风险，而且还可以因此提升门窗边部抗霉变性能，提升边部温度系数，减少细菌滋生、发霉老化等问题，降低维护成本。通过提高室内侧局部温度，改善室内侧整窗表面的温度分布，减小温差，从而减小因温差带来的冷辐射、冷风混流等不舒适感，增大室内舒适的使用空间。

此外，非金属暖边间隔条对于改善玻璃边部的隔声降噪特性也有积极作用。相比较金属间隔条，非金属暖边间隔条可以一定程度地改善玻璃边部声桥效应，实现"软连接"对于声波传递的减缓作用。

3.1.3 配置暖边间隔条改善整窗热工性能的经济性分析

提升整窗保温性能的途径很多，可以用性能卓越的玻璃配置，如双中空双Low-E充氩气，也可以用性能优秀的保温型材，如多腔塑钢、木框、聚氨酯隔热超保温型材等等。当然也可以使用性价比更高的暖边材料，实现"小投入，大回报"。其实，采用什么改善途径，关键要看经济性，改变什么更经济，性价比更高。

图5是整窗性能价格曲线图，由图可知，随着整窗性能的不断提升，传热系数K值降低，玻璃、窗框及整窗的价格都会增加，而且，K值越低，改善单位的整窗性能所增加的玻璃、型材的价格幅度就越大（这条价值曲线越陡），而使用暖边间隔条增加的成本始终保持不变。

从图6可以看出，整窗U值小于1.6时，使用暖边间隔条来改善整窗保温性能就开始显露出成本优势，是非常经济的改善途径。

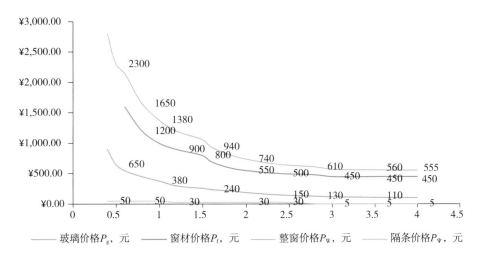

图6　整窗性能价格曲线图
注：整窗价格不包括安装、组装、配件等部分。

对于不同配置的门窗，使用暖边间隔条对其整窗热工性能的改善比率不同，如表5所示。由此可见，整窗传热系数小于1.6时，使用暖边间隔条就可以带来较大的热工改善比率，整窗传热系数越低，相同配置下使用暖边间隔条带来的热工改善比率越大。

表5　暖边间隔条对整窗性能的改善比率

配置序号	型材K值，W/(m^2·K)	玻璃K值，W/(m^2·K)	不用暖边间隔条整窗传热系数，W/(m^2·K)	使用暖边间隔条整窗传热系数，W/(m^2·K)	热工改善比率
1	1.1	1.5	1.641	1.498	9%
2	1.1	1.1	1.35	1.206	11%
3	1.1	0.7	1.081	0.904	16%

注：1.5m × 1.5m 单开窗型 WE:SWISSPACER Advance

3.1.4　选用暖边间隔条还需要关注的几个要点

暖边间隔条为门窗的节能改善带来较大收益，但同时我们也要认识到暖边间隔条使用时所面临的一些风险，如果使用不当或暖边间隔条品质较差，对于中空玻璃的内在质量会带来系统性质量隐患。目前，国内已发布的被动式超低能耗建筑节能设计标准，基本都对暖边间隔条的应用作出了规定："使用耐久性良好的暖边间隔条"。因此，我们在选用暖边间隔条时必须对其耐久性给予严格评估。

（1）由表1可知，暖边间隔条的材质不同，其导热系数不尽相同，不同材质的暖边间隔条其热稳定性也不同。在高温环境下会产生不同程度的挥发性气体，对中空玻璃腔体带来不同程度的外观质量甚至内在性能的影响，尤其有的材料在高温状态下产生大量挥发性物质，会带来Low-E膜层的污染和损伤，从而影响中空玻璃的使用寿命。《中空玻璃间隔条　第3部分：暖边间隔条》JC/T 2453-2018中空玻璃间隔条第3部分：暖边间隔条的行业标准（以下简称《标准》），是目前国内玻璃深加工行业所执行的最高级别的暖边间隔条标准，也是全球范围内最全面和系统的暖边间隔条参考标准。《标准》6.9部分明确了暖边间隔条的热失重测试流程及标准值。

将事先做好预置处理并达到稳态的暖边条样品，放置在70℃的环境中168小时后进行称重，并按照下式计算测试结果。

$$M_{v} = \frac{m_1 - m_2}{m_1} \times 100\% \qquad (3)$$

式中：M_v——样品的热失重，%；

m_1——试验前样品的质量，g；

m_2——试验后样品的质量，g。

通过测试计算后得到的平均热失重要求不大于0.05%；玻纤增强复合材料+复合膜材料热失重M_v要求不大于0.35%。

（2）除了暖边间隔条挥发性物质影响中空玻璃内在品质，部分间隔条材质还存在可靠性问题，存在易老化、变色、脆化等问题，这些都将系统地影响到中空玻璃的内在品质和使用寿命，需要在选用时给予重点关注。《标准》5.11明确规定，暖边间隔条通过耐紫外线照射测试后，试样表面应无明显变色、粉化等现象。因此，暖边使用前需要对其按照《标准》6.10规定的标准流程和方法进行产品耐紫外线性能的测试。

（3）暖边间隔条作为中空玻璃边部密封系统的主体结构，其侧面和背面分别与主密封胶丁基胶和次密封胶相粘结，因此，暖边间隔条与主、次密封胶还应该具备很好的粘结性，还需要对其依据《标准》进行相容性测试，避免带来粘结不牢、脱胶等系统性风险。

4 总结

使用暖边间隔条是提升整窗的热工性能的关键途径。不仅能够获得可观的性能提升、额外的节能收益，而且综合提升了整窗的使用可靠性、舒适性、美观性等。我们也应该认识到，暖边间隔条作为整窗系统的一个细分材料，对整窗的造价成本增加非常有限，仅有1%～2%左右的成本增量，而获得的性能提升可以高达10%～18%，具有明显的经济性优势。同时在暖边使用过程中，尽量控制好暖边的品质风险，最大化发挥暖边材料为整窗性能优化设计带来的贡献。由此可见，使用暖边间隔条来优化和提升门窗综合性能是一种有效措施，在未来会有更大的应用空间。

被动房气密性设计与施工注意事项

田振　　高建会

河北绿色建筑科技有限公司

摘要： 被动房是高效节能建筑，同时也是高度舒适性建筑，可以满足人们对室内环境日益增长的更加健康、更加舒适的需求。气密性是整个被动房室内环境得以维持的关键，是被动房非常低的热需求和新风系统的功能保障。高气密性可以减少围护结构外冷热风渗透，减小室内温度受外界温度干扰，从而降低建筑能耗。本文通过对被动房在气密性设计、施工，以及在使用过程时的注意事项分析，从而明确建筑气密性正确、妥善的处理措施，确保气密性能够在被动房中发挥其至关重要的作用。

关键词： 被动房；维护结构；气密性；建筑能耗；注意事项

建筑气密性是指在风压和热压的作用下，保证建筑围护体系内温度恒定的重要指标之一，直接关系到室内受冷风或热风渗透而造成热损失，即室内能量损失，气密性等级越高，热损失越小。

被动房中要求压力测试换气次数即气密性 $n_{50} \leqslant 0.6\mathrm{h}^{-1}$，较高的气密性大大减少了室内外的空气交换，当冬季采暖时，高气密性减少了冷风向室内渗透造成的热损失，降低了采暖能耗需求，同样，夏季制冷时，减少了室外热空气渗透，降低了空调能耗。当然，气密性的好坏并不是降低能耗的唯一指标，其中还包括了门窗、墙体等构件的传导热损失。

1 气密性设计注意事项

1.1 气密层位置及表示

气密层主要由建筑外围护结构，包括门窗、墙体、屋面、地板等构成，一般位于外墙内侧且连续包裹整栋建筑的外围护结构。在设计图纸中，一般会用红色粗线在建筑围护结构内侧表示，但是仍有部分设计将气密层遗漏，致使施工人员不能明确气密层位置，导致施工疏漏而影响被动房效果，如图1。

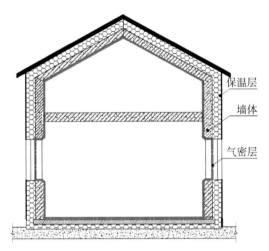

图1 气密层标注示意

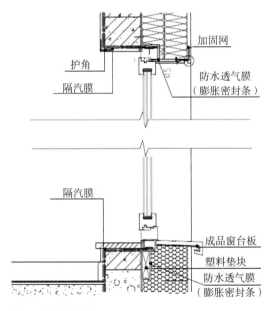

图2 门窗设计节点

1.2 常见采取气密性措施的部位

1.2.1 被动式外门窗

河北省工程建设标准《居住建筑节能设计标准》（节能75%）中对窗墙比明确规定，且以南向窗墙比为例，窗墙比高达0.5，窗户的气密性好坏将对整栋被动房建筑存在重大影响，因此被动房位于外围护内的外门、外窗除了要满足被动房U值≤0.8W/（m²·K）外，还需满足气密性要求。住房和城乡建设部2015年10月颁布的《被动式超低能耗绿色建筑技术导则》规定："外门窗应有良好的气密、水密及抗风压性能，其气密性等级不应低于8级。"相比传统建筑，被动房门窗均采用外挂式安装。与此同时，门窗框与墙体连接部位要采用防水隔汽膜（内侧）和防水透气膜（外侧）的措施，避免框体与墙体之间缝隙出现漏气或漏水的风险，如图2。

1.2.2 墙体砌筑及抹灰

国家标准《建筑装饰装修工程质量验收规范》GB 50210-2001中4.2.4条明确规定："抹灰工程应分层进行。当抹灰总厚度≥35mm时，应采取加强措施。不同材料基体交接处表面的抹灰，应采取防止开裂的加强措施"，并在说明中明确提出："不同材料基体交接处，由于吸水和收缩性不一致，接缝处表面的抹灰层容易开裂，均应采取加强措施，以切实保证抹灰工程的质量。"因此在被动房设计时，墙体砌筑及抹灰均要采取气密性保障措施，防止因墙体不均匀沉降或收缩致使墙体开裂或抹灰层开裂，尤其在砌体抹灰设计时，要在设计中明确防开裂措施，并确保气密性措施牢固可靠。

1.2.3 围护结构整体性

为保证建筑围护结构气密层的整体性，在设计时，对穿透外墙、屋面、地板的管线或预埋管均应采取气密性处理措施，如图3所示。

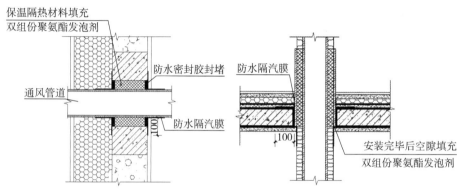

图3 气密性处理

2 气密性施工注意事项

俗话说"三分设计、七分施工"。被动房最终是否能够达到节能的目标，施工的精细化起到决定性作用。

2.1 门窗安装工程

被动房外门窗均采用外挂式安装，外侧采用垫木和专用角码进行固定，内外两侧分别采用防水隔汽膜和防水透气膜进行粘贴密封，工序烦琐导致比较容易出现气密性隐患，应注意以下问题：

（1）在进行内外侧防水膜施工时，门窗角部和角码、垫木部位粘贴难度较大，因此此部位需要设置加强层，其中外侧防水膜应依次自下而上进行粘贴，保证搭接部位开口朝下，减少进水隐患。

（2）在粘贴防水膜时，要确保基层完全干燥，避免因墙体潮湿防水膜粘贴不牢。

（3）在雨季施工时，对于外墙面，尤其是门窗洞口四周宜采用防水砂浆进行找平，以防止雨水长时间冲刷墙体导致雨水渗到防水膜内部，影响粘贴质量。

（4）针对非自粘型防水隔汽膜和防水透气膜，施工方法简单总结为四个字：粘、涂、刮、压，即首先将防水膜粘帖在窗框上，然后将专用胶以"S"形涂在墙体上，再将胶进行均匀刮平，最后将膜进行粘贴，并进行压实。值得注意的是，在将胶刮平时，应确保胶能连续不断开。

2.2 混凝土工程

在进行混凝土浇筑时，确保混凝土振捣密实，避免出现蜂窝、麻面等质量缺陷。混凝土拆模后应将模板对拉螺栓套管进行气密性封堵，由于对拉螺栓设置较多，因此容易疏漏，所以务必将所有套管进行封堵，避免因小失大。

2.3 砌筑、抹灰工程

在砌体结构施工时，应充分考虑砌体收缩裂缝、开裂等因素，严格控制砌块选用、龄期、砂浆饱满度、砌筑高度等，以蒸压砖和混凝土砖为例，由于其早期收缩值较大，因此需在龄期28天后才可投入使用，如砌块本身存在破损、裂缝等缺陷时，对砌体强度产生不利影响，会产生裂缝现象。砌筑时，严格控制砌筑砂浆的厚度和饱满程度，以及每日砌筑的高度和填充墙顶部与主体结构之间空隙部位的斜砌时间。

抹灰层可以构成气密层，还可以弥补墙体砌筑缺陷，因此抹灰时也要采取防开裂措施，尤其是两种材料交接部位，需要采取挂网等防开裂措施。

由于墙体开裂会对建筑整体气密性造成很大影响，因此在砌筑、抹灰过程中应充分考虑墙体开裂因素，将墙体开裂风险降至最低，以此确保维护结构的气密性。

2.4 安装工程

被动房在设计阶段、施工阶段通常会注意气密性问题，而往往忽视使用阶段的气密性问题。这里仅以地漏、洗漱盆为例，在被动房项目装修完成后进行气密性竣工测试时，地漏、洗漱盆等部位最容易出现空气泄漏现象，而现行国家标准《建筑给水排水设计标准》GB 50015中4.5.9条和4.5.10条分别规定：带水封的地漏水封深度不得小于50mm和优先采用具有防涸功能的地漏。但是笔者认为，由于长时间不用水封容易干涸，而具有防干涸的地漏在长期使用后回弹功能变差等问题，致使管道异味仍进到室内，因此需要设置永久性且不受外力干扰的气密性措施。

3 气密性检测及评估

采用"鼓风门法"检测一栋被动房或一户被动房的气密性，进行压力测试。将风机安装在位于外围护结构上的门或窗洞口上，并将室内其他非永久性开口部位进行封堵。先后建立50Pa的微正压和微负压，并测得在该风压下风机抽吸的空气体积流量。

值得注意的是，建筑越大，越容易达到$n_{50} \leqslant 0.6\mathrm{h}^{-1}$的要求，实际上，$n_{50}$达到$0.6\mathrm{h}^{-1}$的大型建筑仍有可能存在大量漏气问题，因此对于大型被动式建筑，即$Vn_{50} \geqslant 4000\mathrm{m}^3$时，既要测试每小时换气次数（$n_{50}$），也要测试建筑渗透性（$q_{50}$），而$q_{50}$应小于或等于$0.6\mathrm{m}^3/（\mathrm{h} \cdot \mathrm{m}^2）$。

建筑墙体保温性能检验装置
的功率测试分析

赵斯衍　林勇　林艳红
福建省计量科学研究院

摘　要： 建筑墙体保温性能与我们日常生活息息相关，它决定了我们居家生活、日常办公所处环境的舒适程度。因此，相关标准对建筑墙体保温性能进行了等级区分，并以传热系数进行判定。墙体保温性能检验装置作为建筑行业检验墙体传热系数的专用仪器，已在建筑建材、节能环保等相关领域广泛使用，其自身的准确与否，直接关系到最终的判定结果。本文通过对传热系数的分析，结合墙体保温性能检验装置的特点，提出了对其功率参数的测试方法，并进行比较，保证了此类仪器检验结果的准确可靠。

关键词： 保温性能；传热系数；功率参数

随着建筑工程质量的提高，以及居民生活质量的提高、高层建筑不断出现，在人们享受阳光带来的温暖时，也会担忧建筑外墙在阳光下暴晒造成室内升温的困扰，因此，建筑墙体的保温性能作为能耗检测的重要指标，已得到广泛关注。建筑墙体的保温性能是以传热系数K值表示，以往称总传热系数，国家现行标准规范统一定名为传热系数。目前，建筑行业及建筑建材检测机构，普遍使用墙体保温性能检验装置来测试墙体传热系数K值的大小，进而得出墙体质量的优劣。其工作原理，主要有热流计法、热箱法和控温箱法。

1　三种方法的分析与比较

1.1　热流计法

由于墙体具有热阻，墙体温度随着其厚度衰减，使墙体内外表面产生温差，因此，热流计法采用热流计和温度传感器测量通过墙体的热流值和表面温度，经过计算得出墙体热阻和传热系数。该方法是基于温度只在厚度方向传递，传热过程近似一维稳态传热下成立的，不考虑向四周的扩散。其计算公式如下：

$$K = 1/ (R_i + R + R_e) \tag{1}$$

式中：K——传热系数，W/（m²·K）；

      R_i——墙体内表面热阻，（m²·K）/W；

      R_e——墙体内外表面热阻，（m²·K）/W；

      R——被测墙体试件的热阻，（m²·K）/W。

而被测墙体试件的热阻又可表示为：

$$R = (T_2 - T_1) / (E \times C) \tag{2}$$

式中：T_1——墙体冷端温度，K；

      T_2——墙体热端温度，K；

      E——热流计显示值，mV；

      C——热流计探测头系数，W/（m²·mV），出厂时已标定此系数。

由以上公式可知，若考虑热流向四周的扩散，被测墙体试件的热阻将偏小，其传热系数将偏大，不适用于现场测试。该方法多适用于阳光充足地区或有供暖设施的地域。此外，其内部使用的热流计与热电偶的测量位置不宜阳光直射，且不能有空气渗漏等，因此，由于该方法的局限性，其测试结果的稳定性较差。

1.2 热箱法

该方法也是基于一维稳态传热的原理，在被测墙体试件的一侧用热箱模拟采暖建筑的室内环境，使热箱内和室内温度保持一致。另一侧为冷箱，相当于室外自然条件，维持热箱内温度与室外温度在8℃以上，并配合温度、风速和辐射条件。这样，保证了被测试件热流方向始终由室内流向室外。当热箱内加热量与通过被测试件的传递热量达到平衡时，通过对加热量的测试即可得到被测试件的传热量，并对空气温度、被测试件和箱体内壁表面温度，以及输入计量箱的功率进行测量，通过公式（3）即可得到所需的传热系数。

$$K = Q/ (A \times T_h - A \times T_c) \tag{3}$$

式中：K——传热系数，W/（m²·K）；

Q——通过被测墙体试件功率，W；

A——热箱开口面积，m^2；

T_h——热箱空气温度，℃；

T_c——热箱空气温度，℃。

由于该方法是基于一维稳态传热的原理，测试通过被测墙体试件的热量，并将传向试件其他方向的热量进行排除，因此，根据排除方法的不同，又可分为防护热箱法和标定热箱法。防护热箱法的基本原理为，当墙体保温性能检验装置内部计量箱外环境与内环境基本平衡时，不需考虑计量箱的热损耗，此时整个测试环境可视为理想状态。因此，穿过试件的总热流量将等于输入计量箱的热量，即输入计量箱的功率。而标定热箱法基本原理为，对检验装置内部计量箱的箱壁损失和迂回损失进行标定，在输入计量箱的总功率中扣除这两部分损失，从而间接获得穿过试件的热流量。

热箱法已成为实验室检测的通用方法，不受季节限制，并有相关国内外标准。但是，基于一维稳态传热的条件，在现场实际情况下，很难实现。

1.3 控温箱法

控温箱是一套自动控温装置，由双层框构成，层间填充发泡聚氨酯或其他高热阻的绝缘材料，具有加热与制冷功能，可随季节变换进行双向切换使用，模拟出建筑物的实际状况。温度由温度传感器，如热电阻和热电偶进行测量，热流作为热电势通过热流计探头转换成热流密度，温度值和热电势可由温度热流巡检仪按所需时间间隔自动记录，通过测量被测墙体试件的热流量和内外表面温度、室内外环境温度、箱体内的温度，参照热流计法，利用公式（2）和（3），得出所需的传热系数。

该方法结合了热流计法和热箱法的特点，用热流计法作为基本测试方法，用热箱法控制模拟出的环境状况，不仅解决了热流计受季节影响的问题，还避免了对热箱误差的校准。由于该方法中的热箱仅为一个温度控制装置，无需计算输入热箱和热箱向各个方向传递的功率。因此，不用庞大的防护箱来消除边界的热损失，也无需对热损失进行标定。该方法如今已广泛应用于建筑节能、材料导热等方面。

2　功率测试方法

综合上述，从测试方法的分析与比较中可以看出，功率是主要基本参数。它不仅关系到每一步的数据结果，也决定着最终结果的准确可靠，直接影响着墙体传热系数的判定结论。因此，对于墙体保温性能检验装置的功率测试便显得尤其重要。对于此类检验装置，根据其设计原理及结构的不同，可采用不同的直流功率测试方法，具体测试方法如下。

2.1　计量标准板直接测量

为方便计量检定检测部门进行测试，有些厂家为建筑墙体保温性能检验装置设计了计量标准功率模块，通过软件操作界面显示，一般有1W、2W、5W、8W、10W共5个基准直流功率点。可利用高精度标准直流功率源进行测试，将标准源的输出端与检验装置功率输入端相连接，打开检验装置软件上的直流功率计量板，将标准源的显示值与计量板上的功率标称值进行比较。检验装置使用人员可根据标准源的显示值，对自身仪器进行对标修正，从而确保功率值的准确可靠。

此方法仅限于自带计量标准直流功率模块的检验装置，虽然方便了对直流功率的测试，但其功率基准点较少，量程无法覆盖整个检验装置的功率范围。

2.2　功率变送器直接测量

多数厂家的建筑墙体保温性能检验装置均使用两个直流功率变送器来控制整个检验装置直流功率的变化。一个是加热变送器，普遍最大电压可到500V，最大电流可到5A；另一个是制冷变送器，普遍最大电压为200V，最大电流为2A。对于此类产品，可通过高精度标准直流功率源对其变送器进行测量。

先将检验装置自身的电压、电流信号线脱出，功率变送器采样信号线不用脱离，将标准源的输出端分别接入变送器的电压、电流输入端。启动检验装置，同时设置标准源的输入值，与检验装置自带软件的功率显示值比较，进而完成对其功率的测试。

此方法适用于有功率变送器的建筑墙体保温性能检验装置，可覆盖检验装置的功率范围，也可根据使用人员需求，对某些特殊功率点进行测试。但由于标准直流功率源自身重量较大，不方便携带，且考虑到运输过程的不确定因素，容易影响标准源的精度与稳定性，增加测试成本，因此，此方法存在一些局限性。

2.3 加热室的直接测量

个别厂家的建筑墙体保温性能检验装置，没有配置计量标准功率模块，也未使用直流功率变送器控制功率系统，此时，只有通过对加热室加热箱的直接测量来完成直流功率的测试。

加热箱内部实际由粗的加热丝组成，启动检验装置，内部加热丝发热，进而完成加热箱的加热过程。因此，可利用两台高精度的数字多用表，一台并联接入加热箱的供电电压侧，采集直流电压值，另一台串联接入加热箱内部的加热丝中，采集直流电流值。当启动检验装置后，直流电压施加于加热箱两侧，此时，其所承受的直流电压通过数字多用表显示出来，当加热箱开始工作后，内部加热丝所承受的电流通过数字多用表显示出来，将直流电压值、直流电流值相乘，即可得到所需的直流功率值，并与检验装置自带软件的功率显示值进行比较，进而完成直流功率的测试。

此方法可在加热过程中，对检验装置的直流功率值进行实时监测。由于此类检验装置较少，所以此方法使用频率不高。虽然数字多用表轻便、易于携带，便于计量检定检测部门人员现场作业，但是其检验装置进行加热，需要一个时间的积累，加热箱内部的加热丝发热需要一个过程，加热时间不够，加热丝未充分加热，其所测得的直流功率值较小，与检验装置所显示的直流功率值偏差较大，因此，对此类检验装置的测试，其测试时间是最长的。

3 结论

本文通过对墙体保温性能测试仪常见的主要的三种测试原理进行分析，

得出各自的优缺点，总结出最优测试方法。并对其主要参数——直流功率的测试方法进行论述与对比，为此类仪器的功率测试提供了技术依据，对今后该类仪器的更新换代提供了较好的参考价值。

参考文献

［1］ 乔永强. 建筑墙体的节能保温施工技术研究［J］. 居舍，2020（15）.

［2］ 董恒瑞，刘军，秦砚瑶，张辉刚. 建筑外围护系统节能保温形式及发展趋势浅析［J］. 建设科技，2020（08）.

［3］ 刘雄. 关于建筑墙体的保温节能技术分析［J］. 技术与市场，2020（04）.

外遮阳在被动式超低能耗建筑中的应用

景作超　靳凯旋　王孝文　孙海月

河北绿色建筑科技有限公司

摘　要： 外遮阳是被动式超低能耗建筑设计中的一项重要内容，外遮阳良好的保温、隔热、抗风压，以及改善室内光舒适度等性能，给被动式超低能耗建筑的整体性能提供了有力的保障。俗话说"三分制作，七分安装"。外遮阳的安装对整个被动式超低能耗建筑的气密性、水密性、冷热桥等性能是非常重要的。

关键词： 被动式超低能耗建筑；外遮阳应用；外遮阳安装

被动式超低能耗建筑是近年来建筑节能领域的重要发展方向，它在实现室内舒适环境的同时，将建筑冬季采暖能耗需求和夏季制冷能耗需求最小化。在被动式超低能耗建筑设计中，太阳辐射对建筑的能耗有着显著的影响，虽然夏季太阳辐射会增加制冷能耗需求，但是冬季可以合理利用太阳辐射降低采暖能耗。外遮阳可阻挡夏季太阳辐射使其不直接照射到室内，冬季又便于利用太阳辐射温暖房间，因此采用外遮阳设施是最节能有效的遮阳方式。

1　被动式超低能耗建筑中使用外遮阳的优越性能

众所周知，被动式超低能耗建筑的整体性能是由气密性、水密性、保温、隔热等性能组成的，也正是因为这些性能，它才能达到降低能耗需求、节能减排的效果。而外遮阳不仅拥有保温、隔热、隔声等性能，还能够改善室内光舒适度，所以合理利用外遮阳优越的性能就能够给被动式超低能耗建筑的整体性能增加一层保障。

外遮阳给被动式超低能耗建筑的整体性增加一层保障，包括：（1）保温、隔热性能。卷闸式外遮阳的帘片内填充了聚氨酯隔热材料。在夏季，外遮阳可以直接把绝大部分太阳辐射阻挡在室外。太阳辐射仅能通过热传导一小部分进入室内，隔热作用明显；在冬季，将外遮阳完全放下，这时聚氨酯材料起到保温的作用，减少室内热量的流失。（2）改善室内的光舒适度。可调节遮阳产品可根据阳光照射的角度不同让叶片角度自由地切换，从而最大程度上实现室内自然采光，节约照明能耗，既能采光又能遮阳，改善了室内的光舒适度，提升了室内的工作环境和生活品质。（3）确保生活的私密性。遮阳装置还可以设计有一定透视外界的功能。当遮阳装置可见光投射性较好时，有利于人们对外界物体的识别，可在遮阳的情况下欣赏室外风景；当透明性较差时，不利于外界人对室内情况的识别。

综上所述，通过外遮阳优越的性能给被动式超低能耗建筑披上了一层"保护衣"，尤其是外遮阳的保温、隔热性能，因此在被动式超低能耗建筑中使用外遮阳是一种必要的保障措施。

2　被动式超低能耗建筑外遮阳的选择

被动式超低能耗建筑外遮阳产品可以选择的种类有很多种，包括卷闸式外遮阳、百叶式外遮阳、机翼式外遮阳、布艺式外遮阳等。鉴于卷闸式外遮阳的保温、隔热等性能，以及百叶式外遮阳改善光舒适度等性能，对整个被动式超低能耗建筑起到的作用，建议主要选择以下两种更适宜。

卷闸式外遮阳和百叶式外遮阳都有各自的优点及使用位置。卷闸式外遮阳的优点：（1）隔热、保温性能。通过帘片内填充聚氨酯材料达到隔热、保温的作用。（2）抗风压性能。良好的抗风压性能可适用于高层建筑。高层建筑对外遮阳的抗风压性能有明确要求，《江苏省建筑外遮阳工程质量验收规程》DGJ32TJ 88-2009[1]规定，"当设计无要求时，建筑物1~6层的抗风压性能等级不应低于4级，7~11层的抗风压性能等级不应低于5级，11层及以上抗风压性能等级不应低于6级。"因此卷闸式外遮阳是高层建筑中首选的外遮阳产品，能够增强使用的安全性。（3）隔声性能。卷闸式外遮阳帘片填充的聚氨酯材料给建筑增加了一层隔声屏障，带给人们安逸舒适的生活环境。（4）防盗效果。卷闸式外遮阳的帘片是铝合金材质的帘片，内部再填充聚氨酯材料，进一步加强了其强度，使其在防盗性能方面起到一个良好的效果。卷闸式外遮阳的主要应用位置：书房、卧室、卫生间等私密性较强的空间。

百叶式外遮阳的优点：（1）防止产生眩光。百叶片可以任意角度旋转，自由调节光线的入射量，从而避免产生眩光。（2）引导自然通风。叶片可以0%~95%自由的切换角度，对风向有很强的导向作用，并且可以调节通风的程度，无需占用过多的空间，便可以达到自然通风的效果。（3）智能控制。有风感、雨感、温度感应等装置，随着环境的变化自动开启与关闭，并且还可以设置为阳光角度自动追踪，实现根据阳光入射角度自由调节叶片角度，达到最大可见光进入且不产生眩光效果。百叶式外遮阳的主要应用位置：客厅、会议室、办公室等公共场所。

3 在被动式超低能耗建筑中安装外遮阳的解决方案

在建筑领域内，安装尤其重要。产品的制作好与坏也是安装在建筑上之后才能够体现的。外遮阳的安装也是同样重要。第一，外遮阳在被动式超低能耗建筑中的安装严格按照安装步骤：外窗安装→防水安装→遮阳预埋件安装→保温安装→外墙装饰→外遮阳安装。此步骤在安装时千万不可颠倒或者打乱。第二，就是为被动式超低能耗建筑的整体性能造成影响的气密性、水密性和冷热桥提供解决方案，通过对安装的细部节点图进行表述，如图1所示。

通过图1安装节点图可以看出，将室内外出线口先用发泡胶进行填充，待填充饱满之后再用密封胶进行封堵，并且室内外都使用防水透气膜完全覆

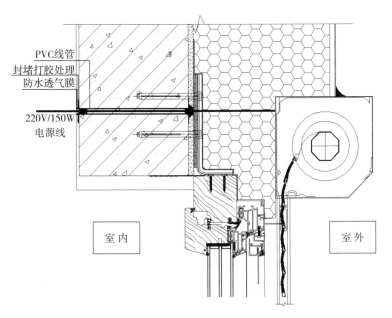

图1 外遮阳气密性、水密性解决方案

盖，以此来解决出线口的气密性和水密性。出线管的冷热桥解决方案是将普通穿线钢管替换成了PVC线管，利用PVC线管导热、散热的功能来避免冷桥产生，减少热量传导。

通过图2安装节点图可以看出，外遮阳预埋件如果与墙体直接接触会造成冷热桥的产生，从而影响建筑的整体性能。因此在外遮阳预埋件与墙体之间添加了聚氨酯隔热垫片，使两者不直接接触，从而避免产生冷热桥。

总而言之，解决了外遮阳安装的气密性、水密性和冷热桥问题，就是给被动式超低能耗建筑整体性能增加了一层保护，也是外遮阳产品在被动式超低能耗建筑中的价值体现。

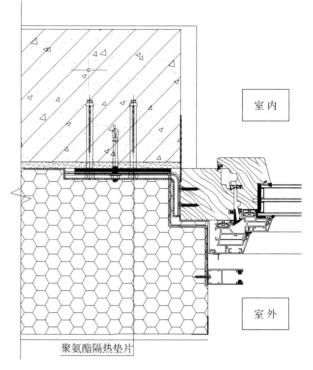

图2 外遮阳冷热桥解决方案

4 总结

近年来，外遮阳随着被动式超低能耗建筑的发展，在我国应用得越来越广泛。被动式超低能耗建筑中应选取具有保温、隔热、隔声，以及改善室内光舒适度的外遮阳产品来保障它的整体性能。所以卷闸式外遮阳和百叶式外遮阳是主要的选择。这两款外遮阳产品不仅能够满足被动式超低能耗建筑的性能需要，并且较好地解决了外遮阳安装施工过程中难以保证气密性、水密性和冷热桥等问题。

参考文献

［1］ 江苏省建筑外遮阳工程质量验收规程DGJ32TJ 88–2009［S］.

超低能耗建筑中的幕墙连接结构
传热分析及优化探索

李殿起　魏梦举

海马(郑州)房地产有限公司

摘　要： 超低能耗建筑的外装饰采用幕墙形式时，幕墙与墙体的连接结构有产生热桥的风险，本项目以幕墙干挂系统的一种典型连接结构为研究对象，通过数值模拟对其传热进行分析并提出合理的断热措施，为后期超低能耗建造提供参考。

关键词： 超低能耗；幕墙；连接结构；热桥；数值模拟

超低能耗建筑设计过程中，为了增强外立面效果，外饰面常采用幕墙系统，幕墙系统与主体的连接结构通常由导热系数较大的金属材质组成，有产生热桥的风险，本文以幕墙干挂系统的连接结构（以下简称"连接结构"）为研究对象，研究该连接结构对超低能耗建筑外墙传热量的影响，并提出合理的优化建议，为后期超低能耗建筑的断热桥设计提供参考。

连接结构由哈芬槽式预埋件、转接件、螺栓组组成。其组合关系，如图1所示。哈芬槽式预埋件（长300mm）固定在结构梁或柱中，转接件（360mm×100mm×8mm）通过螺栓组固定在槽式预埋件中，由转接件通过主次龙骨支撑整个幕墙干挂体系。由图1可以看出，槽式预埋件、螺栓组及大部分转接件被岩棉保温层包裹，保温层外的部分转接件和主龙骨裸露于空气夹层中，而空气夹层与室外空气连通，也就是说干挂体系的主龙骨及部分连接件处在室外环境中。

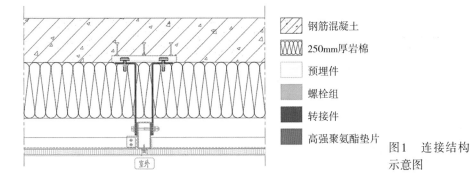

钢筋混凝土
250mm厚岩棉
预埋件
螺栓组
转接件
高强聚氨酯垫片

图1　连接结构示意图

1 数值模拟

1.1 几何模型

为便于模拟分析，建立一个模型单元，模型单元选用安装有连接结构的典型墙体，墙体规格为1750×1450（长×宽，mm），模型单元为几何形状，如图2~图4所示。

为便于计算，该模型进行如下简化处理：

（1）转接件与主龙骨连接处接触面积较小且已采用高强度聚氨酯垫片进行断热处理，本次模拟忽略主龙骨对转接件的传热影响，模拟范围不包含主龙骨。

（2）墙体内表面的抹灰层厚度较小，对围护结构总热阻影响不大，本次模拟忽略抹灰层的影响，墙体按200mm厚加气混凝土外墙+250mm厚岩棉进行考虑。

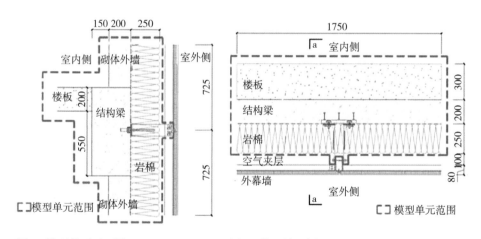

图2 模型单元平面图   图3 模型单元剖面图

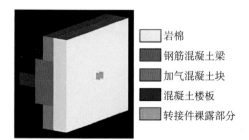

岩棉
钢筋混凝土梁
加气混凝土块
混凝土楼板
转接件裸露部分

图4 模型单元三维模型示意图

1.2　基本假设

本模拟主要了解该连接结构的传热量及温度分布，为简化计算，对模拟计算做以下假设：

（1）物体是均匀连续的，即整个物体的体积都被组成这个物体的介质所填满，忽略层间热阻；

（2）不考虑模型单元与周边环境的辐射传热；

（3）不考虑模型单元之间及与周边环境之间的传湿传质；

（4）材料的热物性不随温度变化，本模拟所涉及材料热物性参数，见表1。

表1　各材质热物性参数表

部件	材质	导热系数，W/（m·K）	比热容，kJ/（kg·K）	密度，kg/m³
梁及柱	钢筋混凝土	1.74	0.92	2500
墙体	加气混凝土块	0.22	1.05	700
槽式预埋件	碳钢	45	0.5	7850
连接件	不锈钢	16	0.5	8030
螺栓组	不锈钢	16	0.5	8030
保温层	岩棉	0.038	1.22	60
隔热垫片	高强聚氨酯	0.01	1.38	650

1.3　基本方程及计算参数

基于上述假设，根据傅里叶定律和热力学第一定律，建立起温度场的通用微分方程：

$$\frac{\lambda}{\rho c}\left(\frac{\partial^2 T}{\partial x^2}+\frac{\partial^2 T}{\partial y^2}+\frac{\partial^2 T}{\partial z^2}\right)=0$$

式中：λ为导热系数；ρ为材料密度；c为材料的比容。

对围护结构内/外表面采用第三类边界条件，设室内/外空气温度为T_{in}/T_{out}，室内空气与围护结构内/外表面对流换热系数为h_{in}/h_{out}，围护结构内/外表面温度为T_i/T_o，围护结构内/外表面与室内空气的对流热交换量可表达为：

$$q_{in}=h_{in}(T_{in}-T_i)$$

$$q_{out}=h_{out}(T_o-T_{out})$$

根据《民用建筑热工设计规范》GB 50176-2016中规定，本文模拟内表面换热系数h_{in}为8.72W/（$m^2 \cdot K$），外表面换热系数h_{out}为23.26W/（$m^2 \cdot K$）。

模拟室内空气温度T_{in}为18℃，室外空气温度T_{out}为-6℃（参考郑州地区冬季空调室外计算温度）。对模型进行网格离散，并对网格无关性进行检验。

2 模拟结果

2.1 连接结构对外墙体传热量的影响

连接结构对围护结构传热量的影响，主要通过对模型单元有连接结构和无连接结构两种工况进行模拟计算，传热量的差值大小可代表连接结构对墙体传热的影响大小。

依据模拟计算后的温度云图（图5、图6）可知，外墙上有连接结构的区域，其保温连续性被破坏，热桥明显。转接件裸露部分热流云图发现，转接件裸露部分局部热流达到78W/m^2，散热较快。观察表2发现，连接结构的存在导致围护结构总散热量增加，单个连接结构导致的传热量增量为1.726W。转接件裸露部分散热量占总散热量增量的94.5%。

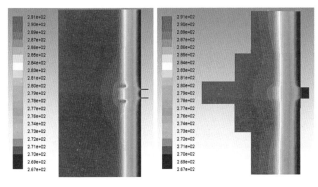

图5　沿连接结构横纵截面温度分布云图（单位：K）

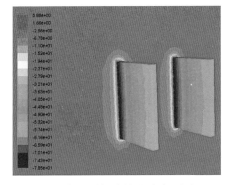

图6　转接件裸露部分热流分布云图
（单位：W/m^2）

表2　外墙上有无连接结构的散热量对比表

	无连接结构	有连接结构	增量
墙体散热量q_w，W	8.478	8.572	0.094
连接件裸露部分散热量q_1，W	0	1.632	1.632
总散热量q_t，W	8.478	10.204	1.726

2.2　连接结构对外墙体传热影响范围的分析

针对连接结构对周边墙体传热影响范围，仍采用对模型单元的模拟计算方式进行分析，在不同范围内对比有无连接结构的两种外墙形式，其散热量差值代表连接结构对外墙体的传热影响大小。

对模型单元的墙体外表面进行分区。模型单元的外墙分区示意图，如图7所示。各分区域散热量对比，见表3。可知，连接结构仅在墙体1区域（750mm×450mm）散热量增加，传热效果增强，即连接结构产生的热桥仅对以转接件为中心的长750mm、高450mm的范围有所影响。

表3　不同区域散热量对比表

墙体	无连接形式时散热量，W	有连接形式时散热量，W	增量
墙体1	1.166	1.291	0.125
墙体2	0.959	0.949	−0.01
墙体3	1.217	1.208	−0.009
墙体4	1.465	1.459	−0.006

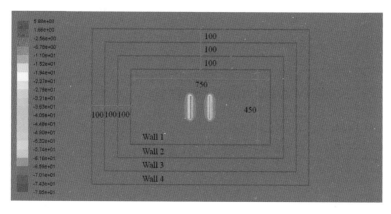

图7　模型单元的外表面分区图

3 优化措施

经过模拟可知，连接结构中的转接件，其裸露部分温度较高，导致热流较大，局部热流达到78W/m²，散热较快，连接件裸露部分散热量占总散热量增量的94.5%，通过对连接件的裸露部分进行保温处理以减少其散热量，可有效降低热桥对外围护结构的影响，做法如图8所示。另外，预埋件与转接件均为金属材质，传热较快，利用高强度聚氨酯进行断热处理。

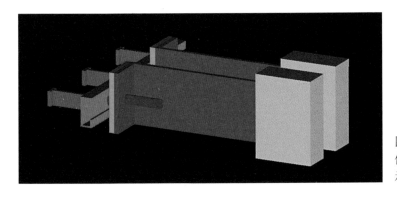

图8 拟采取保温断热措施示意图

以下尝试在原模拟模型的基础上，采取如下措施对连接形式进行优化，并进一步模拟计算以分析措施的可行性：

（1）预埋件与连接件之间增设10mm厚高强度聚氨酯隔热垫片；

（2）对转接件裸露部分增设岩棉保温，但对裸露部分保温层的厚度，需进行模拟计算分析确定。

由于预埋件与连接件之间的安装空隙有限，隔热垫片的厚度保持不变，按10mm厚计算。模拟计算分析主要以对裸露部分附加10mm、20mm、30mm厚的岩棉保温进行包裹为计算条件，模拟分析其传热量的变化。模拟结果对比见表4。

表4 不同保温隔热措施效果对比

保温隔热措施	总散热量，W	外表面热流最大值，W/m²	散热量增量，W	散热量增量减少比例，%
无措施	10.204	78.5	1.726	—
保温厚度10mm	9.565	32.3	1.087	37.0

续表

保温隔热措施	总散热量，W	外表面热流最大值，W/m^2	散热量增量，W	散热量增量减少比例，%
保温厚度20mm	9.411	29.0	0.933	45.9
保温厚度30mm	9.311	25.5	0.833	51.7

模拟计算结果可知，对连接件裸露部分的保温包裹10mm厚时，散热量降低明显；包裹厚度由10mm增至20mm厚时，散热量减少效果次之；包裹厚度由20mm增至30mm厚时，散热量减少效果有限，故对裸露的连接件进行包裹建议采用20mm厚的保温层。其散热量较不采取措施时减少45.9%，每个连接件产生的散热量增量为0.933W。

4 结论

经过对干挂幕墙体系的连接结构模拟计算分析及优化措施模拟计算，得出以下结论：

（1）超低能耗建筑中，干挂幕墙体系的连接结构在外墙上热桥明显，每个连接结构的传热量增量为1.726W，在超低能耗建筑设计中，应对此区域增加断热措施。

（2）连接结构导致的传热增强主要由裸露在空气中的部分金属构件导致，对其进行保温包裹可有效降低传热增量，当连接结构裸露部分采用20mm厚保温材料包裹时，其散热量较不采取措施时减少45.9%，每个连接结构产生的散热量增量减少至0.933W。

（3）在超低能耗建筑设计中，可结合项目的总能耗控制目标和连接结构的使用数量对每个连接结构的断热措施进行调整。

本文探讨的重点：在超低能耗建筑设计中，一种典型干挂幕墙体系中的连接结构，其对外墙传热的热桥分析及优化措施。对于其他连接结构或使用不同材质的组合形式，其热桥影响将作进一步研究分析。

工程案例

被动式低能耗幼儿园建筑
新风系统方案分析

陈旭　郝生鑫　王祺

北京康居认证中心有限公司

摘　要：以北京某被动式低能耗幼儿园建筑项目为例，计算了有热回收新风系统对建筑的冷
　　　　热负荷影响，以及新风系统设计方案、溢流区建立、厨房区设计及关键节点方法。
　　　　希望为幼儿园类被动式低能耗建筑等工程提供新风系统方案样本和设计思路。

关键词：被动式低能耗建筑；新风系统；溢流区建立；厨房区设计

1　项目概况

目前，被动式低能耗建筑快速发展，已从理念发展逐步迈向成熟体系，其以更少的能源消耗为导向，成为构建碳中和路径的多目标模型之一。我国各省市颁布的多项被动式低能耗建筑政策开始实施，落地的被动式低能耗建筑项目如雨后春笋般大量建设。已建成的被动式低能耗建筑项目中多以住宅建筑、公办建筑为主要建设对象，技术层面较为完善，对于幼儿园类建筑的设计方案相对匮乏。本文以北京某被动式低能耗幼儿园建筑项目为例，从设计人员角度，深入分析该类被动式低能耗建筑新风系统方案及其关键节点，为该类工程项目提供设计思路。

幼儿园三维模型如图1所示，该项目建筑高度为14.5m，面积为4200m²，包括地上三层（无地下室），其主要使用功能为儿童教学区及活动区、教师办公及休息区，首层东侧厨房作为独立区域（不作为被动区考虑）。

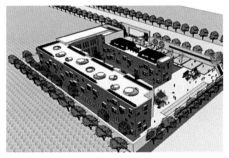

图1　幼儿园三维模型图

2 新风负荷分析

为充分考量新风系统影响，对其负荷进行计算，观察建筑综合负荷变化。对该项目工况条件进行设定：工作日，工作时间（08：00～18：00），冬季室内控制温度20℃，夏季室内控制温度26℃；工作日，非工作时间（18：00～08：00），冬季室内控制温度15℃，夏季室内不控制温度。

2.1 围护结构设计

该项目外墙采用岩棉外保温系统，屋顶采用模塑聚苯板外保温系统，地面采用挤塑聚苯板系统。外围护结构具体做法如表1所示。

表1 外围护结构具体做法

围护结构	构造层	材料名称	厚度	传热系数K
平屋顶	保温层	模塑聚苯板	300mm	0.15W/（m²·K）
	主体结构	钢筋混凝土	120mm	
外墙	保温层	岩棉条	250mm	0.15W/（m²·K）
外墙	主体结构	蒸压加气混凝土砌块	200mm	0.15W/（m²·K）
地面	保温层	挤塑聚苯板	200mm	0.15W/（m²·K）
地面	主体结构	混凝土垫层	100mm	0.15W/（m²·K）
供暖与非供暖空间相邻隔墙	保温层	—	—	0.68W/（m²·K）
供暖与非供暖空间相邻隔墙	主体结构	蒸压加气混凝土砌块	200mm	0.68W/（m²·K）

2.2 新风机组风量统计

该项目采用带热回收的新风机组来供给室内新风，其具体类型及新风量如表2所示：

表2　新风机组具体类型及新风量

机组名称	机组类型	服务场所	总送风量，m³/h	总回风量，m³/h
新风机组	转轮	公共区域	9000	7500
新风机组	转轮	公共区域	8000	6400
新风机组	板翅	卫生间	1200	1600
新风机组	板翅	卫生间	1500	2000
新风机组	板翅	卫生间	900	1200
总计			20600	18700

2.3　新风负荷分析

该项目计算条件参照公共建筑节能设计标准[1]及建设单位提供的相关信息，其中北京地区室外设计计算参数如下：（1）夏季空调室外空气计算参数取空气调节计算干球温度：33.5℃。（2）冬季空调室外空气计算参数取空气调节计算干球温度：-9.9℃。

根据外围护结构设计、使用人数（男人数量30人、女人数量30人、儿童数量360人）、灯光散热密度（2.85W/m²）及设备散热密度（1.2W/m²），计算该项目建筑能耗。对比有热回收新风机组和无热回收新风机组能耗，其负荷对比结果如图2所示。

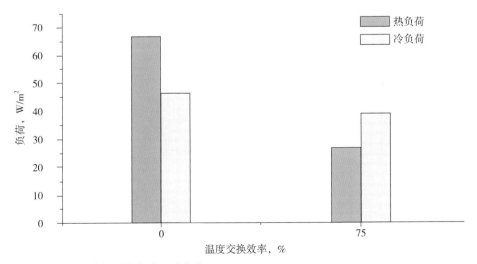

图2　有无热回收新风热负荷、冷负荷

参照图2可知，该项目有热回收新风机组（温度交换效率为75%）时热负荷下降60.24%，冷负荷下降15.38%。新风引起的建筑负荷相对较高，对被动式低能耗幼儿园建筑影响较大，而带热回收（内置换热芯）的新风机组在实现新排风换热过程时可有效降低建筑能耗。

3 新风系统方案

3.1 系统方案设计

参照图3可知，该项目可划分为南北两区域，新风系统方案采用转轮式新风机组以半集中式新风系统对南北两区进行分区送回风（北侧和南侧），且转轮式新风机组落地置于屋顶处。

该项目卫生间数量较多，换气次数为5~10次，所需新风量较大，此时若不做热回收处理，将导致建筑能耗增加约1/5~1/4，故把卫生间通风一并纳入建筑整体新风量进行考量。因转轮式机组内置换热芯为全热回收，新风与排风换热时易发生污染现象，尤其针对幼儿园类（对室内空气质量要求较高）建筑，故对卫生间做显热回收，采用板翅式新风机组，且板翅式新风机

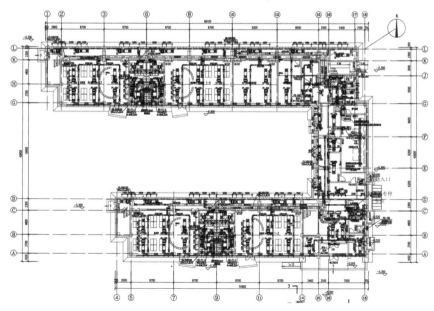

图3　首层新风系统平面图

组吊顶置于卫生间处。同时，卫生间做负压处理，新风量为回风量的75%，以保证卫生间污浊空气不外溢至过道、教学区等房间；如教学区、活动室、休息室等房间做正压处理，新风量为回风量的122%，以保证室内处于微正压（须平衡卫生间带来的负压影响）。

为进一步降低新风负荷并保障机组稳定运行，新风机组自带温湿度控制系统，送风管上温度传感器信号控制冷（热）水回水管上电动调节阀的开度，对风机进行自动启停控制、监测手自动运行状态及故障报警；针对教室、活动室等人员密集场所设置CO_2传感器，联动新风机组变频。

3.2 设备参数选型

被动式低能耗建筑主要以全空气处理作为主要采暖和制冷手段，承担室内热、冷负荷，故新风机组设备性能至关重要。针对转轮式新风机组（全热型）、板翅式新风机组（显热型）设备选型，其需满足以下要求：

（1）温度交换效率是指对应风量下新风、送风之间温差与新风、回风之间温差之比，其代表新风与回风之间换热效率，该值越大，建筑新风负荷越低，建筑能耗越低。冬季热回收的温度交换效率宜符合下列规定：转轮式新风机组（全热型）$\eta_t \geq 70\%$，焓值交换效率$\eta_h \geq 60\%$；板翅式新风机组（显热型）$\eta_t \geq 75\%$。

（2）通风电力需求是指送入室内每立方米空气的耗电量，为总输入功率与新风量的比值，其代表新风机组通风能耗，该值越小新风机组能耗越低。新风机组通风电力需求宜符合下列规定：$e_v \leq 0.45 Wh/m^3$。与板翅式新风机组相比，转轮式新风机组内部风机可提供风量较大，通过高效过滤网、转轮换热芯、内部风道造成的局部阻力较大，通风电力需求也较大，可能出现在$0.5 Wh/m^3$左右浮动的现象。随着风机不断发展，该值有望进一步降低。

（3）有效换气率是指标准空气状态下，新风量与排风量进入新风的风量之差与装置名义新风量之比。新风机组有效换气率宜符合下列规定：$\eta_e \geq 97\%$。防止排风中污浊气体与新风接触而产生大量交叉污染，保障儿童呼吸时室内空气质量处于达标状态。

（4）新风机组应具备新风净化功能，对PM2.5净化效率达到95%以上。

（5）新风机组应具有预热、防霜、防冻功能，具备冷凝水收集、排放功能，尤其是新风机组裸露在室外环境下。

3.3 区域设计

3.3.1 溢流区设计

被动式低能耗建筑气密性良好，将导致部分无新风区域形成空气滞留区（即射流短路和气流产生死区位置）。空气滞留区若长时间无新风，其空气质量逐渐变差，室内环境易滋生细菌。为此，新风系统设计必须遵循无空气滞留区原则，可通过溢流区设计方法使新风送入室内后得到充分循环，该做法还将降低新风量及其负荷。

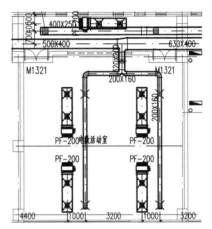

图4 溢流区设计示意图

参照图4可知，溢流区的形成主要以教学区、活动室、休息室等作为新风区域，以过道、走廊等作为溢流区和回风区域。通过送风口设置在各房间，回风口设置在过道，门下预留2～2.5cm缝隙的方式进行设计。

弱电间广播室、衣帽间、配电室等新风需求量较小的区域在非必要条件下不要采用无动力风帽或排风扇等小型排风设备直排室内空气，防止室内出现负压现象，尽可能采用溢流区设计方法。

3.3.2 厨房区设计

厨房位于幼儿园一层东侧（即一层南北两侧连接中间位置）。当厨房处于烹饪状态时，利用油烟机排出空气中的油烟至室外，此时油烟机将大风量抽走室内空气，厨房在冬季和夏季时将发生过冷过热现象。为避免厨房发生该现象，采用以下措施：

（1）促使厨房形成独立区域：厨房与其他区域间的隔墙增加一层保温层（≥50mm岩棉）；厨房门需具备良好的气密性，并且可自动关闭；灶台尽量远离厨房与其他区域间的隔墙。

（2）厨房应设置与排油烟系统联动的补风装置（补风口靠近灶台面），根据补风量计算补风口孔径（通常≥200mm），补风口安装保温气密阀。当厨房处于烹饪时间时，保温气密阀打开，厨房红案间及/或面点间的排油烟风机及其补风机开启。

4 关键节点设计

4.1 风口位置设计

该项目转轮式新风机组设置在屋顶，裸露在室外，故其新风口和排风口选用防雨风口，新风口远离房间污染物排放口和室外热排放设备（房顶设置空气源热泵室外机）且水平间距不宜小于1.5m，排风口迎风面可靠近空气源热泵机组室外机附近以便于空气源热泵机组做功。

参照图5可知，由于回风口设置在过道北侧形成回风区域，规避了送、回风之间气流短路现象的发生。但需考虑的是送风口应避开儿童活动区域，防止气流直吹儿童。送风口可深入至教学室南侧墙体处，促使气流贴附墙壁，增加射程到达儿童活动高度（儿童高度1.2m以下），且溢流区面积增大气流可得到充分循环。对送风口风速（≤3m/s）进行规定，以保证儿童舒适度。

板翅式新风机组设置在卫生间，新风口和排风口水平距离不宜小于1.0m，而该项目排风口直接连通风井，排风可直接通过风井排出室外，规避了新、排风之间气流短路的现象。

参照图6可知，盥洗室与卫生间采用了干湿分离的设计，而使用显热型新风机组可避免新风污染问题。同时送风口设置在盥洗室，回风口设置在蹲便器上方，既满足盥洗室和卫生间新风量，又保障了新风不溢流至其他房间。

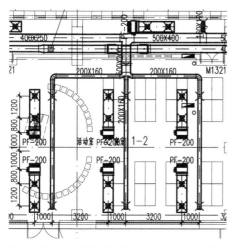 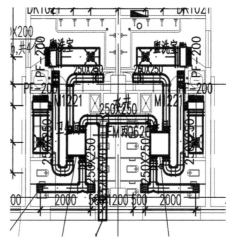

图5 转轮式新风机组送回风口设计示意图　图6 卫生间新风系统设计

4.2 系统保养运维

当前，诸多被动式低能耗建筑项目忽略对新风系统安装检查、初步运行状况测量及后期维护，而以上所述恰恰对建筑运行能耗效果起到至关重要的作用。无论是设计阶段、施工阶段，还是验收阶段，都应标明新风系统定期维护保养的方式。定期维护保养方式可参照《住宅新风系统技术标准》JGJ/T 440-2018中的相关规定[2]，如下所示：

（1）应每3～6个月对风口、风管进行清洁，风口、风管上应无积灰，过滤网中应无粉尘污渍。

（2）对未设置阻力检测和报警装置的过滤器，宜每3～6个月对粗效过滤器进行清洗或更换；在室外污染严重时应缩短清洗或更换时间。

（3）应每6个月检查风管的气密性，风管连接处应无开裂、漏风现象。

除上述方法外，还应在运营初期对室内空气温度、室内空气湿度、送风口温度、送风口风速、供暖期耗电量及空调期耗电量等进行监测，确保建筑符合被动式建筑的要求。

5 展望

本文从溢流区设计、厨房区设计及风口位置关系等方面，主要介绍了被动式超低能耗幼儿园建筑新风系统设计方案，以期为该类建筑工程提供借鉴。但新风系统不应仅停留在设计阶段，更为需要的是全周期过程质量监控。从设计方、施工方再到后期运营管理方，均需做好协调沟通，否则一旦出现类似管道衔接破损、送风量较低、送风温度较低、过滤网堵塞等问题，很难判断发生问题的原因。

参考文献

[1]公共建筑节能设计标准GB/T 50189-2015［S］.

[2]住宅新风系统技术标准JGJ/T 440-2018［S］.

严寒地区超低能耗建筑关键技术研究与实践

——呼和浩特中海地产河山大观项目

庄勇[1]　魏纬[1]　曲斌[2]　蒋勇波[1]　李丛笑[3]

1. 中海宏洋集团有限公司；2. 呼和浩特市海巍地产有限公司；
3. 中建科技集团有限公司

摘　要： 本文详细介绍内蒙古呼和浩特市首个超低能耗项目——中海地产河山大观超低能耗高层建筑小区，该项目根据当地严寒地区气候特点，对其9栋居住建筑进行超低能耗建筑性能化设计，从围护结构保温、外门窗安装方式、热桥处理方式、气密性措施、冷热源新风方案等超低能耗技术应用方面阐述严寒地区超低能耗居住建筑的技术特点。

关键词： 严寒地区；居住建筑；超低能耗建筑

目前全国在大力推广超低能耗建筑，陆续出台超低能耗建筑相关政策。住房和城乡建设部印发的《建筑节能与绿色建筑发展"十三五"规划》中提出，到2020年，建设超低能耗、近零能耗建筑示范项目达到1000万 m² 以上。全国各省份积极响应该政策，推广超低能耗建筑，全国陆续已有几百个超低能耗建筑落成。但目前大多数超低能耗建筑主要在寒冷地区和夏热冬冷地区，设计及建造经验较为丰富，在严寒地区大规模的超低能耗居住建筑较为稀少。

本项目是内蒙古首个超低能耗高层居住建筑小区。它不仅是超低能耗建筑，并且还是在严寒地区的超低能耗高层居住建筑，规模较大。该项目根据所在严寒气候区特点进行专项超低能耗建筑设计和技术方案筛选，具有重要的示范推广意义。

1 项目介绍

1.1 项目概况

中海地产河山大观项目位于呼和浩特市新城区东北部，北二环以北一公里，北靠大青山，东临东河城市自然生态景观带。本项目用地面积158739.94m²，建筑面积165520.49m²，包括1号、2号、3号、5号、6号、7号、8号、11号、12号共9栋住宅楼，4号、9号、10号三栋商业楼及一座地下汽车库。其中实施超低能耗建筑技术的为9栋居住建筑，总建筑面积为131743.83m²，结构形式为钢筋混凝土剪力墙结构。

该项目的建设目标是打造为内蒙古首个超低能耗、绿色、健康、生态、科技示范新城，打造为集超低能耗居住社区，全龄化、适老化成长社区，智能化科技社区，绿色健康生态人文社区于一身的高品质社区（图1、图2）。

图1 项目鸟瞰效果图

图2 项目外立面效果图

1.2 项目目标

本项目的目标是取得超低能耗、2019版绿色建筑二星级认证、健康建筑二星级认证。本文仅从能耗的角度来探讨相关的关键技术研究与设计。

作为超低能耗建筑，项目以满足《近零能耗建筑技术标准》GB/T 51350-2019中对室内环境的参数要求、建筑能耗要求、气密性要求为目标进行性能化设计。相关要求，如表1、表2所示。

表1　建筑主要房间室内热湿环境参数表

室内热湿环境参数	冬季	夏季
温度，℃	≥20	≤26
相对湿度，%	≥30	≤60

表2　超低能耗居住建筑能效指标

建筑能耗综合值		≤65kWh/（$m^2 \cdot a$）或≤8.0kgce/（$m^2 \cdot a$）
建筑本体性能指标	供暖年耗热量，kWh/（$m^2 \cdot a$）	严寒地区
		≤30
	供冷年耗冷量，kWh/（$m^2 \cdot a$）	≤3.5+2.0×WDH_{20}+2.2×DDH_{28}
	建筑气密性，换气次数n_{50}	≤0.6

2　超低能耗建筑技术

2.1　被动式节能设计

2.1.1　建筑布局

在形体方面，项目选择简洁规整的风格，有利于超低能耗建筑的节点设计，同时有利于控制体形系数。通过优化建筑布局，建筑进深小，有利于提高室内采光系数。南北立面开窗，有利于实现夏季和过渡季节的通风，并且南向外窗的设置有利于冬季尽量利用阳光辐射得热（图3）。

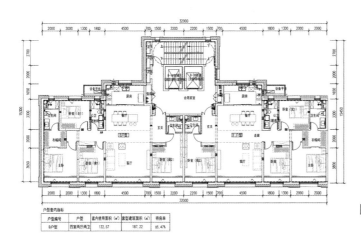

图3　1号标准层平面图
（D户型）

2.1.2 各部品关键参数确定

根据环境参数要求、建筑能耗目标以及气密性要求，对居住建筑关键部品性能进行设计，通过节能模拟计算，各项关键部品性能参数如表3所示。

表3 居住建筑关键部品性能参数

建筑关键部品	参数及单位	值
外墙	传热系数K值，W/（m²·K）	0.14
屋面	传热系数K值，W/（m²·K）	0.14
单元门/外门	传热系数K值，W/（m²·K）	1.2
	气密性	6级
地下室顶板/地面	传热系数K值，W/（m²·K）	0.3
分户楼板	传热系数K值，W/（m²·K）	1.0
楼梯间隔墙	传热系数K值，W/（m²·K）	玻化微珠保温且满足当地节能设计标准
分户墙	传热系数K值，W/（m²·K）	按当地节能要求设计
户门	传热系数K值，W/（m²·K）	1.3
	气密性	不低于6级
外窗	（整窗）传热系数K值，W/（m²·K）	1.0W/（m²·K）
	玻璃太阳得热系数综合SHGC值	0.45
	气密性	8级
空气—空气热回收装置	全热回收效率，%	≥70%
	热回收装置单位风量风机耗功率，W/（m³·h）	≤0.45

在此设计情况下，项目年供暖需求为11.8～13.2kWh/（m²·a），小于标准指标限值18kWh/（m²·a）；年供冷需求3.06～3.44kWh/（m²·a），小于标准限值4.49kWh/（m²·a）；供暖、空调、电梯、生活热水和照明一次能源消耗量为62.9～64.3kWh/（m²·a），满足《标准》要求的限值65kWh/（m²·a）。总体满足超低能耗建筑的设计指标要求。

2.1.3 非透明围护结构构造

（1）外墙部位保温做法

本项目外墙平均传热系数0.14W/（m²·K）。其中1号、5号、6号、7号、8号、11号、12号住宅楼外墙保温材料由125mm+125mm双层石墨聚苯板和岩棉隔离带组成；2号、3号住宅楼外墙保温材料由130mm+130mm双层石墨聚苯板和岩棉隔离带组成。采用外墙外保温薄抹灰施工方式，首层保温板采用点框法方式粘贴，第二层保温板采用条粘法粘贴，双层板之间错缝粘贴。考虑到呼和浩特市风力较大且本项目为高层住宅项目，因此石墨聚苯板保温系统采用双层玻纤网，每平方米保温面积设置10个以上锚栓，锚栓压住首层玻纤网（图4）。

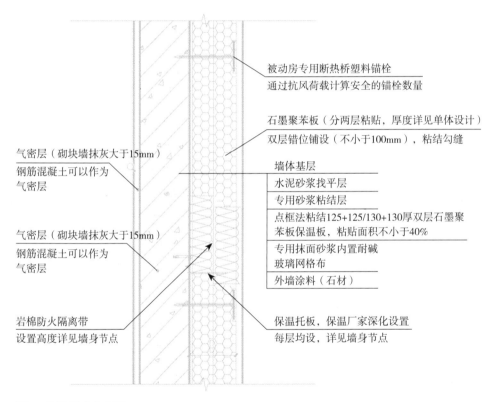

气密层（砌块墙抹灰大于15mm）
钢筋混凝土可以作为气密层

气密层（砌块墙抹灰大于15mm）
钢筋混凝土可以作为气密层

岩棉防火隔离带
设置高度详见墙身节点

被动房专用断热桥塑料锚栓
通过抗风荷载计算安全的锚栓数量

石墨聚苯板（分两层粘贴，厚度详见单体设计）
双层错位铺设（不小于100mm），粘结勾缝

墙体基层
水泥砂浆找平层
专用砂浆粘结层
点框法粘结125+125/130+130厚双层石墨聚苯板保温板，粘贴面积不小于40%
专用抹面砂浆内置耐碱玻璃网格布
外墙涂料（石材）

保温托板，保温厂家深化设置
每层均设，详见墙身节点

图4　外墙做法节点图

（2）屋面部位保温及防水做法

屋面的平均传热系数为0.14W/（m²·K）。具体做法：先在基层屋面板上涂刷2mm厚聚氨酯防水涂料。待防水涂料干后铺设125mm+125mm双层B1级挤塑聚苯板，双层错位铺设。接着在保温板上抹5mm厚防护层。待防护层完全晾干后，再在其上涂刷2mm非固化沥青和3mm自粘型防水卷材。非固化沥青和防水卷材同时施工。最后铺设钢丝网浇筑混凝土防护层及找坡找平层（图5）。

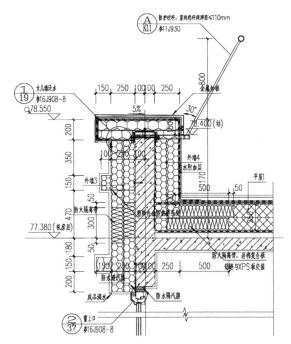

图5 屋面及女儿墙做法节点图

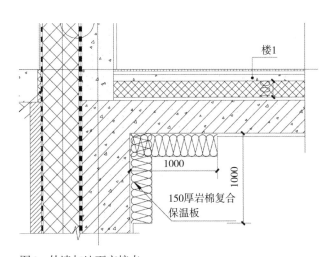

图6 外墙与地面交接点

该屋面做法的优点在于：①保温板上设置5mm厚的防护层，防止后续的2mm厚非固化沥青渗入保温板减弱上层防水的效果；②2mm固化沥青有利于加强上层自粘型防水卷材的粘贴密实度，保障防水质量；③整个屋面的防水做法均未动火，最大限度地降低火灾发生的可能性。

（3）地面部位保温做法

首层地面的平均传热系数为0.30 W/（m^2·K）。具体做法：首先铺设0.4mm厚塑料膜作为防潮层。而后铺设100mm厚（其他层为30mm厚）挤塑聚苯板，在其上层铺设电热地膜层。地膜层上铺设PE膜防水，而后在PE膜上放置钢筋片浇筑50mm厚C20细石混凝土。考虑到保温板过厚会影响到室内整体层高，在满足总体能耗的前提下，选取《近零能耗建筑技术标准》GB/T 51350-2019中地面传热系数的参考下限值作为本项目地面传热系数性能设计参数（图6）。

（4）热桥处理方式

一般建筑的热桥主要存在于外窗与外墙衔接处、穿围护结构管道、围护结构上的金属固定件、女儿墙、地面与外墙衔接处等部位。本项目则对这类热桥部位都做了相应的断热桥处理：①外窗采用内嵌式安装方式，并用金属拉结件与墙体连接，窗框与墙体间设置50mm厚聚氨酯附框进行断热桥处理；②穿围护结构的新风管道、冷媒管、厨房补风管、燃气入户管、给排水管、厨房和卫生间排风管、污水透气管等与围护结构之间填充50mm厚保温材料；③外排水管固定件、托架、女儿墙金属盖板、女儿墙栏杆等都采用一定厚度的硬质塑料板、高强度聚氨酯和石墨聚苯板等隔热垫块进行断热桥处理，使面热桥、线热桥尽量变为点热桥，减弱热桥效应；④女儿墙内侧保温与外墙保温同厚度，均为250mm厚石墨聚苯板。女儿墙顶部保温考虑到风压的影响采用150mm石墨聚苯板；⑤首层地面与外墙衔接处的外墙外侧保温采用挤塑聚苯板，并且延伸至地面以下1.7m。当地冻土层为地面下1.6m，即挤塑聚苯板保温延伸至冻土层以下，外墙内侧与地面板下侧衔接处铺贴1m宽岩棉。

以穿墙洞口风管为例，对节点热桥进行分析，如图7所示。

无洞口外墙内表面温度为18.9℃，可见经过洞口及管道保温处理，室内洞口处皆无结露风险。当保温做到110mm时，洞口周边温度及管道外表面非常接近无洞口处外墙内表面温度。局部0.3℃温差且洞口在吊顶内对室内无影响。综合考虑热桥减弱效果、经济性及舒适性，管道保温做到50～60mm即可，如图8所示。

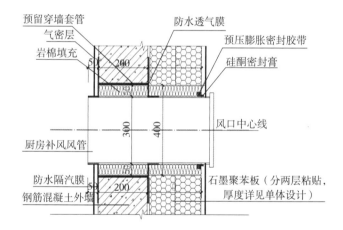

图7 穿外墙管道节点

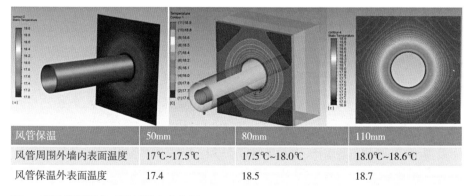

风管保温	50mm	80mm	110mm
风管周围外墙内表面温度	17℃~17.5℃	17.5℃~18.0℃	18.0℃~18.6℃
风管保温外表面温度	17.4	18.5	18.7

图8 不同保温厚度下局部温度分布图

（5）气密性范围及措施

本项目的气密性范围为地上部分居住建筑区域及地下交通核心筒区域，气密层沿着整个外围护结构外侧包裹（图9、图10）。

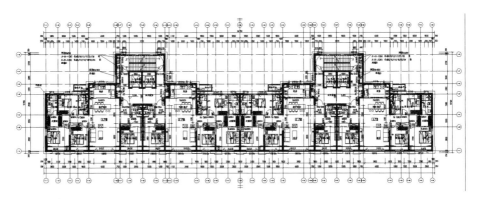

图9　1号、8号标准层平面气密层示意图

本项目采用了全剪力墙结构。全剪力墙结构是相对于框架剪力墙结构的一个概念，框架剪力墙结构在框架的部分柱间布置剪力墙，从而形成承载能力较大、建筑布置又较为灵活的结构体系。框架和剪力墙协同工作：框架主要承受垂直荷载；剪力墙主要承受水平荷载。全剪力墙结构下，承受竖向荷载和水平荷载的全是剪力墙。其优点在于，相对于框架结构整体性更好，侧向刚度大，没有梁柱等外露与凸出，便于房间内部布置。对于超低能耗建筑中采用全剪力墙结构的最大优势在于，外墙全部为钢筋混凝土墙，很好地保证了气密性。

气密性薄弱环节主要在于外门窗、穿围护结构管道、穿墙电线处，防水室内侧粘贴防水隔汽膜，室外侧粘贴防水透气膜。外窗部位，防水隔汽膜和防水

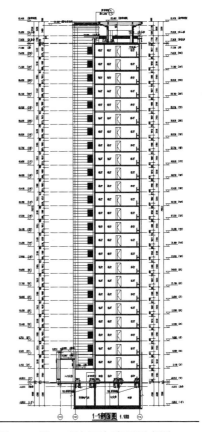

图10　1号、8号剖面气密层示意图

表4 项目玻璃参数要求

中空玻璃结构	可见光，%		太阳光，%			太阳光总透射比，g	太阳热获得系数SHGC	遮阳系数SC	传热系数K
项目玻璃参数要求							≥0.45		≤1.0
5L+16Ar+5L+16Ar+6铯钾	61	12	16	37	19	0.46	0.46	0.53	0.78

透气膜与窗框粘贴宽度不小于15mm，防水隔汽膜和防水透气膜与基层墙体粘贴宽度不小于50mm，并且两者中间的保温隔热垫块也在粘贴范围内。穿围护结构管道部位，防水隔汽膜和防水透气膜与管道和围护结构的粘贴宽度均不小于50mm。参见图7穿外墙管道节点图。

2.1.4 外窗性能及安装方式

外窗及外门均采用高性能门窗。外窗使用铝包木窗，传热系数为1.0W/（$m^2 \cdot K$），窗户开启扇的开启方式为内开内倒。玻璃为三玻两腔5L+16Ar+5L+16Ar+6铯钾（两层Low-E膜分别位于玻璃室内侧空腔的两壁）玻璃，间隔系统为暖边。外窗产品的气密性等级为8级。本项目外窗玻璃SHGC值≥0.45，确保冬季尽量利用太阳辐射得热，降低室内采暖负荷，同时不会大幅增加夏季制冷负荷。

为保证外窗安装无热桥且可靠性高，项目创造性地设计了一种内嵌式安装方法，此安装工艺正在申请专利过程中。

单元门/外门采用传热系数为1.2W/（$m^2 \cdot K$），气密性为6级，户门采用传热系数为1.3W/（$m^2 \cdot K$），气密性不低于6级。外门的安装方式采用外挂式安装，四周采用保温附框与墙体连接（图11）。

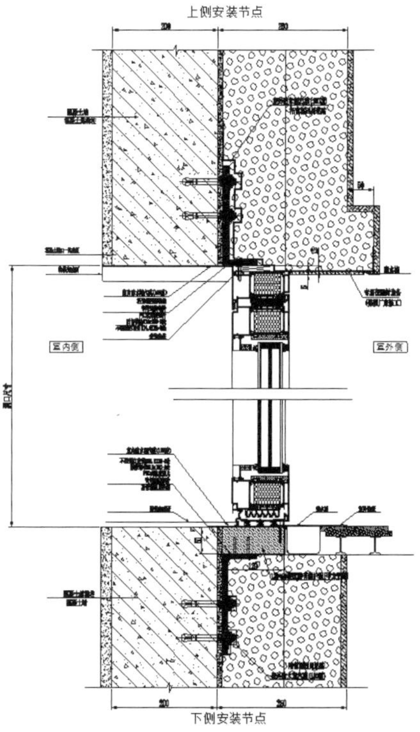

图11 外挂式被动外门安装节点

2.2 冷热源及新风系统

根据对呼和浩特市室外气象参数进行分析，–15℃以下的气温累计为398h，占供暖总小时数（4368h）的9.1%。本项目采用新风热泵一体机中搭载的空气源热泵为冷热源，即空气源热泵在低温环境下运行的时间占比约为9%（图12）。

空气源热泵在冬季极端天气下会发生效率衰减。项目组对大金、东芝、海信日立、三菱电机、美的、格力等品牌进行调研，均反馈在–20℃的低温环境下空气源热泵可以正常运转，但机组制热量会比额定制热量有不同程度的衰减，大约衰减范围为30%。因此，项目同时设置石墨烯电采暖作为备用辅助采暖设施，以保障用户的采暖需求。

新风热泵一体机设置在厨房吊顶内，处理后的新风送至各功能房间，排风口设置在卫生间，经能量回收后排至室外，排风热回收效率>70%。当室外温度低于–15℃时，新风机组关闭，开启石墨烯电采暖，每个功能空间可单独控制电热膜的使用，随用随开，灵活操控。住宅的公共区域采暖形式为石墨烯电采暖，低温运行（图13）。

2.3 厨房与卫生间排风系统

厨房排风及补风为独立控制系统。排风由排油烟机通过排风竖井排至

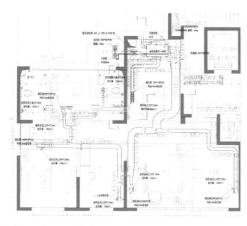

图12 新风系统布局

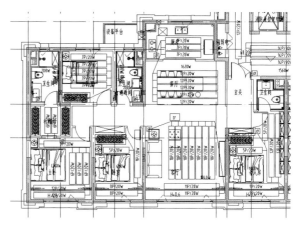

图13 D户型内部电热膜铺设设计

室外。在厨房外墙设置补风孔和电控阀门，阀门和排油烟机联动。平时关闭，当排风开启时，阀门连锁打开，补风孔开启，实现厨房补风。在厨房排风及补风系统工作时，厨房门关闭状态，对其他房间温度及风量不造成影响。

室内的新风系统的排风口设置在卫生间，经能量回收后排出室外，满足卫生间排风。同时卫生间仍预留排风竖井以保留强排功能，当卫生间排风机开启后，新风系统同时开启。

2.4 能源环境监测系统

根据《近零能耗建筑技术标准》GB/T 51350-2019技术要求，建设一套能源管理系统，对建筑室内环境的关键参数和建筑分类分项能耗进行监测和记录。通过数据处理、建模与展示，进行能源趋势的科学预测，优化能源系统运行策略，提供分析报告、信息公示、计量收费配置等促进节能增效的优化策略，可协助进行绿色建筑和超低能耗建筑的管理。

项目共计5种户型，820户。选择其中26户进行典型户型的监测，为监测本项目用能情况。计量及环境监测情况，如表5所示。

表5 用电计量及环境监测策划

序号	类别	名称	数量	说明
1	环境监测	环境监测（室外）	1	9号楼屋顶增加小型气象站一套，用于监测小区室外环境参数，包括温度、湿度等，并配套数据采集箱，将数据接入平台
2		环境监测（室内典型户）	26	利用可通讯的室内环境一体机控制面板（监测温度、湿度、PM2.5、CO_2、VOC等），获取空气质量参数，对9栋楼26个典型户内的室内环境进行监测，数据显示在管理平台当中
3	能源监测	住宅公区用电（总）	18	对9栋住宅的公共区用电实施总计量，计量位置在每栋楼B1层总配电柜进线处，设计智能电表，每栋楼2个回路，电表参数接入能源管理系统
4		住宅公区用电（分项）	119	对9栋住宅的公共区用电实施分项计量，计量位置在每栋楼B1层总配电柜出线处，包括除消防负荷外的公区照明、弱电间、普通电梯、消防电梯等非消防时用电回路
5		住宅公区电热膜用电（总）	32	对9栋住宅公共区电热膜用电实施总计量，计量位置在每栋楼2层层箱及15层层箱总开关处

序号	类别	名称	数量	说明
6	能源监测	住宅用户用电（典型户，总）	26	对26个住宅典型户用电实施总计量，计量位置在每个典型户用户楼层电表箱后端、入户箱前端，每户增加典型户计量箱1个
7		住宅电热膜用电（典型户，总）	26	对26个住宅典型户电热膜用电实施计量，计量位置在每个典型户用户楼层电表箱后端、入户箱前端，每户增加典型户计量箱1个
8		住宅用户用电（典型户分项）	52	对26个住宅典型户用电实施分项计量，包括照明、空调和插座等用电
9	管理中心	能源环境管理中心	1	在9号楼消防控制室设置能源管理控制中心，将现场读取的能源计量数据通过信息化传输手段上传至此处的数据中心，管理人员可依据不同权限进行分级管理，实时查看能耗情况

项目建成后，将对26个典型户进行不少于一年的监测和记录，并根据运营数据结果评价超低能耗相关技术的实际效果。

3 结语

本项目是严寒地区的超低能耗高层建筑小区，根据其严寒地区气候特点进行性能化设计，从防火要求高、风压大、规模化便捷施工、保障健康舒适室内环境的要求来制定其超低能耗设计及技术方案。本项目创新性地采用了以下三种技术方案：（1）双层石墨聚苯板双网薄抹灰系统，该保温系统的整体连接安全性更高，适用于风荷较大的高层建筑；（2）外窗内嵌式保温附框安装方式，便于施工及后期维护；（3）冷热源系统采用新风一体机+石墨烯电采暖方式，在严寒地区冬季极端天气情况下供暖更有保障。

根据模拟计算，项目可较国家现行能耗标准降低50%以上，采暖能耗相对于20世纪80年代典型居住建筑节能90%以上。超低能耗建筑运行中年CO_2排放量为72.89kg/m^2。与常规住宅建筑相比，减排量为73kg/m^2，13.2万m^{2}则每年共减排9630吨CO_2。

本项目作为内蒙古首个超低能耗高层建筑小区，实现了建筑品质的提升、能源效率的提高、人员舒适度的增强，从其超低能耗设计方案和技术体系上具有推广及示范效果。

参考文献

［1］近零能耗建筑技术标准GB/T 51350–2019［S］.

感谢相关单位及人员

建设单位：中海宏洋集团有限公司（张瑞华、马琼）
呼和浩特市海巍地产有限公司（孟祥金、金阳、张建军、陈海英、杨超、范平、巴雅尔、王磊、张鹏凯）
设计及咨询单位：中国建筑科学研究院有限公司（陈燕蓉、许玮、李倩、关洪成、费香杰、程永春、李辉、高彩凤、彭莉、潘玉亮）
施工指导单位：中建科技集团有限公司（朱清宇、张欢、蔡倩、李聪聪、李旻阳、马超、孙健）

被动式区域划分方式对超低能耗公共建筑能耗和造价的影响分析

郝翠彩[1]　徐素格[2]　崔佳豪[3]　王涛[4]
1. 河北省建筑科学研究院有限公司；2. 石家庄市建设工程安全生产监督管理站；
3. 河北省建筑科学研究院有限公司；4. 河北燕诺科技有限公司

摘　要：本文以一栋酒店建筑为例，通过对建筑能耗模拟和增量成本进行估算，分析不同被动区域的划分方式对建筑能耗和造价的影响，从区域划分方式维度，阐释建筑性能化设计的重要性。

关键词：公共建筑；被动区域划分；能耗；造价

被动式超低能耗建筑作为一种既能大幅降低建筑能耗，又能保证室内环境质量的高品质建筑，逐渐得到人们的认可。河北、山东、河南等省份分别于2015年、2016年、2018年发布实施了本省的相关技术标准，国家近零能耗建筑技术标准于2019年发布实施。建设一栋合格的被动式超低能耗建筑，方案阶段的性能化设计尤为重要。本文通过一个项目案例，详细解析被动区域划分对建筑能耗结果和造价的影响。

案例为一座酒店建筑，位于河北省石家庄市（热工分区为寒冷B区），地下一层为设备用房和储藏间，地上1～3层为大堂、宴会厅和会议室，4～14层为酒店客房，15层局部为配套餐饮，局部为屋顶花园，总建筑面积18895.12m²。

1　不同被动区域划分方式对比分析

根据项目初步建筑方案，设定两种被动区域划分方式（以下简称"方式一"和"方式二"）。

方式一：地上空间和通往地下的交通核（楼梯间、电梯间及前室）均为被动区域，地下储藏间和设备用房为非被动区域。

方式二：4～14层整层及交通核（地下室至15层的楼梯间、电梯间及前室）为被动区域。1～3层（交通核除外）、15层（交通核除外）及地下室为非被动区域。

针对两种方式，分别使用DesignBuilder软件建立模型，进行能耗计算。

1.1 方式一的能耗计算

建立模型，如图1所示。

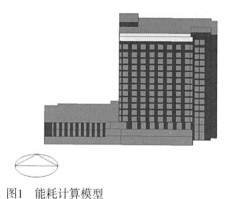

图1 能耗计算模型

1.1.1 围护结构参数设置

设计建筑外围护结构传热系数依据河北省《被动式超低能耗公共建筑节能设计标准》DB13（J）/T263-2018表4.1.1外围护结构平均传热系数K_m进行设置，参照建筑外围护传热系数依据河北省《公共建筑节能设计标准》DB13（J）81-2016表3.3.1-2寒冷地区围护结构热工性能限值进行设置，具体详见表1。

表1 围护结构参数（方式一）

围护结构部位	设计建筑		参照建筑		设计建筑是否符合标准要求
	传热系数K，W/(m²·K)	太阳得热系数SHGC	传热系数K，W/(m²·K)	太阳得热系数SHGC	
屋顶透光部分	1.0	0.39	2.0	0.43	是
东立面外窗（包括透光幕墙）	1.0	0.39	2.0	0.43	是
南立面外窗（包括透光幕墙）	1.0	0.39	2.0	0.43	是
西立面外窗（包括透光幕墙）	1.0	0.39	2.0	0.43	是

续表

围护结构部位	设计建筑		参照建筑		设计建筑是否符合标准要求
	传热系数K，W/(m²·K)	太阳得热系数SHGC	传热系数K，W/(m²·K)	太阳得热系数SHGC	
北立面外窗（包括透光幕墙）	1.0	0.39	2.0	0.43	是
屋面	0.13		0.43		是
外墙（包括非透光幕墙）	0.19		0.48		是
底面接触室外空气的架空或外挑楼板	0.19		0.48		是

系统形式	设计建筑	参照建筑	是否符合标准要求
遮阳形式及朝向	东、西、南三向主要功能房间外窗及屋顶天窗设置活动百叶遮阳	无	是

1.1.2 冷热源系统参数设置

本项目位于石家庄市内某区，两条路十字交口西北角。考虑地理位置因素，设计建筑采用空气源热泵作为冷热源，参照建筑依据河北省《被动式超低能耗公共建筑节能设计标准》DB13（J）/T263-2018表3.0.4中的要求进行设置，具体对比详见表2。

表2 空调与供暖系统设置

	设计建筑模型	参照建筑模型
空调系统形式	二管制风机盘管+新风	二管制风机盘管+新风
新风按需控制	新风供给时段运行	新风供给时段运行
热回收	显热75%	0
冷源形式	空气源热泵系统	冷水螺杆机组
热源形式	空气源热泵系统	燃气锅炉
COP	制冷：3.5 制热：2.5	制冷：3.6 制热：燃气锅炉效率90%

1.1.3 外门窗尺寸设置

依据建筑方案平面图的外墙轮廓线，对门窗位置进行定位设置，依据效果图，1～3层部位为幕墙，幕墙宽度依据平面图纸确定，幕墙高度根据剖面图确定。4～14层客房外窗按宽度2.7m、高度3.0m进行设置；西侧拐角窗按南侧宽度1.1m、高度3.0m进行设置；东侧拐角窗按照南侧宽度1.9m、高度3.0m进行设置。

1.1.4 能耗计算结果

能耗计算结果详见表3。

表3 能耗计算结果

建筑分项能耗	单位	设计建筑	参照建筑
全年供暖能耗	kWh/m²	14.44	74.99
全年供冷能耗	kWh/m²	37.31	46.20
全年照明能耗	kWh/m²	29.24	39.21
全年总能耗	kWh/m²	80.99	160.40
相对节能率$\eta=\left(E_0-E\right)/E_0$	49.51%		

注：E_0—参照建筑在规定条件下的全年供暖、供冷和照明能耗；
E—设计建筑在规定条件下的全年供暖、供冷和照明能耗。

1.2 方式二的能耗计算

建立模型，如图2所示。

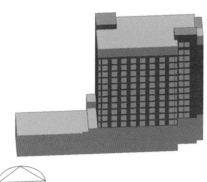

图2 能耗计算模型（浅紫色为非被动区域）

1.2.1 围护结构参数设置

设计建筑外围护结构传热系数依据河北省《被动式超低能耗公共建筑节能设计标准》DB13（J）/T263-2018表4.1.1外围护结构平均传热系数 K_m 进行设置，参照建筑外围护传热系数依据河北省《公共建筑节能设计标准》DB13（J）81-2016表3.3.1-2寒冷地区围护结构热工性能限值进行设置，详见表4。

表4 方式二围护结构参数

围护结构部位	设计建筑		参照建筑		设计建筑是否符合标准要求
	传热系数K，W/（m²·K）	太阳得热系数SHGC	传热系数K，W/（m²·K）	太阳得热系数SHGC	
东立面外窗（包括透光幕墙）	1.0	0.39	2.0	0.43	是
南立面外窗（包括透光幕墙）	1.0	0.39	2.0	0.43	是
西立面外窗（包括透光幕墙）	1.0	0.39	2.0	0.43	是
北立面外窗（包括透光幕墙）	1.0	0.39	2.0	0.43	是
屋面	0.13		0.43		是
外墙（包括非透光幕墙）	0.19		0.48		是
被动区域与非被动区域之间的楼板	0.21				是
被动区域与非被动区域之间的隔墙	0.28				是
系统形式	**设计建筑**		**参照建筑**	**是否符合标准要求**	
遮阳形式及朝向	东、西、南三向主要功能房间外窗设置活动百叶遮阳		无	是	

1.2.2 冷热源系统参数设置

模拟过程中，空调系统效率及可再生能源利用率以及参照建筑依据河北省《被动式超低能耗公共建筑节能设计标准》DB13（J）/T263-2018表3.0.4中的要求进行设置，详见表5。

表5　空调与供暖系统设置

	设计建筑模型	参照建筑模型
空调系统形式	二管制风机盘管+新风	二管制风机盘管+新风
新风按需控制	新风供给时段运行	新风供给时段运行
热回收	显热75%	0
可再生能源利用率	25%	0
空调系统效率	制冷：3.5 制热：2.5	制冷：3.6 制热：燃气锅炉效率90%

1.2.3　外门窗尺寸设置

依据建筑方案，设置规则同方式一。

1.2.4　能耗计算结果

被动区域能耗计算结果和1～15层能耗计算结果，详见表6和表7。

表6　被动区域能耗计算结果

建筑分项能耗	单位	设计建筑	参照建筑
全年供暖能耗	kWh/m^2	9.79	81.46
全年供冷能耗	kWh/m^2	22.81	31.97
全年照明能耗	kWh/m^2	28.38	40.76
全年总能耗	kWh/m^2	60.98	154.18
相对节能率$\eta=(E_0-E)/E_0$		60.44%	

表7　1～15层能耗计算结果

建筑分项能耗	单位	设计建筑	参照建筑
全年供暖能耗	kWh/m^2	32.82	74.99
全年供冷能耗	kWh/m^2	33.95	46.20
全年照明能耗	kWh/m^2	29.24	39.21
全年总能耗	kWh/m^2	96.01	160.40
相对节能率$\eta=(E_0-E)/E_0$		40.14%	

注：表6和表7中

E_0—参照建筑在规定条件下的全年供暖、供冷和照明能耗；

E—设计建筑在规定条件下的全年供暖、供冷和照明能耗。

1.3 能耗和造价对比分析

由表3可以看出，采取高效外围护结构及带热回收新风系统后，方式一相对节能率为49.51%。为了达到被动式超低能耗公共建筑的标准要求（相对节能率50%及以上），经测算可再生能源利用率应在30%以上。根据项目所在地资源条件及项目方案效果，需在屋顶设置太阳能热水系统。经测算，屋顶可利用面积难以满足集热器的布置需求。

由表6可以看出，按方式二划分被动区域后，被动区域相对节能率为60.44%。在可再生能源利用率仅为25%的情况下，被动区域即可满足被动式超低能耗公共建筑的标准要求。

由表3和表7对比可以看出，方式一比方式二全年单位面积一次能源消耗降低15.02kWh/m²；每年节约一次能源消耗283804.7kWh，折合电能109155.7kWh，每年节约电费10.92万元。但方式一中，屋顶花园、1~3层玻璃幕墙及可再生能源三项，与现行标准65%节能建筑标准相比，增加的投资约为320万元，静态投资回收期约为29.35年。

1.4 能源系统分析

根据本项目方案和效果图，在不改动外立面的前提下，可再生能源利用主要为空调系统。太阳能光伏发电及太阳能热水目前不具备安装空间，故暂不考虑。项目位于市区，风能不具备安装及使用条件。

空调系统的可再生能源形式有两种：（1）土壤源热泵；（2）低温空气源热泵。

土壤源热泵：运行稳定，室外天气对该系统影响基本可忽略，但对场地和机房要求高，初投资大，运行效率高。

低温空气源热泵：运行稳定，室外气温对设备效率有一定影响，在–20℃以上均能正常工作，运行效率会根据室外气温有25%以内的折减，初投资较少，运行效率低于土壤源热泵。

小结：经过综合分析，建议采用方式二进行被动区域划分。

2 建议方式可行性分析

2.1 被动区域划分

依据能耗和造价分析结果，建议采用方式二进行被动区域划分，即4～14层区域及通往地下、1～3层、15层的交通核（楼梯间、电梯间及前室）为被动区域。1～3层区域（宴会厅、大堂、会议室）、15层区域（屋顶花园及配套餐饮）及地下储藏间和设备用房为非被动区域。

2.2 围护结构建议

2.2.1 非透明围护结构

（1）外墙

①外墙采用外保温系统，保温材料采用250mm厚岩棉条A级；②室外地坪+500mm以下部位的外墙外保温系统采用250mm厚耐腐蚀、耐冻融性能较好的挤塑聚苯板（B_1级），且应从地上外墙连续粘贴至地下室外墙，并向下延伸至室外地坪-1000mm处。

（2）屋面

为了保证顶层用户室内环境，建议屋面采用250mm厚高容重石墨聚苯板（B_1级），设置隔汽层和防水层，并设置≥40mm厚保护层（上人屋面保护层内增设钢筋网片）。

（3）被动区域与非被动区域之间的楼板

楼板上表面采用150mm厚挤塑聚苯板（B_1级），并设置≥40mm厚保护层（保护层内增设钢筋网片）。

2.2.2 透明围护结构

被动区域与室外（包括非被动区域）联通的门窗均为被动门窗。其中：

框料：型材传热系数K≤1.3W/（m^2·K），整窗框玻比27∶73。

玻璃配置：5Low-E +16Ar暖边+5Low-E +16Ar暖边+5C；玻璃的太阳能总透射比g≥0.35，玻璃选择性系数LSG≥1.25；玻璃传热系数K≤0.8W/（m^2·K），整窗传热系数K≤1.0W/（m^2·K）。

2.3 成本增量计算

设计建筑与参照建筑的保温厚度及性能参数依据表4中的数据进行计算，计算完成后的结果，如表8所示。

表8 项目前期投资成本增量计算

项目	工程量，m²	现行节能标准，元	被动式超低能耗建筑，元	单位工程量增量，元/m²	备注
外墙保温	6956.60	636760.97	2351331.48	246.47	工程量单价
屋面隔汽保温	1005.21	80416.80	351823.50	270.00	
四层楼板保温	860.98	8609.20	146356.40	159.99	
被动区域与非被动区域之间的隔墙	1820.80	0	464303.49	255.00	
外窗	2022.75	1415925.00	6068250.00	2300.00	
外遮阳	712.60	0	641340.00	900.00	
被动区域外门	65.76	52608.00	526080.00	7200.00	
局部节点处理	12057.31	—	120573.10	10.00	
新风机组	12057.31	0	715000.00	59.30	
冷热源设备	12057.31	3014327.50	2652608.20	−30.00	
地暖	12057.31	602865.50	—	−50.00	
室外热网	12057.31	120573.10	—	−10.00	
热网接口	12057.31	1205731.00	—	−100.00	
小计		7137817.07	14037666.17	572.25	建筑面积单价
不可预见费用				18.07	
管理费增加				15.06	
合计				605.38	

2.4 运行效益分析

以下分析仅针对建筑被动区域（4~14层），其面积为12057.31m²。

根据能耗模拟，参照建筑的供冷、照明年一次能源消耗量为72.73kW·h/（m²·a），电力的一次能源换算系数为2.6，每平方米折合电量为27.97度，电价按照1元/度计算，则总价为34.33万元。酒店采暖采用市政供暖方式，依据石家庄地区地暖收费标准，公共建筑32元/m²计算，每年采暖费为38.58万元。综上所述，参照建筑年供冷、供暖和照明运行费用为72.91万元。

根据能耗模拟，设计建筑单位面积供冷、供暖、照明年一次能源消耗量为60.98kW·h/（m²·a）。根据电力的一次能源换算系数2.6，每建筑平方米折合电量为23.45度，电价按照1元/度计算，设计建筑年供冷、供暖和照明运行费用为28.27万元。

小结：设计建筑与参照建筑相比，被动区域造价增加729.85万元，每年运行费用节约44.64万元，增量成本静态回收期为17年。

3 结论

被动区域划分对被动式超低能耗建筑的综合效果影响较大，被动式超低能耗建筑方案阶段应做好充分的前期性能化设计。

钢结构装配式超低能耗学校智慧管控平台技术研究与应用①

李齐¹ 王忠云² 钟远享² 李强¹ 刘宏宇¹ 许晓煌²

1. 北京新城绿源科技发展有限公司; 2. 北京国际建设集团有限公司

摘　要: 本文以钢结构装配式超低能耗学校项目为例,对项目中智慧管控平台的应用做出研究,针对钢结构装配式超低能耗建筑监测点位的设置特点、学校平台监测的内容设计,以及对监测结果的分析研判,提供个性化的运营管理方案,以指导系统优化运行,降低建筑能耗水平,展现超低能耗建筑的建设效果。

关键词: 超低能耗建筑; 智慧管控平台

1　钢结构装配式超低能耗建筑

钢结构装配式超低能耗建筑是指在围护结构、能源和设备系统、照明、智能控制、可再生能源利用等方面综合选用各项节能技术,能耗水平远低于常规建筑的建筑物,是一种不用或者尽量少用一次能源,而使用可再生能源的建筑物。

随着我国建筑节能工作的持续深入推进,被动房作为更高的节能标准被引入国内并逐步落地推广,并且取得了显著的节能效果,对全面提升建筑能效水平、促进节能减排,发挥了重要的示范引导作用[1]。

装配式建筑是以构件工厂预制化生产、现场装配式安装为模式,以标准化设计、工厂化生产、装配化施工、一体化装修和信息化管理为特征,整合从研发设计、生产制造到现场装配等各个业务领域,实现建筑产品节能、环保、全周期价值最大化的可持续发展的新型建筑生产方式。钢结构装配式建筑施工工期是传统建筑施工方式工期的1/3,同时能够大幅减少现场作业的粉尘、噪声、污水污染,建造过程节能、环保[2]。

随着国家关于发展低碳经济的基本国策和可持续发展战略的不断深入,

① 课题项目: 北京建工集团科技计划项目"钢框架装配式结构超低能耗建筑综合技术研究与应用";北京建工集团科技计划项目"未来零碳零废弃智慧生态园区整体关键技术研究(RGGA1427 000000002018002)"。

国家加大对装配式建筑、超低能耗建筑、绿色生态城区等建筑节能路径的发展引导与全面推行。例如，昌平区未来科学城第二中学建设工程按照被动式建筑标准设计，并运用了装配式钢结构设计形式，是目前国内将被动式建筑与钢结构装配式结构两者结合同时应用的建造规模最大的项目，也是少有的适用于学校的超低能耗公共建筑。

2 超低能耗学校智慧管控平台

超低能耗学校智慧管控平台运用物联网技术设置监测点位，确保通信连接，通过人工智能技术分析、学习，掌握用能规律，运用大数据展开数据挖掘，辅以现代统计学分析技术、运筹优化技术等技术手段，从特殊节点温度、湿度监测到建筑能耗数据的整合与数据挖掘分析，最终实现精准记录建筑真实的用能情况，保证建筑环境舒适宜人的基础上最大程度降低建筑能源消耗。根据专家系统优化，形成一套可推广的超低能耗学校环境与能源管理体系[3]。

本文针对昌平区未来科学城第二中学建设工程钢结构装配式超低能耗学校，对其智慧管控平台的功能设计及监测点位设置特点进行描述。除对监测的数据进行在线分析，对用能情况进行统计汇总、比对，对用能异常等情况进行自动报警外，还将专家的经验转换为软件的规则，利用人工智能分析自动对用能设备的运行状况进行故障诊断及系统优化运行提示，充分挖掘数据的价值，指导系统高效节能运行。

3 点位设置特点

智慧管控平台监测内容，如图1所示。

图1 智慧管控平台监测内容

3.1 维护结构温度、湿度监测

钢结构装配式超低能耗建筑围护结构温度、湿度监测研究选择具有代表性、对比性的典型房间的保温墙体（如地上外墙、被动区与非被动区之间的楼板、种植屋面与非种植屋面等）、施工中较难处理的部位（如外墙悬挑板、外墙阴阳角、外门窗窗框与墙体连接部位）进行温度、湿度监测，统计分析数据，以此检验评价保温墙体、较难处理部位施工水平，分析节点产生问题的原因，并给出优化实施建议。

3.2 用电情况监测

用电监测是整个项目的重点，因为学校绝大部分能源消耗都来自电力。监测可以使电力消耗情况一目了然。学校用电设备种类繁多，包括日常生活的照明、通风、电梯、水泵、冷热源等设备，还有教学相关的物理、化学等实验设备、影音教学设备；体育运动相关场馆及室外运动场照明、运动健身设备；生活配套的食堂炊事设备。这些设备还可以按教室、办公室、宿舍、体育馆、实验室、食堂等不同位置分类分项进行计量。因此，建立完整的电力计量体系可以有效监测学校用电情况，合理规划使用方案。

3.3 用水情况监测

学校用水包括日常直饮水、生活热水、卫生间中水、绿化用水等。学校人员众多，用水种类也多。用水监测可以使各类水源及各节点用水情况得到精准呈现，及时发现用水异常情况，主动维护供水系统，防止因为管理不善造成水资源浪费。

3.4 室内环境监测

营造良好的室内环境对师生的健康非常重要。室内环境监测点的选取主要针对人员密集、人流量大、封闭环境及可能产生有害气体的场所，包括教室、学生宿舍、办公室、大型会议室、各类实验室等。通过监测室内环境状况，联动新风系统，及时改善空气质量，时刻保证室内环境的健康舒适。

4 平台功能设计

在平台功能设计上充分考虑学校用能的特点，进行用能情况展示，将各类监测数据呈现在平台上，并形成饼状图、柱状图等，对数据进行横向、纵向比对，分析常规用能数据，对重点用能点设置阈值，发出用能异常报警，提示异常节点，以提升检修精准度。依靠大数据进行用能分析，计算出专家策略，最终指导系统高效运转，降低能耗，如图2所示。

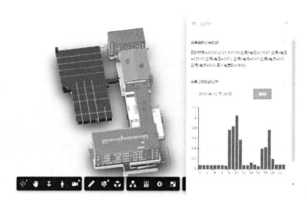

图2　计量点位
及数据

4.1 能耗计量、数据统计

用电监测按照用途分为生活用电、动力用电、教学用电，包括照明插座、冷热源、风机盘管、风机、热风幕等。在这些分类基础上还有不同房间、区域的统计，例如教室、办公室、宿舍、体育场、食堂、实验室等。这样的分类分项计量数据可以做到任意同类组合，使数据统计更灵活，并对高能耗设备进行重点监测和分析，如地源热泵、电梯、水泵、热风幕、厨房油烟净化设备、实验室，设置阈值，超出设定用电量发出报警信号，关注实际使用情况是否出现异常，如图3所示。

用水监测按照生活供水、直饮水、生活热水、中水分类，从主管路计量到用水末端，同时可以区分教学楼、宿舍楼、体育场等不同区域，以饼状图、柱状图形式分类统计，加入用水流线图，逐级标注流向，精准计算水量

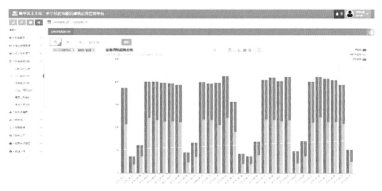

图3 设备待机
能效分析

差值，杜绝"跑、冒、滴、漏"情况发生。

根据大数据系统分析，对比同类型建筑、同用途建筑等不同能耗指标，包括能耗量及能耗费用、人均能耗数据、工作日标准能耗量、单位面积标准能耗。上述数据可以直观地进行定时、定量分析，方便对整体能耗水平做出准确判定。

4.2 运行策略指导

通过计量积累的大量数据及云端各类相关类型、用途、使用情况的建筑数据，经过专家程序的对比、分析、模拟、深入挖掘，形成本项目专属的运行策略。

学校用电的特点是上学期间用能集中，放学之后用能很少。根据这样明显的潮汐型的用能特点，需要针对性地提升特定时间的供冷供热效率，避免不必要的能耗。同时制定工作日策略、节假日策略、冬夏季及季节转换策略，使设备运行在保证环境适宜的最低能耗水平。

4.3 报警提示及系统运维

报警提示系统可以说是运维人员的"第三只眼"，包括仪表故障、采集设备故障、传输故障、水泵等动力设备超负荷运行、设备能耗异常、超出阈值，以及单位面积、单位时间的能耗异常波动等情况都可以得到报警系统的提醒，按照"紧急""一般"提示区分报警信息的等级，提醒运维人员采取

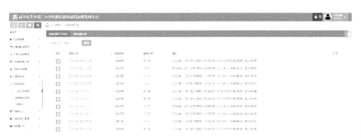

图4　报警事件管理

不同的应对措施，如图4所示。

运维系统可以将整个系统相关的设备全部纳入其中，包括设备生产日期、安装日期、运行时间、维护时间、维护项目、设备寿命等。记录在系统中的信息为运维提供强有力支持，帮助运维人员建立完整体系。

5　结语

通过研究钢结构装配式超低能耗建筑，选取围护结构中有代表性的点位进行温度、湿度监测，对建筑节能效果进行检验。同时针对学校的用能特点，采集分析能耗数据，优化运行策略，积累运维数据，不断修正规则，最终形成可推广的监测管理系统，提升运维水平。

参考文献

［1］许红升，张树辉. 钢结构装配被动式超低能耗建筑技术研究与应用［J］. 建设科技，2016，Z1.

［2］蓝亦睿. 装配式被动房关键节点构造技术研究——以山东建筑大学装配式被动房项目为例［D］. 济南：山东建筑大学，2016.

［3］李聪，曹勇，毛晓峰，王晨. 被动式超低能耗建筑中智慧能源管理系统的应用［J］. 建筑技术开发，2016（2）.

青岛市绿色低碳健康校园建设探索与实践

袁浩雁

青岛市房地产事业发展中心

摘　要：建设绿色低碳健康校园是节能减排、可持续发展战略的必然要求，是坚持以人为本、实施科教兴国战略和精神文明建设的重要途径。本文从政策支持、评价体系和应用实践等方面，梳理了国内外校园建设的发展现状、发展趋势以及存在的问题，详细介绍了青岛市典型中小学学校绿色低碳健康建筑实践案例。结合我国绿色建筑、健康建筑评价体系，探索青岛市中小学校园建筑适宜性关键技术体系，为我国中小学绿色低碳健康校园建设提供参考。

关键词：绿色校园；健康建筑；安全舒适

1　绿色低碳健康校园发展现状

国际上典型且应用广泛的绿色校园评价体系是美国LEED for Schools和英国BREEAM Education。相比于国际上成熟的校园评价体系，我国更多的是对绿色校园评价标准体系和指标的比较和探讨[1]，绿色校园建筑实践发展较为缓慢，多集中在项目前期规划、设计阶段的技术优化，存在缺乏技术的适宜性研究、集成性技术的试验数据支撑和效果评价，缺乏绿色规划、设计、施工全过程的技术体系研究和应用等问题。

学校建筑作为多个建筑物和多样化的场地使用相结合的特殊建筑，是教书育人的环境载体，探索如何提高校园建筑品质、获得良好的运营实效、创造健康舒适校园环境建设已迫在眉睫，需要进一步探索和实践。

2　实践案例

2.1　青岛市小水清沟村改造配套学校

青岛市小水清沟村改造配套学校，占地面积27784.30m²，建筑面积约22752.57m²。该学校作为山东省首个被动式超低能耗绿色建筑示范性中小学项目，已获得三星级绿色建筑设计标识认证和被动式超低能耗绿色建筑双重认证。项目采用的被动式超低能耗关键技术主要包括：

（1）高性能的外围护结构：本项目采用岩棉板作为主要保温结构，厚度达到250mm以上，外墙（包括非透明幕墙）传热系数为0.23W/（$m^2 \cdot K$），相比参考建筑，提高幅度为54%；门窗均采用被动式专业门窗，保温隔热性能良好。总体围护结构节能效果可达70%。

（2）良好的气密性：本项目设计阶段对气密性进行专项设计，在重点需要保证气密性的部位，如门窗洞口、外墙连接处等，进行了重点气密性设计，灵活运用防水隔汽膜和防水透气膜，满足被动式低能耗房屋的气密$n_{50} \leqslant 0.6$的要求。

（3）全建筑无热桥设计：本项目设计阶段在容易产生热桥的部位进行专项设计，大量采用断热桥连接件，最大程度减少热桥对建筑保温性能的影响。断热桥连接件同样选用国内高标准的制造厂商，充分保证无热桥设计的效果。

（4）高效的新风热回收装置：本项目设置新风热回收系统，热回收率高达78%，充分回收建筑自身产生的热量，进一步降低建筑能耗。

青岛市小水清沟改造配套学校项目充分运用被动式超低能耗建筑设计的多种方法进行专项设计，极大程度地提高建筑在节能、舒适方面的性能。在低碳节能、绿色环保、舒适宜人各方面均有良好的示范作用，如图1。

图1 青岛市小水清沟村改造配套学校鸟瞰图

2.2 青岛市浮山后一小区配套中学

青岛市浮山后一小区配套中学总用地面积21317.4m²，总建筑面积37046.72m²，容积率为1.16，绿地率为15%。该项目已获得三星级绿色建筑设计标识认证。学校采用了海绵城市专项设计、降低热岛强度专项设计、BIM的全过程应用等一系列绿色建筑相关的关键技术，是绿色生态智慧校园建设的一个典型示范项目，如图2。

（1）海绵城市专项设计：项目充分利用场地空间合理设置绿色雨水基础设施，采用了透水混凝土、下沉式绿地、雨水花园、雨水模块等海绵城市技术措施，有调蓄雨水功能的下凹式绿地面积占绿地面积的比例达到48.93%，透水铺装面积的比例达到44.53%，满足年径流总量控制率75%的控制指标。

（2）采取措施降低热岛强度：项目绿化采用乔、灌、地被的复层绿化形式。教学楼西南侧及东北侧两面外墙均做垂直绿化，种植藤本植物、攀缘植物、垂吊植物等。学校户外活动场地内有乔木、构筑物遮阴和建筑日照投影遮阴措施的面积比例为13.53%。屋面全部采用太阳辐射反射系数大于0.4的建筑涂料面层。这些措施有效地降低了热岛强度，创造了清新怡人的校园环境。

（3）BIM的深度应用：通过BIM模型的建立对设计进行验证，对多专业

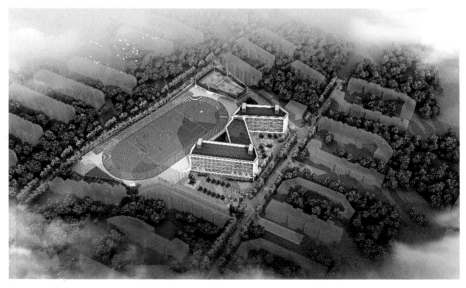

图2 青岛市浮山后一小区配套学校鸟瞰图

设计进行整合，共解决设计问题150余项，节省工期20余天。现场全部预留预埋洞口均经过BIM验证并出图，检验洞口290余个，改动标高不合理洞口34个，现场全部根据BIM出图进行施工。建立三维现场施工节点、施工样板20余项，方便现场技术交底，实现了在建设项目全生命周期内提高工作效率和质量以及减少错误和风险的目标。

2.3 青岛市澳门路小学

青岛市澳门路小学用地面积12646m²，总建筑面积21303.8m²。容积率为0.79，绿地率为15%。目前，该项目已获得三星级绿色建筑设计标识和WELL国际健康建筑（金级）中期认证，如图3所示。

（1）EPC全过程建设管理模式：本项目通过国内外绿色建造管理模式的研究，结合学校工程项目实际建造过程跟踪，采用基于绿色建造的EPC工程总承包模式。通过校园建筑设计阶段优化、建设质量跟踪、采购品质管控、试运营检测等全过程集成一体化建设管理，将绿色建筑、海绵城市、装配式建筑、健康建筑等先进理念和技术融合在一起，在满足校园建筑（群）、功能多样性要求的基础上，实现校园建筑品质的显著提升。

（2）钢结构装配式结构：本项目采用钢结构，结构体系满足抗震三级要

图3 青岛市澳门路小学鸟瞰图

求。本工程基础采用700mm厚防水板+独立基础的形式（含抗浮需求），梁柱及楼梯采用钢结构形式，钢结构的主次结构均采用Q345钢材，Q345及以上高强钢材用量的比例达到63.03%。围护结构采用装配式CF蒸压瓷粉加气混凝土墙板，在保证结构安全性的基础上减轻结构自重，从而减少混凝土梁截面及其钢筋用量。

（3）健康建筑相关的技术措施：创新性地在设计中融入了健康理念，打造兼顾建筑性能与人体舒适的高品质绿色健康低碳校园建筑。

室内空气质量改善措施：①独立新风系统配备中高效颗粒物集成过滤段，降低室内PM10和PM2.5等颗粒物浓度；②实施绿色建材管控，选用低VOC、获得国内外认证的绿色环保建材；③对室内主要污染物浓度实时监测，并与新风系统联动。

保障饮用水水质：校园内每层至少设置一个饮水机，教学楼饮水机设置"前置+RO反渗透过滤"装置，以减少饮用水的金属、农药和有机物污染。结合定期的水质检测和饮水机清洁维护，保证水质达到WHO国际饮用水水质标准。

提升舒适性：室内桌椅充分考虑了人体工程学的舒适度要求，高度均可调节，以适应不同身高人群的需求；采取了独立热控制和湿度控制空调系统实现热环境分区，满足不同人群的热舒适个性化需求；对于噪声较大的空间，如多功能厅、音乐教室等采用针孔吸声铝板+岩棉垫吸声材料，避免噪声干扰外界。

光环境优化：①通过合理的建筑布局、开窗设计和玻璃选型，优化室内自然采光；②通过室外可调外遮阳、室内安装窗帘等措施，有效减少眩光影响；③本项目教室采用LED护眼灯，显色指数90，色温3000K。教室课桌面的照度达到308，均匀度为0.78，防眩光指数UGR设计值为14.2，满足标准的要求，UGR低于19，提供高效视力环境。

营造生态艺术环境，在屋顶设置70m²屋顶菜园，既可以满足食品生产，又可以作为教学实践种植园基地。教学楼东侧立面上配置面积约为82m²的模块式墙面绿化，以及教学楼大厅处的室内垂直生态景观系统，打造了亲近自然、亲近生命的建筑环境。

3 绿色低碳健康校园关键技术

通过对以上青岛市典型学校案例的分析，结合我国绿色建筑、健康建筑的评价体系，本文主要从建筑环境、被动式设计、安全健康、舒适度提升和资源节约五个方面因地制宜地提出适合青岛市中小学绿色健康低碳校园建筑的关键技术。

3.1 建筑环境

（1）海绵城市专项设计：对学校进行雨水专项规划设计，利用场地空间合理设置绿色雨水基础设施。采用透水混凝土、下沉式绿地、雨水花园、雨水模块等海绵城市技术措施，有效控制学校场地的雨水年径流总量。

（2）采取措施降低热岛强度：建议校园采用乔、灌、地被的复层绿化形式，竖向布置上进行分层设计。教学楼外墙可做垂直绿化处理，屋顶可采用屋顶绿化或屋顶菜园，美化环境的同时降低太阳辐射得热。通过户外活动场地设置构筑物、乔木等遮阴措施，在道路路面和屋面使用浅色系（反射率高）的涂料，减少太阳得热，实现缓解热岛效应的目的。

3.2 被动式设计

结合项目场地环境，对建筑的体形、朝向、楼距、窗墙比等进行优化设计，为降低建筑能耗、提高室内舒适度提供前提条件。通过建筑朝向、窗墙面积比、玻璃选型等设计，保证室内良好的天然采光环境；通过开窗设计，创造良好的自然通风环境；通过建筑自遮阳、可调节外遮阳及室内窗帘的内装设计，改善建筑得热和室内眩光问题。采用防水隔汽膜和透水隔气膜、密封材料来改善门窗和墙体衔接部分的气密性；选择高度隔热的断桥窗框，采用断热桥连接件，最大程度减少热桥对建筑保温性能的影响。

3.3 安全健康

（1）空气质量：在空调房间的新风量满足卫生标准的基础上，选用带有空气过滤、净化装置的新风系统，对室内空气进行处理；安装室内主要空气污染物监测装置，实时监测室内空气质量并与新风系统联动，保证室内空气环境安全、卫生和舒适。

（2）饮用水水质：采用纳滤或RO-反渗透过滤装置对校园饮用水进行过滤，在满足国家《生活饮用水卫生标准》和《饮用净水水质标准》对沉淀物、微生物、金属等基本水质指标要求的基础上，对有机污染物、消毒剂、除草剂和杀虫剂相关污染物做进一步要求，使饮用水水质达到世界卫生组织WHO的水质标准。

（3）餐饮安全：提供新鲜、有益于健康的食物，限制不健康的食物成分，并鼓励更好的饮食习惯和饮食文化。

3.4　舒适度提升

（1）绿色健康照明。选用节能高效的照明灯具，灯具效率不低于75%；灯具布置采用吊杆安装方式，并按教室纵向均匀布设，满足国家标准中对功能空间照明照度和均匀度的要求；兼顾不同时间段及功能区下人体的需求，减少对身体生物钟的干扰。

（2）提高隔声性能。采取措施增强教室房间的隔声性能，如地板增设隔声垫、木板、隔声性能门窗等隔声措施；产生噪声的空调设备尽量避免安装在教室内部，若条件有限，安装在室内的噪声设备必须配备消声器或消声静压箱装置，减少设备噪声，为学生提供一个安静的学习环境。

（3）人体工程学桌椅。采用符合人体工程学设计的可调节高度和角度的书桌和座椅，可以引导学生正确的坐姿，有效缓解疲劳，进而提高学习效率。

（4）亲自然设计。设置室内绿化、盆栽植物、水景等改善室内生态绿化环境，通过亲自然设计、技术、人性化管理和处理策略，提供优化认知和情感健康的环境。

3.5　资源节约

（1）节能：设计时结合中小学校园建筑的特点和房间功能进行冷热源形

式配置，建议采用宜操作、灵活度高的分体空调或多联机。配合可调新风比、排风热回收以及冷热量计量等节能措施。在报告厅、礼堂等场所可考虑设置集中式空调，并设置室内CO_2监测装置与新风系统联动，以保证使用时的室内空气质量。

（2）节水：采用二级及以上的节水器具，进行节水节能标识宣传；定期收集用水数据进行分析；在校园进行节水节能宣传教育。

（3）可再生能源利用：因中小学类建筑多为低层或多层建筑，且青岛处于太阳能资源可利用区。因此，建议充分利用教学建筑屋顶的有效面积设置太阳能热水系统，来解决学校的热水供应需求。

4 结论

本文从实践出发，探索绿色低碳健康校园建筑的适宜性关键技术，将绿色建筑、海绵城市、装配式建筑、健康建筑等先进理念和技术相融合。在EPC全过程建设管理模式下，将这些技术和理念贯穿于校园建筑建设的全过程，做到切实实施和技术落地。在满足校园建筑（群）功能多样性要求的基础上，为学生提供健康、安全、绿色、低碳的校园环境，提高学校环境品质和教学质量，为青岛市乃至我国中小学绿色低碳健康校园建设提供参考。

参考文献

［1］王崇杰，刘薇薇. 中小学绿色校园研究［J］. 中外建筑，2013（08）.

被动式超低能耗建筑设计基础与应用

高增元

同济大学建筑设计研究院（集团）有限公司

摘　要： 在可持续发展理念不断深化的背景下，建筑节能受到了社会各界的广泛关注。被动式超低能耗建筑作为一种以更少能源消耗提供更优室内环境的建筑型式，符合国家倡导的绿色环保理念，实现人们工作生活环境的绿色健康发展，因此成为建筑行业节能降耗的一种有效方式[1]。本文结合被动式超低能耗建筑的优势，就其设计基础进行了分析，并且结合具体工程实例，讨论了被动式超低能耗建筑设计的应用情况。希望能够为被动式超低能耗建筑的推广和普及，提供有益参考[2]。

关键词： 被动式超低能耗建筑；设计基础；应用

伴随着我国城市化进程的加快，房地产行业得到了迅猛发展。推动城市经济建设的同时，也带来了能源消耗和环境污染问题。从适应可持续发展要求的角度，应该重视节能降耗工作，在实施建筑工程规划设计的过程中，对建筑的基本形式和空间规划进行合理把控，将被动设计融入建筑设计中，在提升设计效果的同时，实现节能降耗的目标，这也是当前建筑行业发展中需要重点研究的课题[3]。

1　被动式超低能耗建筑概述

被动式超低能耗建筑是一种特殊的建筑型式，强调在建筑设计中关注当地的自然条件和气候特征，借助具备良好气密性和保温隔热性能的建筑围护结构，搭配新风热回收技术和可再生能源利用技术，为用户提供舒适的室内环境，同时也可以最大限度地减少能源消耗。

被动式超低能耗建筑的优势体现在几个方面：

一是温度恒定。传统住宅中夏季炎热、冬季寒冷，即便设置有暖通空调系统，在室内不同区域同样会产生温度和湿度的差异，影响体感舒适性。与之相比，被动式超低能耗建筑借助被动式设计，能够将建筑室内空间的温度始终维持在20℃~26℃的区间内，而且室内所有空间的温度基本一致[4]，不存在明显的温度梯度。

二是清洁卫生。被动式超低能耗建筑的门窗具备较高的隔热性和气密性。避免门窗表面结露流水问题的同时，也可以防止热桥现象。良好的保温隔热性能可以有效避免内表面冷敷设给人们带来的不适感，能够规避结露发霉的问题，可以为人们提供一个清洁卫生、健康宜居的环境。

三是安静舒适。与普通门窗相比较，被动式超低能耗建筑采用的高气密性门窗有着更加优越的隔声降噪效果，即便室外十分嘈杂，室内也可以保持安静，而且在室内没有空调内机的存在，避免了设备噪声的产生。相关统计数据显示，被动式超低能耗建筑夜间室内噪声一般不会超过30dB，白天室内噪声不会超过40dB，能够为业主提供安静舒适的休息环境。

四是空气洁净。被动式超低能耗建筑本身的高气密性避免了室外污浊空气的进入，而新风设备中设置的净化装置可以保证新风的洁净卫生，将室内空气维持在优良状态。

五是运行成本低廉。被动式超低能耗建筑的维护结构具备良好的保温隔热性能，配合防热桥措施和热回收技术等，被动式超低能耗建筑的节能性可以达到90%以上，能耗仅为普通建筑的1/3左右，能够极大减少运行成本。以120m²的住宅建筑为例，每年的空调采暖运行费用可以节约3000元左右[5]。

2 被动式超低能耗建筑设计基础

2.1 气候环境分析

在被动式超低能耗建筑设计中，环境气候因素是需要最先考虑的基础性因素。我国幅员辽阔，不同地区有着非常明显的气候差异。尤其是地处热带的海南等地，夏季气温高，对于冷气的需求量极大；而黑龙江等北方省市冬季气温寒冷，需要大量暖气供应。在这种情况下，被动式超低能耗建筑的设计需要对建筑所处区域的气候大环境进行分析，强调因地制宜，选择恰当的设计技术，依照环境条件来对建筑设计方案进行优化调整。

2.2 环境特征分析

被动式超低能耗建筑的设计不仅需要考虑气候大环境，还必须做好精准的室内室外环境特征分析，对照当地的气候数据，对一些比较典型的气候要素进行提取，就日照、风速、辐射以及温度、湿度等数据信息进行分析，对照建筑的功能需求和最佳体感舒适度，在充分保证建筑设计合理性和科学性的同时，降低建筑能耗。以长野冬奥会速滑馆的设计为例，其采用了双层可调节式呼吸外墙，设置了空气夹层通道，在冬季和夏季通过开合调控的方式，形成良好的保温隔热效果[6]。错落起伏的屋面上，设置了用于采光的天窗，自然光在经过折射后可以进入室内，保证良好照度的同时，也不会形成眩光，避免了对于运动员的负面影响。

2.3 推广价值分析

被动式超低能耗建筑的设计应该突出本土特征，深入地域自然和社会现实中，选择恰当的节能降耗措施，这样才能保证良好的节能效果。同时，被动式超低能耗建筑具备一定的推广价值，能够很好地适应可持续发展的要求。以绿色建筑中的"绿屋"为例，其主要是借助温室来培养具备较强生命力的绿色植物，然后通过对绿色植物的合理布设，实现对室内温度的调节。不过这种建筑的建设成本偏高，并不具备实用性，也难以进行市场推广[7]。与之相比，被动式超低能耗建筑具备良好的推广价值。事实上，我国古代很多建筑采用的设计都可以被使用到被动式超低能耗建筑设计中。例如，古代住宅如果进深较大，往往会设置简单的庭院或者天井，对采光、通风、景观等问题进行解决。而在现代建筑设计中，对于一些人流量大、发热量大的区域，可以设置中庭空间或门厅，提供采光、通风场地，在提高过渡季节室内空间舒适性的同时，也具备良好的节能效果。

3 被动式超低能耗建筑设计应用

某综合性建筑项目位于我国北方地区，占地面积7.13万m^2，建筑面积16.38万m^2，建筑密度为30%，绿地率为35%，如图1所示。项目中1～4号楼

图1　建筑项目示意图

采用了被动式超低能耗建筑设计。

3.1　朝向设计

　　建筑朝向应该尽量采用南北朝向或者接近南北朝向，立面设计必须能够保证自然通风和采光的要求。设计人员还应该从建筑的实际情况出发，对其进行适当调整，避免功能用房西晒的问题。例如，可以在西侧外墙设置相应的景观廊架，配合垂直绿化来防范夏季强烈的太阳辐射，提升室内舒适性的同时，降低建筑使用过程中的能耗。另外，在对建筑型体进行设计时，应该关注其合理性和简洁性，不能一味追求里面形态的复杂化，这样会对建筑节能产生影响。而且建筑的单体形态设计和群体布置都应该尽量避开风场涡流区，保证合理的风速和风量分布，这样能够为穿堂风的组织设计提供便利[8, 9]。

3.2　节能规划

　　一是应该做好总体的平面设计。确保建筑的采光、通风和绿地率等都能够满足相关要素。户外活动场所可以利用乔木和构筑物来实现遮阴。要求道路路面和屋面的太阳辐射反射系数能够达到0.4以上，这样有利于降低热岛效应。设计人员可以使用CFD实现对于室外风场的有效模拟，确保场地内不存在滞风区域和涡流区域。夏季和过渡季节建筑前后的压差不能小于1.5Pa；冬季除去位于迎风面的建筑，其他建筑前后压差不能超过5Pa。二是应该关注建筑形体设计。减少体形系数，降低建筑能耗。在该工程中，采用被动式超低能耗建筑设计的几栋楼中，楼层高度均为2.9m，建筑体系系数分别是0.26、0.26、0.27和0.28。户型设计充分考虑了室内风对流通道的形成，借助自然通风来降低建筑使用过程中的能耗。三是自然采光设计。通过对户型的调整优化，减少了建筑进深，增加了开敞空间，促进了室内采光系数的提高。而且除了北侧以外的所有外窗全部设置了活动遮阳装置，有效降低夏季制冷负荷的同时，可以在冬季引入太阳辐射，提高室内温度。

3.3　围护节能

一是非透明围护结构（墙体、屋面等）的节能设计。考虑到所有建筑的高度都超过了27m，在建筑围护结构外保温设计中，选择了燃烧性能为A级的材料，不需要设置耐火窗，保温材料统一使用岩棉板。外墙设计中，采用厚度为20mm的抹灰来保障气密性。对于预制混凝土墙板和楼板之间的缝隙、设备管道穿越外墙时的预留套管等，全部使用气密胶带进行封堵。对于断热桥的处理，托架选择不锈钢材料，空调板则使用了挑梁式构造，能够降低线性热桥。在上下两侧设置有100mm厚度的保温层。屋面设计中，在女儿墙底部进行了挖空处理，能够降低线性热桥。内侧包括了厚度达到200mm的保温板，顶部保温板的厚度同样达到了100mm，出屋面排气管以挤塑板进行包裹，厚度为200mm。二是门窗节能设计。在工程中，外窗采用了塑钢型材，窗体的传热系数不超过0.8W/（m²·K），以三玻两腔Low-E惰性气体暖边玻璃为核心，保证其具备良好的保温隔热性能。外窗使用了内平开内倒开启的设计，窗框和窗扇之间设置了三道密封，每一个开启窗都设置有两个锁点。在对外窗进行安装时，采用了外挂安装的方式，要求窗框内表面能够与结构的外表面齐平，这样能够有效减少安装热桥。窗框内侧设置有防水隔汽膜，外侧则利用防水透气膜做好密封处理。单元门选择低槛门，传热系数在1.0W/（m²·K）以内。玻璃同样选择三玻两腔Low-E惰性气体暖边玻璃。外门整体的气密性等级不低于8级，水密性等级不低于6级。在其内侧和外侧分别使用防水隔汽膜和防水透气膜进行密封处理[10]。

3.4　热桥处理

一是外窗位置的热桥处理。从削弱窗框和外墙之前热桥的角度，可以采用外挂安装的方式来对外窗进行安装，同时在外窗与墙体的连接位置，借助密封胶、防水透气膜等进行密封。二是空调板热桥处理。可以采用挑梁式结构，利用两根钢梁挑出，上方搭板，确保板与外墙完全隔离，降低线性热桥，还可以通过在钢梁周围实施保温喷涂的方式来削弱热桥的影响。三是女儿墙热桥处理。在屋面以2.5m为间隔，设置方柱来对女儿墙进行支撑，方柱之间的女儿墙底部需要挖空，与屋面完全断开，将原本的线热桥转变为点热桥，内侧和顶部设置保温层，檐口造型则需要使用保温材料进行制作。四是首层和地下层相邻楼板热桥处理。可以在楼板下侧设置厚度为200mm的岩棉板。在内外墙交接位置设置厚度为100mm的岩棉板，确保其能够沿墙体两侧向下延伸1m左右。首层外墙的基础位置可以通过粘贴挤塑板（厚度200mm）的方式来实现保温隔热，确保其深入地下至少1m。

3.5　气密性措施

在该工程中，外墙属于重质结构，在内侧设置有厚度为20mm的抹灰层，因此具备较好的气密性，不过预制墙板和现浇楼板之前若施工不当，可能会产生足以影响外墙气密性的缝隙，对此，施工人员应该利用气密胶带对缝隙进行封堵，同时在内侧设置防水隔汽膜。外墙使用两层气密膜做好密封处理，构建起连续的气密层，避免室内水蒸气从缝隙进入保温层。对于电气接线盒等设施，需要尽量安装在内墙，这样不会破坏围护结构的气密性，所有穿过维护结构的管道，如设备管线、热水器排烟管等，都必须做好气密性处理，于室内设置气密套管，外侧则可以粘贴防水透气膜。

3.6　新风系统

工程项目中，依照30m²/（h·人）的标准对新风量进行设计，新风机组的运动可以分为三档，分别是55%、80%和100%，配合全热回收装置，设备焓回收效率可以达到70%以上。设置具备较高效率的空气净化装置，在送风系统中设置了过滤等级为F7的过滤装置，排风系统中过滤装置的等级为G4。新风主机噪声为43dB，设置在吊顶中，在进风和排风管道上都设置了消声装置，能够将客厅、卧室的噪声减小到25dB以下，厨卫的噪声也不超过30dB。新风与空调系统采用了分户式的一体机。每户设置一个空调板。主机则被设置在厨房吊顶中，用户可以根据实际需求来对温度和新风进行自行控制。新风系统中，送回风的组织形式根据不同的区域设置了不同的方式。例如，卧室、起居室、餐厅等设置为只送不回，卫生间设置为只回不送，厨房则设置为不回不送。这样，新风在进入卧室等功能房间后，会通过门缝经过渡区，最终在卫生间统一排走。在对新风设备进行选择时，优先考虑了带有旁通功能的全热交换机，可以显著降低过渡季节的机械通风能耗。

4 结语

总而言之，在可持续发展理念不断深化的背景下，建筑行业节能降耗的重要性越发凸显，受到了社会各界的广泛关注。被动式超低能耗建筑能够借助被动设计来降低建筑使用过程中的能耗，其不需要使用复杂的设备，而且节能效果良好，具备相当明显的优势。将其应用到建筑工程设计中，能够有效地降低建筑能耗，推动建筑行业的绿色发展。

参考文献

［1］ 熊伟. 试析被动式超低能耗建筑设计的基础与实践运用［J］. 居舍，2020（14）：87.

［2］ 王远芳. 被动式超低能耗建筑设计基础和应用探究［J］. 建筑技术开发，2020，47（02）：153-154.

［3］ 宋敏，韩金玲. 被动式超低能耗建筑设计与应用研究［J］. 绿色环保建材，2019（11）：85.

［4］ 刘晓林. 被动式超低能耗建筑设计理论及工程应用探讨［J］. 工程建设与设计，2019（20）：25-26.

［5］ 田琪，丁沫，蒋航军. 被动式超低能耗建筑工程设计应用［J］. 建筑技艺，2019（10）：100-105.

［6］张延国. 被动式超低能耗建筑设计与应用［J］. 工程技术研究，2019，
4（15）：157-158.

［7］王丽纯. 被动式超低能耗建筑设计分析［J］. 山西建筑，2019，45
（14）：142-143.

［8］晋晶. 被动式超低能耗建筑设计与应用研究［J］. 城市住宅，2019，26
（06）：69-71.

［9］曹森，张建涛，陈先志.“界面—腔体”作为能量核心的被动式超低能
耗建筑设计实践——以五方科技馆为例［J］. 中外建筑，2019（01）：
159-162.

［10］韦干玉. 探究被动式超低能耗建筑设计的基础与应用［J］. 低碳世界，
2018（11）：185-186.

各地政策

各级政府部门鼓励政策汇集表
（2020.9～2021.6）

序号	文件	发布政府部门
1	关于支持被动式超低能耗建筑产业发展若干政策	唐山市人民政府
2	济南市鼓励提升城市建筑品质实施意见（意见征求稿）	济南市人民政府
3	绿色建筑创建行动实施方案	2020年共24个省住房和建设厅
4	关于加快推进绿色建筑、装配式建筑和被动式超低能耗建筑产业发展的实施意见	莱西市人民政府
5	天津市绿色建筑发展"十四五规划"	天津市住房和城乡建设委员会
6	绿色建筑创建行动实施方案	石家庄市住房和城乡建设局
7	关于积极扩大内需的若干措施	河北省人民政府办公厅
8	邢台市绿色建筑专项规划（2020-2035）	邢台市住房和城乡建设局
9	天津市绿色建筑创建行动实施方案	天津市住房和城乡建设委员会
10	征集河南省超低能耗建筑应用技术（产品）	河南省住房和城乡建设厅
11	岭南特色超低能耗建筑技术指南	广州市住房和城乡建设局
12	济南市绿色建筑常见行动实施计划	济南市住房和城乡建设局
13	关于推动本市超低能耗建筑发展的实施意见	上海市住房和城乡建设管理委员会
14	《被动式超低能耗建筑节能工程施工及验收标准》等四项河北省工程建设地方标准征求意见稿	河北省住房和城乡建设厅
15	邯郸市绿色建筑创建行动实施方案	邯郸市住房和城乡建设局
16	关于全面推进绿色建筑高质量发展的实施意见	济南市住房和城乡建设局
17	深圳市超低能耗建筑技术导则（征求意见稿）	深圳市住房和城乡建设局
18	蚌埠市零能耗（超低能耗）建筑发展专项规划（征求意见稿）	蚌埠市住房和城乡建设局
19	洛阳市关于加快落实大力发展装配式建筑支持政策的意见	洛阳市住房和城乡建设局
20	关于加快推进被动式超低能耗建筑发展的实施意见	衡水市住房和城乡建设局
21	河南省9市印发《绿色建筑创建行动实施方案》	南阳市、新乡市、三门峡市、鹤壁市、漯河市、周口市、驻马店市、平顶山市、洛阳市住房和城乡建设局
22	沧州市绿色建筑创建行动实施方案	沧州市住房和城乡建设局

续表

序号	文件	发布政府部门
23	超低能耗建筑节能工程施工技术规划（征求意见稿）	北京市市场监督管理局
24	上海市绿色发展行动指南（2020版公告）	上海市发展和改革委员会
25	江苏省超低能耗居住建筑技术导则（试行）	江苏省住房和城乡建设厅
26	绿色建筑专项规划	河北省石家庄市藁城区、邯郸市广平县、邯郸市馆陶县、保定市曲阳县住房和城乡建设局
27	关于推进保定市被动式超低能耗建筑施工评价工作的通知	保定市住房和城乡建设局
28	沧州市绿色建筑专项规划（2020–2025）	沧州市住房和城乡建设局
29	关于加强被动式超低能耗建筑管理工作的通知	保定市住房和城乡建设局
30	关于完善质量保障体系提升建筑工程品质的实施意见	北京市住房和城乡建设委员会等12部门
31	河南省绿色建筑发展条例（征求意见稿）	河南省住房和城乡建设厅
32	唐山市绿色建筑专项规划（2020–2025）	唐山市住房和城乡建设局
33	秦皇岛市绿色建筑创建行动实施方案	秦皇岛市住房和城乡建设局
34	关于加快推进绿色建筑产业发展的若干意见	廊坊市人民政府
35	深圳经济特区绿色建筑条例（草案征求意见稿）	深圳市人大常委会办公厅
36	关于全面推进绿色建筑高质量发展的实施意见	济南市人民政府
37	石家庄市鹿泉区绿色建筑专项规划（2020–2025年）	石家庄市鹿泉区住房和城乡建设局
38	深圳市工程建设领域绿色创新发展专项基金管理办法	深圳市住房和城乡建设局
39	关于加快推进崂山区绿色建筑和装配式建筑发展实施方案（试行）	青岛市崂山区住房和城乡建设局
40	保定市绿色建筑创建行动实施方案	保定市住房和城乡建设局
41	黄浦区建筑节能和绿色建筑示范项目专项扶持办法	上海市黄浦区建设和管理委员会
42	关于印发焦作市进一步推进装配式建筑发展实施方案	焦作市住房和城乡建设局
43	如何申报上海市超低能耗建筑项目	上海市住房和城乡建设管理委员会
44	关于推动被动式超低能耗建筑发展的实施意见	秦皇岛市人民政府办公室
45	深圳市住房和建设局关于公开征求《深圳市工程建设领域绿色创新发展专项资金管理实施细则（征求意见稿）》意见的通告	深圳市住房和城乡建设局

续表

序号	文件	发布政府部门
46	这些内容与低能耗建筑有关！"十四五"规划和2035年远景目标纲要发布	国务院
47	被动式超低能耗建筑可获得绿色建筑高质量发展支持政策	济南市住房和城乡建设局
48	关于征求《重庆市绿色建筑"十四五规划"（2021–2025）（征求意见稿）》意见的通知	重庆市住房和城乡建设委员会
49	2021年河北省建筑节能与科技工作要点——新开工被动式超低能耗建筑面积160万平方米	河北省住房和城乡建设厅
50	《南京市绿色建筑示范项目管理办法》的通知	南京市住房和城乡建设局
51	2021年各县（市、区）至少开展一个被动式超低能耗建设项目——沧州市住房和城乡建设局发布《2021年全市建筑节能与科技工作要点》	沧州市住房和城乡建设局
52	超低能耗建筑纳入高质量绿色发展项目库，提供更优质金融服务——关于印发《青岛市推进绿色建筑创建行动实施方案》的通知	青岛市住房和城乡建设局
53	新开工建设被动式超低能耗建筑面积20万平方米以上——关于印发《2021年全市建筑节能、绿色建筑与装配式建筑工作方案》的通知	石家庄市住房和城乡建设局
54	江苏省发布推进碳达峰目标下绿色城乡建设的指导意见	江苏省住房和城乡建设厅
55	绿色债券支持项目目录（2021年版）	人民银行
56	石家庄《关于支持被动式超低能耗建筑产业发展的若干措施》	石家庄市住房和城乡建设局
57	《关于推动我市绿色建筑、被动式超低能耗建筑和装配式建筑产业化发展的实施意见》	平度市住房和城乡建设局
58	内蒙古自治区开展被动式超低能耗建筑试点工作	内蒙古自治区人民政府办公厅
59	超低能耗建筑，单个项目资助金额上限为500万元——《深圳市关于加大财政扶持力度促进建筑领域绿色创新发展若干措施（征求意见稿）》	深圳市住房和城乡建设局
60	济南新旧动能转换起步区建设涉及超低能耗建筑——国家发展和改革委员会关于印发《济南新旧动能转换起步区建设实施方案》的通知	国家发展和改革委员会
61	点名！超低能耗建筑门窗、低能耗部品部件生产企业——天津市绿色建筑发展"十四五规划"	天津市住房和城乡建设委员会

序号	文件	发布政府部门
62	武汉市住房和城乡建设局关于组织申报建筑节能以奖代补资金示范项目的补充通知	武汉市住房和城乡建设局
63	河北省被动式超低能耗建筑产业项目资金支持最高1000万——关于印发《2021年河北省被动式超低能耗建筑产业发展项目资金申报指南》的通知	河北省工业和信息化厅
64	《2021年郑州市建筑节能与装配式建筑发展工作要点》的通知	郑州市住房和城乡建设局
65	住房和城乡建设部等15部门印发《关于加强县城绿色低碳建设的意见》	住房和城乡建设部
66	关于印发"十四五"公共机构节约能源资源工作规划的通知	国家机关事务管理局、国家发展和改革委员会
67	工业和信息化部办公厅关于开展2021年度绿色制造名单推荐工作的通知	工业和信息化部
68	发布《河南省超低能耗建筑节能工程施工及质量验收标准》	河南省住房和城乡建设厅
69	印发《大连市2021年被动式超低能耗建筑工作要点》的通知	大连市住房和城乡建设局、大连市发展和改革委员会
70	关于菏泽市绿色建筑创建行动的实施意见	菏泽市人民政府办公室
71	《山东省住房和城乡建设事业发展第十四个五年规划（2021-2025年）》印发实施	山东省住房和城乡建设厅
72	关于加强腾退空间和低效楼宇改造利用促进高精尖产业发展的工作方案（试行）	北京市发展和改革委员会
73	吉林省建筑节能奖补资金管理办法	吉林省住房和城乡建设厅
74	包头市加强建筑节能和发展绿色建筑工作方案的通知	包头市住房和城乡建设局
75	上海市2021年节能减排和应对气候变化重点工作安排	上海市发展和改革委员会
76	关于加快济南新旧动能转换起步区建设的意见	中共济南市委

北京市发展和改革委员会发布
关于加强腾退空间和低效楼宇改造利用促进
高精尖产业发展的工作方案（试行）

为落实城市更新有关要求，充分发挥政府投资引导作用，激发市场主体活力，推动腾退空间和低效楼宇改造利用升级、功能优化、提质增效，切实有效带动社会投资，进一步释放高精尖产业发展空间资源，促进产业高质量发展，根据本市城市更新相关文件及《关于推动减量发展若干激励政策措施》（京发改〔2019〕1863号）有关精神，特制定本试点工作方案。

一、基本原则

一是严格落实城市总体规划。以规划为标尺，加强引导和分类管控，高质量实施分区规划和控制性详细规划。

二是充分发挥市场主导作用。紧紧围绕高质量发展主题，发挥政府资金引导作用，有效调动市场主体积极性，鼓励引导各方力量参与，探索多元化改造升级模式。

三是加强改革创新。积极探索园区统筹更新改造方式，引导腾退低效楼宇和老旧厂房协同改造，打造产业园区更新组团，形成整体效应，同步推动审批模式创新。

四是坚持效果导向。优化空间结构布局，积极引进优质项目、优质企业，为高精尖产业落地提供空间资源供给，推进产业业态升级。

二、实施范围

在符合首都功能定位和规划前提下，鼓励项目实施单位通过自主、联营、租赁等方式对重点区域的腾退低效楼宇、老旧厂房等产业空间开展结构加固、绿色低碳改造、科技场景应用及内外部装修等投资改造，带动区域产业升级。市政府固定资产投资对于符合相关条件的项目给予支持。

（一）改造空间类型。1.腾退低效楼宇主要指整栋空置或正在使用但单位面积年区级税收低于200元/平方米，入驻率偏低的老办公楼、老商业设施等老旧楼宇，或现状功能定位、经营业态不符合城市发展功能需求的存量办公楼和商业设施。2.老旧厂房指由于疏解腾退、产业转型、功能调整以及不符合区域产业发展定位等原因，原生产无法继续实施的老旧工业厂房、仓储用房、特色工业遗址及相关存量设施。3.产业园区内配套基础设施。

（二）试点区域。先行在中心城区和城市副中心范围内开展。

（三）产业方向。改造后落地项目应当符合区域产业发展定位。重点支持以下业态：文化、金融、科技、商务、创新创业服务等现代服务业，新一代信息技术、先进制造等高精尖产业。

三、支持标准和资金拨付

（一）支持方式。分为投资补助和贷款贴息两种，对于符合条件的改造升级项目可以申请其中一种支持方式。

1.投资补助。腾退低效楼宇改造项目，按照固定资产投资总额10%的比例安排市政府固定资产投资补助资金，最高不超过5000万元。老旧厂房改造和产业园区内配套基础设施改造项目，按照固定资产投资总额30%的比例安排市政府固定资产投资补助资金，最高不超过5000万元。

2.贷款贴息。对于改造升级项目发生的银行贷款，可以按照基准利率给予不超过2年的贴息支持，总金额不超过5000万元。

（二）支持方向与申请条件。改造升级项目产权清晰、有明确项目意向及准入要求，项目建设方案中应当包含可再生能源应用可行性评价，并满足以下条件之一。

1.规模化改造。建筑规模超过3000平方米，对于由同一实施主体开展的同一区域内零星空间改造，总体规模达到上述标准的，可以打捆申报。

2.定制化改造。针对龙头企业、骨干企业或市政府确定的重点项目开展整体定制化改造，对重点企业、重大项目落地形成支撑的项目。

3.整合改造。将原来分散产权的腾退低效楼宇、老旧厂房通过转让收购集中为单一产权主体，具有较强示范带动作用的项目。

4. 园区统筹改造。对实施主体单一、连片实施、改造需求较大的区域，整体更新区域内楼宇、老旧厂房等各类产业空间以及道路、绿化等基础设施，构成若干区域性、功能性突出的产业园区更新组团，加快形成整体连片效果的项目。

5. 绿色低碳循环化改造。对建筑本体、照明、空调和供热系统实施节能低碳改造，使用光伏、热泵等可再生能源，积极打造超低能耗建筑。高标准建设垃圾分类设施，充分利用雨水资源，为绿色技术创新提供应用场景。

（三）资金拨付。为更好发挥政府资金引导带动作用，突出推动高质量发展，固定资产投资补助资金分两批拨付。第一批为项目资金申请报告批复后，拨付补助资金总额的70%。第二批为项目交付后一年内，经评估符合以下条件中2条及以上的（其中第1条为必选项），拨付剩余30%资金。

1. 项目改造后综合节能率达到15%及以上。具备可再生能源利用条件的项目，应有不少于全部屋面水平投影40%的面积安装太阳能光伏，供暖采用地源、再生水或空气源热泵等方式。

2. 入驻企业符合引导产业方向，且腾退低效楼宇项目改造后入驻率不低于80%，老旧厂房项目改造后入驻率不低于70%。

3. 落地市级重大产业项目、引入行业龙头企业或区政府认定对产业发展具有重大示范带动效应。

（四）项目申报。市发展改革委定期组织相关区发展改革委开展项目征集和申报工作，原则上每年2次，统一征集、集中办理。

（五）已通过其他渠道获得过市级财政资金支持的项目，原则上不再予以支持。

四、服务管理

（一）强化市区协同支持。鼓励各区通过租金补贴等方式对于市固定资产投资支持的腾退低效产业空间改造升级项目予以协同支持。

（二）严格项目管理。

1. 各区政府要统筹区内腾退低效产业空间资源，聚焦高质量发展和绿色发展，按照政策引导方向，严把业态准入，对申报支持的项目提出具体意见。

2. 各区发展改革委应当结合实际，加强项目属地管理，做好本地区腾退低效产业空间改造升级项目验收和监督等工作。

3. 市发展改革委依法对项目建设及资金使用情况进行事中事后监管，适时组织开展绩效评价等工作。

4. 项目实施单位要严格按照规定使用市政府固定资产补助资金，不得以政府资金分批拨付为由拖欠工程款及农民工工资。

（三）优化精准服务。各区发展改革委对腾退低效楼宇、老旧厂房等产业空间开展摸底和储备，建立资源台账和储备库。制定腾退低效产业空间招商地图，促进重大项目与空间资源精准匹配，加快项目对接落地。

（四）鼓励政策创新。各区政府结合本区实际改革创新，大胆尝试，探索腾退低效产业空间改造升级的新模式新路径。积极推动本市城市更新有关政策在区内对接落实，适应产业创新跨界融合发展趋势，探索建立灵活的产业空间管理机制，发展多层次、多样化的产业空间载体，支持实体经济发展。

（五）加强融资支持。鼓励金融机构创新服务，将腾退空间利用项目纳入授信审批快速通道，积极拓展贷款抵（质）押物范围，开发知识产权、应收账款等融资产品，支持腾退改造项目和高精尖产业发展。

附件：1. 关于支持腾退低效商务楼宇改造升级和楼宇配套设施改造提升的实施办法

2. 关于加强老旧厂房及设施改造推动产业高质量发展的实施办法

关于印发《河北省绿色建筑创建行动
实施方案》的通知

各市（含定州、辛集市）住房和城乡建设局（建设局）、发展改革委（局）、教育局、工业和信息化局，人民银行各市中心支行、石家庄各县（市）支行，各市机关事务管理局（服务中心），各银保监分局，雄安新区管委会规划建设局、改革发展局、公共服务局：

按照《住房和城乡建设部 国家发展改革委 教育部 工业和信息化部 人民银行 国管局 银保监会关于印发〈绿色建筑创建行动方案〉的通知》（建标〔2020〕65号）要求，省住房城乡建设厅、省发展改革委、省教育厅、省工业和信息化厅、人民银行石家庄中心支行、省机关事务管理局、河北银保监局共同研究制定了《河北省绿色建筑创建行动实施方案》，现印发给你们，请各地各有关部门结合实际，认真贯彻落实。

河北省住房和城乡建设厅　　　　　河北省发展和改革委员会
河北省教育厅　　　　　　　　　　河北省工业和信息化厅
中国人民银行石家庄中心支行　　　河北省机关事务管理局
　　　　　　　　　　　　　中国银行保险监督管理委员会
　　　　　　　　　　　　　　　　　　　　河北监管局
　　　　　　　　　　　　　　　　　　　2020年9月1日

河北省绿色建筑创建行动实施方案

为进一步推进绿色建筑发展，促进我省生态文明建设，根据住房和城乡建设部、国家发展改革委、教育部、工业和信息化部、人民银行、国管局、银保监会印发的《绿色建筑创建行动方案》，制定本实施方案。

一、总体要求

以习近平生态文明思想为指导，全面贯彻党的十九大和省委九届九次、十次会议精神，落实"创新、协调、绿色、开放、共享"的发展理念，深入推进绿色建筑发展，从完善政策、标准体系，健全建设管理机制，推动新技术、新材料、新工艺的建筑应用，推进新型建造方式等方面，全面开展绿色建筑创建行动，促进我省生态文明建设。

二、工作目标

2022年，全省城镇新建建筑中绿色建筑面积占比达到92%，建设被动式超低能耗建筑达到600万平方米，逐步提高城镇新建建筑中装配式建筑占比，推动绿色建材在新建建筑中的应用，星级绿色建筑持续增加，既有建筑能效水平不断提高，住宅健康性能不断完善，绿色住宅使用者监督全面推广，人民群众积极参与绿色建筑创建活动，形成崇尚绿色生活的社会氛围。

三、重点任务

（一）全力推进绿色建筑发展。继续深入贯彻落实《河北省促进绿色建筑发展条例》。加快编制绿色建筑专项规划，将绿色建筑专项规划相关内容纳入控制性详细规划，在建设用地规划条件中明确绿色建筑等级要求和控制指标。严格执行绿色建筑标准，在城市、镇总体规划确定的城镇建设用地范围内的新建民用建筑，全部按照绿色建筑标准进行建设。其中，政府投资或者以政府投资为主的建筑、建筑面积大于2万平方米的大型公共建筑、建筑面积大于10万平方米的住宅小区，按照高于最低等级的绿色建筑标准进行建设。

（二）完善绿色建筑标准体系。按照国家制修订的工程建设标准，制修订我省相关强制规范，将绿色建筑控制项要求列为强制性条款，提高建筑建设底线控制水平。制修订绿色建筑设计标准、验收标准、运行管理标准等，加强设计、施工和运行管理。完善工程建设定额标准，补充绿色建筑和被动式超低能耗建筑相关内容。支持制定绿色建筑相关团体标准和企业标准。

（三）大力发展被动式超低能耗建筑。落实省政府办公厅《关于支持被动式超低能耗建筑产业发展的若干政策》，加大被动式超低能耗建筑推广力度。以政府投资或以政府投资为主的办公、学校等公共建筑和集中建设的公租房、专家公寓、人才公寓等居住建筑，原则上按照被动式超低能耗建筑标准规划、建设和运行。2021年，石家庄、保定、唐山市分别新开工建设20万平方米，其他设区市分别新开工建设12万平方米，定州、辛集市2021年分别新开工建设2万平方米。2022年新开工建筑面积增速不低于10%。各市、县要加快被动式超低能耗建筑示范项目建设，以点带面，迅速形成规模化推广格局。

（四）加强绿色建筑评价标识管理。规范绿色建筑标识管理，按照住房和城乡建设部关于绿色建筑标识管理的相关要求，修订我省绿色建筑评价标识管理办法，明确各级住房和城乡建设部门的职责，规定组织管理、评价程序和监督管理等内容，改变由第三方评价机构进行绿色建筑标识评价的管理模式。由省、各设区市住房和城乡建设部门按照绿色建筑标识申报、审查、公示程序分别颁发二星、一星绿色建筑标识。建立标识撤销机制，对弄虚作假行为给予限期整改或直接撤销标识处理。完善我省绿色建筑评价系统，实现全国绿色建筑标识管理平台对接，提高绿色建筑标识工作效率和水平。鼓励新建和改造绿色建筑项目的建设单位、运营单位申请绿色建筑标识。

（五）整合资源提升建筑能效水平。各地加强协调，整合现有资源，在城镇老旧小区的完善、提升改造和北方地区冬季清洁取暖试点工作中，统筹实施既有居住建筑节能改造。继续推动国家机关、事业单位办公建筑及大型公共建筑定期开展能耗统计、能源审计、能效公示。各设区市加强市级能耗监测采集点的建设及平台的管理。探索公共建筑能耗（电耗）限额管理，促进用能单位主动实施节能改造。新建和改造住宅小区，要满足海绵城市建设相关标准，达到国家规定的雨水径流控制率指标要求。

（六）提高住宅健康性能。探索健康住宅建设试点示范，在符合住宅基本性能要求的基础上，突出健康要素，以居住健康的可持续发展的理念，满足居住者生理、心理和社会多层次的需求，为居住者建造健康、安全、舒适、环保的高品质住宅。结合疫情防控和本地实际，制定健康住宅相关技术标准，提高住宅建筑室内空气、水质、隔声等健康性能指标，提升绿色建筑品质和可感知性。选择有意愿的建设项目开展住宅健康性能示范，强化住宅健康性能设计要求，严格竣工验收管理，推动绿色健康技术应用。

（七）推进装配式建筑发展。大力发展装配式钢结构建筑，政府投资的单体建筑面积超过2万平方米的新建公共建筑率先采用钢结构，以唐山、沧州市为试点，推动钢结构装配式住宅发展。制定装配式混凝土建筑工程质量监督要点和京津冀协同标准《装配式建筑施工安全技术规范》，推进装配式混凝土建筑发展。编制《预制组合部件应用技术规程》《装配式钢结构建筑标准构件尺寸指南》，推动部品部件生产标准化。支持相关企业提高技术水平，打造装配式建筑产业基地。

（八）推动绿色建材应用。持续推进全省绿色建材评价认证工作，推动建材产品质量提升。建立绿色建材采信机制，利用互联网等信息技术，构建绿色建材产品公共服务系统，发布绿色建材评价认证等信息，畅通建筑工程绿色建材选用通道，实现产品质量可追溯。结合全省绿色建筑发展需要，以外墙保温材料、高性能节能门窗及密封材料、高性能混凝土、资源循环利用等建材产品为重点，指导各地在工程建设中优先选用绿色建材，提高绿色建材应用占比，加快绿色建材和绿色建筑产业化融合发展。

（九）加强技术研发推广。支持研发和推广与绿色建筑相关的新技术、新工艺、新材料、新设备、新服务。鼓励高等院校、科研机构和企业开展绿色建筑技术研发与应用示范，推动与绿色建筑发展相关的科技成果转化、公共技术服务平台和企业研发机构的建设。加强新一代信息技术与建筑工业化技术的结合，在建造全过程加大建筑信息模型（BIM）、互联网、物联网、大数据、云计算、移动通信、人工智能、区块链等新技术的集成与创新应用。探索数字化设计体系建设，统筹建筑结构、机电设备、部品部件、装配施工、装饰装修，推行一体化集成设计。探索以钢筋制作安装、模具安拆、混凝土浇筑、钢构件下料焊接、隔墙板加工等工厂生产关键工艺环节为重点的工艺流程数字化和建筑机器人应用。

（十）探索绿色住宅使用者监督机制。严格落实住房和城乡建设部关于绿色住宅购房人验房的相关要求，探索适合我省的向购房人提供房屋绿色性能和全装修质量验收的新方法，引导绿色住宅开发建设单位配合购房人做好验房工作。鼓励各市逐步将住宅绿色性能和全装修质量相关指标纳入商品房买卖合同、住宅质量保证书和住宅使用说明书，明确质量保修责任和纠纷处理方式。

（十一）加强绿色建筑过程监督管理。细化绿色建筑管理内容，重点对规划阶段、设计审查阶段、施工与验收阶段以及被动式超低能耗建筑后评估、装配式建筑预制构件节点连接等关键环节的管理内容予以明确。严格按照"双随机、一公开"监管工作要求开展监督检查，对存在违法违规行为的，依法依规对责任单位和责任人实施行政处罚。加强住房城乡建设行业信用体系建设，利用行业信用信息管理平台，发布不良行为信息记录，营造诚实守信的市场环境。

（十二）建立新建绿色建筑信息共享机制。理顺绿色建筑项目审批、项目监管，违法行为处罚的管理机制，建立信息统一平台，消除各主管部门之间、各建设管理环节之间的信息不对称，实现绿色建筑项目从立项到竣工验收的全过程信息共享，提高绿色建筑、被动式超低能耗建筑和装配式建筑全过程的监管质量。加强绿色建筑数据分析和应用，挖掘建筑能耗数据应用价值，提升绿色建筑决策和行业管理水平。

四、组织实施

（一）加强组织领导。充分认识绿色建筑创建活动的重要意义，把绿色建筑创建活动作为重要任务列入工作计划，精心组织，认真谋划。各市（含定州、辛集市）住房和城乡建设、发展改革、教育、工业和信息化、机关事务管理等部门，认真落实绿色建筑创建行动实施方案，制定本地区创建实施计划，细化目标任务，落实支持政策，确保创建工作落实到位。各市住房和城乡建设部门应于2020年9月底前将本地区绿色建筑创建行动实施计划报省住房和城乡建设厅。

（二）加强财政金融支持。各地住房和城乡建设部门加强与财政部门沟通，按照《条例》要求落实资金，重点支持研发和推广与绿色建筑相关的新技术、新工艺、新材料、新设备、新服务，支持高星级绿色建筑、被动式超低能耗建筑、既有建筑绿色改造等示范项目建设，支持推广装配式建筑、商品房全装修等建设方式。积极完善绿色金融支持绿色建筑的政策环境，鼓励银行等金融机构在依法合规、风险可控、商业可持续的前提下，积极创新金融产品和服务，推动绿色金融支持绿色建筑发展。

（三）强化绩效评价。省住房和城乡建设厅会同相关部门按照本方案，对各市绿色建筑创建行动工作落实情况和取得的成效开展年度总结评估。各市住房和城乡建设等部门负责组织本地区绿色建筑创建成效评价，及时总结当年进展情况和成效，形成年度报告，并于每年11月底前报省住房和城乡建设厅。

（四）加大宣传力度。充分利用广播、电视、报刊等传统新闻媒体及网络等新兴媒体资源，广泛宣传绿色建筑发展的重要意义及政策措施，普及绿色建筑发展理念，科普绿色建筑相关知识。组织绿色建筑和被动式超低能耗建筑技术、材料等现场展会和网上直播等活动，让群众对绿色建筑有切身感受，增加社会认同，形成全社会支持绿色建筑发展的良好氛围。

内蒙古自治区人民政府办公厅关于
加强建筑节能和绿色建筑发展的实施意见

各盟行政公署、市人民政府，自治区各委、办、厅、局，各大企业、事业单位：

为贯彻实施《内蒙古自治区民用建筑节能和绿色建筑发展条例》，进一步加强全区建筑节能管理，推动绿色建筑高质量发展，经自治区人民政府同意，现提出如下意见。

一、总体要求

（一）指导思想。以习近平新时代中国特色社会主义思想为指导，全面贯彻党的十九大和十九届二中、三中、四中、五中全会精神，认真落实习近平总书记对内蒙古重要讲话重要指示批示精神，坚持以绿色、低碳与可持续发展为主线，以完善政策体系、规范市场行为、强化技术支撑为手段，全面落实建筑节能和绿色建筑发展目标，进一步做好全区住房和城乡建设领域能耗"双控"工作，减少资源能源消耗，提升人居环境品质，为自治区生态文明建设提供有力支撑。

（二）基本原则。

——依法推进，规范管理。按照《内蒙古自治区民用建筑节能和绿色建筑发展条例》要求，健全政策体系、管理体系、技术体系，发挥各部门协调推进机制，提高建筑节能和绿色建筑科学化管理水平。

——突出重点，全面推进。以发展绿色建筑为主线，重点抓好建筑能效提升、绿色建材推广、装配式建筑发展、既有建筑节能改造、可再生能源应用、建筑保温结构一体化应用、被动式超低能耗建筑发展和绿色施工等工作。

——因地制宜，分类指导。结合自治区经济社会发展水平、资源气候条件和生产生活方式，有序落实建筑节能和绿色建筑发展目标和策略，满足人民群众对美好人居环境的需要。

——技术引领，创新驱动。提高科技创新能力，推动"四新技术"（新技术、新工艺、新材料、新产品）应用，加快淘汰落后技术和产品，实现全区住房和城乡建设领域能耗"双控"目标。

（三）主要目标。2022年，全区城镇绿色建筑占新建建筑比例达到60%；装配式建筑占比力争达到15%；各盟市应开展被动式超低能耗建筑试点工作；完成既有居住建筑节能改造500万平方米，绿色建材应用面积达到700万平方米；建筑保温结构一体化项目占新建建筑比例达到10%；可再生能源在民用建筑中应用比例达到10%。到2025年，全区城镇新建建筑全面执行绿色建筑标准，绿色生态城区、绿色生态小区建设不断推进，星级绿色建筑占新建建筑比例突破30%；装配式建筑面积占比力争达到30%；既有居住建筑节能改造1000万平方米，公共建筑能效提升不断深入；绿色建材推广面积达到1000万平方米，建筑保温结构一体化项目占比达到30%以上，可再生能源在民用建筑中应用比例达到30%。

二、重点任务

（一）加强新建建筑能效提升。

1. 严格执行建筑节能强制性标准。城镇新建建筑全面执行《居住建筑节能设计标准》（DBJ03-35-2019）和《公共建筑节能设计标准》（DBJ03-27-2017），重点提高建筑门窗、外墙保温等关键部位部品节能性能，加强设计、审图、施工、检测、监理、竣工验收等环节节能质量管理，鼓励执行更高标准的近零能耗、零能耗建筑标准。（自治区住房和城乡建设厅，各盟行政公署、市人民政府负责。以下均需各盟行政公署、市人民政府负责，不再列出）

2. 稳步推进被动式超低能耗建筑发展。编制被动式超低能耗、近零能耗相关设计、材料应用技术指南和施工技术规程、图集，完善技术标准体系。做好被动式超低能耗、近零能耗技术研究和集成创新，提高产业供给和技术水平。开展被动式超低能耗建筑、近零能耗建筑试点示范，不断推进被动式超低能耗、近零能耗建筑发展。（自治区住房和城乡建设厅、发展改革委、自然资源厅负责）

3. 健全建筑节能监管体系。完善能效测评管理制度，加强能效测评机构能力建设，推进标识信息公开。强化公共建筑能效管理，推进机关办公建筑和大型公共建筑安装节能监测系统，有条件的地区扩展到其他公共建筑、居住建筑，实现建筑用能分类、分项计量。建立公共建筑合理用能、能耗限额、分类建筑用能标杆等制度。推进能耗统计、能源审计、能耗在线监测、能效公示等工作，强化建筑运行阶段能效管理。（自治区发展改革委、住房和城乡建设厅、教育厅、卫生健康委、商务厅、机关事务管理局负责）

4. 引导农村牧区住房执行建筑节能标准。鼓励政府投资的农村牧区公共建筑、各类农村牧区房屋建设示范项目选用绿色节能技术，推进农村牧区居住建筑按照《农村牧区居住建筑节能设计标准》（DBJ03-78-2017）设计和建造。加强城乡接合部既有建筑节能改造和新建建筑能效提升。开展绿色农房建设。推广清洁取暖，引导农村牧区建筑用能清洁化、无煤化，改善室内居住环境，降低常规能源消耗。（自治区住房和城乡建设厅、生态环境厅负责）

（二）推进绿色建筑规模化发展。

1. 扩大绿色建筑标准的执行范围。推动绿色建筑由单体、组团向小区化、区域化发展，加强绿色生态小区建设，呼和浩特市、包头市新建建筑全面执行绿色建筑标准，鼓励其他地区扩大绿色建筑实施范围。推动各地区制定绿色生态城区发展规划，完善政策体系，创新体制机制，积极创建绿色生态城区。（自治区住房和城乡建设厅、发展改革委、自然资源厅、生态环境厅、交通运输厅负责）

2. 发展高星级绿色建筑。《内蒙古自治区民用建筑节能和绿色建筑发展条例》确定的"四类"民用建筑按照一星级以上绿色建筑标准设计建造。推广建筑、结构、机电、装修等专业协同及设计、生产、采购全过程统筹的绿色建筑技术集成应用，鼓励其他房地产开发项目建设高星级绿色建筑，集中连片建设一批星级绿色建筑、绿色生态小区。实施绿色建筑标识分级管理，分别由住房和城乡建设部、自治区住房和城乡建设厅、各盟市住房和城乡建设局授予三星、二星、一星绿色建筑标识。（自治区发展改革委、自然资源厅、住房和城乡建设厅负责）

3. 建立绿色住宅使用者监督机制。认真落实住房和城乡建设部《绿色住宅购房人验房指南》和绿色住宅使用者监督工作要求，引导绿色住宅开发建设单位配合购房人做好验房工作。鼓励各地区将住宅绿色性能和全装修质量相关指标纳入商品房买卖合同、住宅质量保证书和住宅使用说明书，明确质量保修责任和纠纷处理方式。推动一批住宅健康示范项目，强化住宅健康性能设计要求，严格竣工验收管理，保障绿色健康住宅品质。（自治区住房和城乡建设厅负责）

（三）推动建筑工业化发展。

1. 持续发展装配式建筑。建立以预制标准部品为基础的专业化、规模化、信息化生产体系，引导装配式建筑产业科学合理布局，加快装配式建筑产业基地和项目建设。装配式混凝土结构项目宜先采用预制内外墙板、楼板、楼梯等部件，再逐步发展到应用竖向构件，不断提高装配率水平。推进保障性住房、办公楼、医院、学校、科技馆、体育馆等各类民用建筑应用装配式钢结构，引导开发商建设装配式钢结构住宅。对旅游景区、园林景观、自驾游客栈及度假区等区域的新建建筑，因地制宜发展现代装配式木结构。（自治区住房和城乡建设厅、发展改革委、工业和信息化厅、自然资源厅、文化和旅游厅负责）

2. 积极推行住宅全装修。推进住宅全装修项目实行工程总承包方式，实现设计、采购、施工一体化。推行菜单式装修，满足个性化需求。推进干式工法楼（地）面、集成厨房、集成卫生间、管线等采用装配式装修安装建造。加大对住宅全装修的监督检查力度，加强销售管控，提高成品住宅装修、环保和室内环境品质。各地区中心城区范围内的新建住宅应推行建筑全装修，实现成品房交易；其他区域内的新建住宅应明确全装修和成品交房的实施范围和时间，推动住宅全装修全覆盖。（自治区住房和城乡建设厅负责）

（四）稳步推进既有建筑节能改造。

1. 持续推进既有居住建筑节能改造工作。结合城市双修、清洁取暖、城镇老旧小区改造等，积极推广财政性资金引导、业主单位和供热企业为主体、管线单位共建、住宅维修基金补充、受益居民参与的多元筹资的既有居住建筑节能改造模式。鼓励既有居住建筑开展绿色化改造。（自治区住房和城乡建设厅、财政厅负责）

2. 扎实开展公共建筑节能改造。强化公共建筑用能管理，推进产融合作和金融创新服务。机关办公建筑、政府投资的公共建筑和公益性建筑应当率先进行节能改造，鼓励采用购买服务方式实施节能运行管理，按照合同能源管理模式支付给节能服务公司的支出视同能源费用支出。开展公共建筑能效提升重点城市建设，呼和浩特市、包头市要加大公共建筑节能改造力度，完善运行管理制度，推广合同能源管理与合同节水管理，其他盟市要积极推动公共建筑节能改造工作。（自治区住房和城乡建设厅、财政厅、教育厅、卫生健康委、商务厅、文化和旅游厅、机关事务管理局，内蒙古银保监局负责）

（五）加强绿色建材推广应用。

1. 强化绿色建材推广应用。大力发展高强钢筋、高性能混凝土、高性能砌体材料、保温结构一体化墙板等绿色建材，培育绿色建材示范产品和示范企业。推进实施绿色建材产品认证制度，加强绿色建材产品生产、认证、采信应用等监督管理。健全绿色建材市场体系，提升绿色建材产品质量，增加绿色建材产品供给，引导绿色产品消费，促进建材工业和建筑业转型升级。推动绿色建筑、保障性住房等政府投资或使用财政资金的建设项目，以及2万平方米以上的公共建筑、5万平方米以上的居住建筑项目，率先采用获得认证的绿色建材产品。（自治区市场监管局、工业和信息化厅、住房和城乡建设厅负责）

2. 推行建筑保温结构一体化。制定建筑保温结构一体化技术推广工作方案，抓好一体化生产基地建设，引导生产企业研发、引进一体化技术，提高工艺装备水平，完善质量保证体系，保障一体化技术产品质量和市场供应。开展一体化技术的筛选工作，建立完善的技术支撑体系。推进全区保障性住房、绿色建筑、政府投资的公共建筑和公益性建筑采用一体化技术。呼和浩特市、包头市、兴安盟新建建筑率先采用一体化技术，其他盟市逐步推开。（自治区住房和城乡建设厅、工业和信息化厅、自然资源厅负责）

3. 加强"四新"技术推广应用。推广使用建筑节能和绿色建筑新技术、新工艺、新材料、新产品，及时更新公布推广限制禁止使用技术目录。因地制宜推广自然采光、通风、雨水收集、中水利用、节水、隔声等成熟技术产品，鼓励利用建筑垃圾、煤矸石、粉煤灰、炉渣、尾矿等固体废物为原料生产墙体材料。（自治区住房和城乡建设厅、发展改革委、工业和信息化厅负责）

（六）扩大可再生能源建筑应用规模。加强可再生能源建筑应用。因地制宜推进太阳能、浅层地热能、空气能等新能源在建筑中的应用，减少民用建筑常规能源使用。加强可再生能源建筑应用工程的规划、设计、施工、验收、运行等环节管理。大力发展太阳能热水建筑一体化系统，推动12层以下居住建筑和医院、学校、宾馆、游泳池、公共浴室等公共建筑采用太阳能光热建筑一体化技术。在城镇建筑中推广太阳能光伏分布式、一体化应用，实

现就地生产和消纳。（自治区住房和城乡建设厅、发展改革委、自然资源厅、能源局负责）

（七）推进绿色施工。推进绿色施工和安全文明施工。开展绿色施工工程示范，通过科学管理和采用先进技术，加强施工扬尘治理、节水降耗、渣土运输、噪声污染、可拆卸循环利用等方面的管控，落实"四节一环保"（节能、节地、节水、节材和环境保护）要求，最大限度节能降耗，提升建筑工地绿色施工和环保治理水平。（自治区住房和城乡建设厅、生态环境厅负责）

（八）加强科技创新。推进科技创新和产业化发展。建立由企业为主体、市场为导向、产学研用一体化的技术创新体系。加大建筑节能和绿色建筑共性和关键技术研发及应用，支持符合条件的地区和企业组建技术创新中心、工程建设研究中心、重点实验室，推动建设领域科技创新项目、技术、材料、设备等列入全区科技计划支持领域。积极引进、消化、吸收建筑节能和绿色建筑先进技术，发展符合本地区实际的成套产品和新技术，推动先进成熟技术产品的产业化进程。（自治区科技厅、发展改革委、财政厅、住房和城乡建设厅、内蒙古税务局负责）

三、保障措施

（一）加强组织领导。建立自治区建筑节能和绿色建筑发展厅际联席会议制度，联席会议办公室设在自治区住房和城乡建设厅，统筹推进建筑节能和绿色建筑发展工作。各盟市要在本意见下发后6个月内，制定配套政策措施，细化目标任务，明确责任单位，落实支持政策，指导所辖旗县（市、区）健全责任机制，形成齐抓共管的工作格局。（自治区住房和城乡建设厅等各有关部门负责）

（二）加强建设工程全过程监管。按照《内蒙古自治区民用建筑节能和绿色建筑发展条例》等有关要求，完善民用建筑立项、规划、用地、设计、审图、施工、检测、验收、评价等全过程监管机制，落实开发建设、勘察设计、施工图审查、施工、监理等工程建设各方主体执行建筑节能和绿色建筑相关法规政策、标准规范的责任。各级住房和城乡建设主管部门要在工程建设实施阶段将建筑节能和绿色建筑发展要求纳入工程建设管理程序，严把施工图审查、施工许可、竣工验收备案等关键环节，按照"双随机、一公开"

和"互联网+监管"模式，采取日常检查和抽查抽测相结合的检查方式，重点检查各方主体执行建筑节能和绿色建筑相关标准、建筑节能和绿色建筑设计专篇、施工图设计文件审查质量、专项施工技术方案、专项监理细则等编审和执行情况，加强对各方主体落实建筑节能和绿色建筑质量行为的监督管理，确保各项要求落到实处。（自治区住房和城乡建设厅、发展改革委、自然资源厅、市场监管局负责）

（三）完善激励机制。结合节能减排、产业发展、科技创新、污染防治等方面政策，重点加大对被动式超低能耗和近零能耗建筑、绿色生态城区、星级绿色建筑、装配式建筑、可再生能源应用、既有建筑节能改造、固废资源化利用、合同能源管理项目、科研项目、基础能力建设等的支持力度。落实税费优惠政策，对高新技术企业或资源综合利用的装配式、绿色建材、建筑保温结构一体化等生产企业，按照国家和自治区有关规定享受税费减免；持续落实绿色建筑评价标识项目享受税费减免和评优创先政策。完善对绿色建筑、装配式建筑、被动式超低能耗建筑的金融服务，支持金融机构在符合房地产调控政策前提下，对购买者给予贷款金额或利率优惠，推动绿色金融支持建筑节能和绿色建筑发展，用好国家绿色发展基金，在公共服务领域鼓励采用政府和社会资本合作（PPP）方式推进工作。（自治区发展改革委、科技厅、工业和信息化厅、财政厅、住房和城乡建设厅、能源局、内蒙古税务局、人民银行呼和浩特中心支行、内蒙古银保监局负责）

（四）强化绩效考核。各盟行政公署、市人民政府是本地区推进建筑节能和绿色建筑发展的第一责任主体，各盟市住房和城乡建设局是落实主体责任的第一承担部门，要按照大气污染防治、能耗"双控"、生态文明建设责任目标考核等对建筑节能和绿色建筑发展的要求，健全工作机制，完善政策措施，明确责任分工，加大推进力度，加强监督检查，做好宣传教育，确保各项目标任务落实落细；要及时总结工作进展和成效，形成年度报告，每年年底前报自治区住房和城乡建设厅。自治区住房和城乡建设厅将会同有关部门，适时对各地区进行动态指导、监督考核和成效评估。（自治区住房和城乡建设厅、发展改革委、工业和信息化厅、财政厅、生态环境厅、自然资源厅等部门负责）

2021年4月15日

（此件公开发布）

上海市关于印发《关于推进本市超低能耗建筑发展的实施意见》的通知

沪建建材联〔2020〕541号

关于印发《关于推进本市超低能耗建筑发展的实施意见》的通知

各有关单位：

为进一步推进建筑高质量发展，提高建筑健康舒适水平和能源资源利用效率，市住房和城乡建设管理委、市规划资源局制定了《关于推进本市超低能耗建筑发展的实施意见》，现印发给你们，请遵照执行。

二〇二〇年十月三十日

关于推进本市超低能耗建筑发展的实施意见

为进一步推进建筑高质量发展，提高建筑健康舒适水平和能源资源利用效率，推进生态文明建设，根据住房和城乡建设部等七部委《关于印发绿色建筑创建行动方案的通知》（建标〔2020〕65号）和市委、市政府《关于深入贯彻落实中央城市工作会议精神，进一步加强本市城市规划建设管理工作的实施意见》《关于深入贯彻落实"人民城市人民建，人民城市为人民"重要理念，谱写新时代人民城市新篇章的意见》等文件要求，为推进本市超低能耗建筑发展，制定本实施意见。

一、指导思想

以习近平新时代中国特色社会主义思想为指导，全面贯彻党的十九大精神，坚持"五位一体"总体布局和"四个全面"战略布局，落实创新、协调、绿色、开放、共享的发展理念和"人民城市人民建，人民城市为人民"的重要理念，促进城市建设向绿色、循环、低碳发展转型。推广超低能耗建筑，为人民群众提供健康舒适、节能低碳的高品质建筑，为上海建设生态之城打下坚实基础。

二、工作目标

大力推进本市超低能耗建筑发展，到2025年底，全市累计落实超低能耗建筑不低于50万平方米，形成系统的超低能耗建筑政策和技术体系，打造一批超低能耗建筑示范项目。实现超低能耗建筑向标准化、规模化、系列化方向发展。

三、工作原则

坚持政府引导。在政府投资项目和自贸试验区新片区、长三角生态绿色一体化发展示范区、虹桥商务区、崇明生态岛、绿色生态城区等区域内大力推广超低能耗建筑建设。

坚持市场主导。充分发挥市场在资源配置中的决定性作用，强化政府统筹协调和政策引导，广泛调动企业和社会公众参与的积极性。利用经济杠杆，通过市场化运作，撬动超低能耗建筑发展。

坚持集成创新。借鉴国外超低能耗建筑技术成果，吸收国内超低能耗建筑经验，结合本市功能定位、气候条件和资源禀赋，通过集成和创新，形成一套可复制、可推广、可持续的超低能耗建筑建设经验。

坚持产业联动。加强组织领导和部门协调，实施目标管理，并宣传引导房地产开发企业、科研单位、材料设备生产厂家、物业及能源管理单位等积极参与，培育超低能耗建筑市场健康、有序发展。

四、主要任务

（一）推动项目落地，建设示范工程。自贸试验区新片区、长三角生态绿色一体化发展示范区、虹桥商务区、崇明生态岛和绿色生态城区等区域内项目应优先采用超低能耗建筑。各区和特定地区管委会建设行政主管部门要充分根据区域特点，每年至少落实一至两个超低能耗建筑项目，做好示范引领。

（二）完善标准化体系，推动超低能耗建筑规模化发展。结合本市气候区特点，编制相关的技术标准、导则及图集，形成完善的超低能耗建筑技术应用标准体系。

（三）加强超低能耗建筑技术研究和集成创新，增强自主保障能力。鼓励开展超低能耗建筑相关技术和产品的研发，开展一批新技术、新材料、新设备、新工艺研究项目，通过资源整合、开放共享，不断提升自主创新能力，增强自主保障能力，降低建设成本，逐渐形成超低能耗建筑发展的全产业链体系。

五、政策支持

（一）财政支持。本市对符合相关要求的超低能耗建筑示范项目，给予财政补贴，具体按照相关扶持政策执行。

（二）容积率计算。超低能耗建筑项目符合本市相关技术要求并经审核通过的，其外墙面积可不计入容积率，但其建筑面积最高不应超过总计容建筑面积的3%；采用外墙保温一体化（仅采用内保温一体化的除外）的建筑项目符合本市相关技术要求并经审核通过的，其外墙保温层面积可不计入容积率，但其建筑面积最高不应超过总计容建筑面积的1%。

具体按照下表执行。

容积率计算类型	符合《上海市超低能耗建筑技术导则（试行）》（沪建建材〔2019〕157号）要求，同时外墙平均传热系数≤0.4W/（$m^2 \cdot K$）且采用外墙保温一体化的超低能耗建筑项目	符合本市建筑外墙保温一体化技术目录要求的其他采用外墙保温一体化的建筑项目
不计容外墙或外墙保温层面积不应超过总计容建筑面积的比例	3%	1%

规划资源部门在建筑工程设计方案审查阶段就超低能耗建筑认定情况征询市住房和城乡建设管理部门意见。申请容积率计算的超低能耗建筑项目和外墙保温一体化建筑项目，建设单位应在建筑工程设计方案审查之前向市住房和城乡建设管理部门提交项目专项技术方案等申请资料。市住房和城乡建设管理部门组织对项目进行评估，并根据评估结果向建设单位出具项目认定

意见。建设单位依据市住房和城乡建设管理部门出具的认定意见,在建筑工程设计方案审查阶段向规划资源部门申请核定建筑面积。

(三)鼓励尚未开工的项目采用超低能耗建筑。已办理规划、土地等手续,尚未开工建设的项目,改建超低能耗建筑的,同等享受相关优惠政策,规划资源、建设管理等部门配合办理变更手续。

六、项目审核

超低能耗建筑项目竣工后,建设单位应在申请办理综合竣工验收之前向市住房和城乡建设管理部门提交项目专项检测报告等超低能耗建筑项目审核资料。市住房和城乡建设管理部门组织对超低能耗建筑项目进行评价,并根据评价结果向建设单位出具审核意见。相关项目综合竣工验收备案材料中应包括超低能耗建筑和建筑外墙保温一体化内容。

七、保障措施

(一)加强组织领导,明确职责分工

市住房和城乡建设管理、规划资源等行政主管部门建立推进发展超低能耗建筑工作机制,负责本市超低能耗建筑发展的统筹协调工作。

市住房和城乡建设管理部门负责超低能耗建筑的监督管理工作,指导各区建设管理部门开展超低能耗建筑推广工作;制定本市超低能耗建筑项目管理规定,开展超低能耗建筑评价认证,组织发布本市建筑外墙保温一体化技术目录。市规划资源部门负责指导各区规划资源部门,根据市住房和城乡建设管理部门超低能耗建筑项目和外墙保温一体化建筑项目认定意见,审定建筑工程设计方案。各区建设管理部门负责本辖区内超低能耗建筑的推广和监督管理以及项目的组织实施。

(二)加大监管力度,实施全过程监督

各有关部门要加强超低能耗建筑立项、土地出让、设计、施工、监理、质量监督、运行等各环节的监管,建立超低能耗建筑建设全过程闭合管理体系。加强施工图设计审查,将属于超低能耗建筑的房屋在施工图中作出明确标记,并加强施工全过程检查和工程验收,确保超低能耗建筑质量。对于项目审核不通过的超低能耗建筑项目，取消财政和容积率计算的支持，项目应按照实际计容面积补缴土地出让金，并取消项目建设单位、咨询单位及其法人申报本市超低能耗建筑项目相关政策支持的资格。

（三）广泛深入宣传，组织专业培训

各有关部门要通过多种渠道，积极宣传超低能耗建筑优势、政策措施、典型案例和先进经验，增强公众对超低能耗建筑和相关技术、产品的认知和接受度。加强对开发、设计、施工、监理人员相关业务的培训，提高从业人员技术和管理水平，在本市营造推广超低能耗建筑的良好氛围。

本意见自印发之日起施行，《关于推进本市装配式建筑发展的实施意见》（沪建管联〔2014〕901号）同时废止。

江苏省发布推进碳达峰目标下
绿色城乡建设的指导意见

省住房和城乡建设厅关于推进碳达峰目标下
绿色城乡建设的指导意见

苏建办〔2021〕66号

各设区市住房和城乡建设局（建委、房产局）、城管局，南京、无锡、苏州、南通市园林（市政）局，南京、徐州、苏州市水务局：

为深入贯彻落实习近平总书记关于碳达峰、碳中和的重要指示要求以及对住房城乡建设工作的一系列重要指示精神，全面推动全省城乡建设向绿色、低碳方向转型，致力美丽江苏建设，结合我省工作实际，现提出如下意见。

一、充分认识重要意义

习近平总书记多次强调，实现碳达峰、碳中和是一场广泛而深刻的经济社会系统性变革，要采取更加有力的政策和措施，二氧化碳排放力争于2030年前达到峰值，努力争取2060年前实现碳中和。住房和城乡建设领域涵盖范围广泛，涉及行业多，产业链长，推进绿色城乡建设将对全省碳排放达峰作出积极贡献。近年来，全省积极推动住房城乡建设领域转型发展、绿色发展、低碳发展，取得了积极成效，但是快速城镇化时期形成的大规模建设、大体量消耗的方式尚未得到根本改变。进入新发展阶段，坚定不移走绿色城乡建设之路，推动实现碳达峰、碳中和目标，是全省住房城乡建设高质量发展的必由之路，具有重要的现实意义。全省各级住房和城乡建设主管部门要立足新发展阶段，在2009年省委省政府部署实施的节约型城乡建设行动的基础上，主动对标碳达峰、碳中和目标要求，将绿色发展理念融入住房城乡建设领域各项重点工作，与贯彻落实新时期建筑方针相结合，与推动绿色建筑和建筑产业现代化相结合，与推进美丽宜居城市建设和美丽田园乡村建设相结合，着力构建全省住房城乡建设领域新发展格局。

二、准确把握总体要求

（一）指导思想。以习近平新时代中国特色社会主义思想为指导，深入贯彻党的十九大和十九届二中、三中、四中、五中全会精神，按照党中央、国务院以及省委、省政府决策部署，立足新发展阶段，贯彻新发展理念，构建新发展格局，围绕碳达峰、碳中和目标，大力推动绿色低碳发展，持续推进住房城乡建设领域节能减排、低碳发展、环境友好、绿色生态，推动全省绿色城乡建设不断迈上新台阶。

（二）基本原则

以人为本，民生共享。坚持以人民为中心的发展思想，将推动碳达峰与提高人民生活质量紧密结合，建设高品质绿色建筑、打造绿色低碳居住社区、创建美丽宜居城市、营造绿色乡村，推动人民群众广泛参与，倡导绿色生活方式，增进人民福祉，让人民群众在城乡建设绿色发展中有更多获得感、幸福感、安全感。

系统谋划，整体推进。坚持系统化思维，加强前瞻性思考，注重全局性谋划，结合省委、省政府碳达峰行动方案，将碳达峰目标要求纳入住房城乡建设领域整体布局，强化各条线多目标协同，加快形成完善的政策支持体系，全面推进绿色城乡建设。

突出重点，久久为功。以城镇为重点，兼顾农村地区，着力控制住房城乡建设领域能源消费总量，增加绿地碳汇能力，提高能源利用效率。坚持从现在做起，从我做起，注重思维创新、方法创新、技术创新，持续发力，久久为功，推动尽早实现碳达峰和碳中和。

（三）总体目标。到2025年，全省绿色建筑规模总量保持全国最大，建筑碳排放强度力争全国最低；全省住房城乡建设系统绿色发展理念深入人心，构建完整的贯穿设计、建造、运营、拆除建筑全生命周期，涉及房地产业、建筑业、市政设施、园林绿化、城市管理、村镇建设等各行业的绿色发展新格局。到2030年，全省绿色城乡建设取得重大成效，法规政策和技术标准体系更加完善，住房城乡建设领域完成碳达峰任务。

三、推动绿色建筑高质量发展

（四）提升绿色建筑品质。全面落实新版《绿色建筑设计标准》《住宅设计标准》《居住建筑热环境和节能设计标准》，提升建筑安全耐久、健康舒适、资源节约、智能智慧水平，提高建筑室内空气、水质、隔声等健康性能指标，持续提升绿色建筑质量。加强高品质绿色建筑项目建设，大力发展超低能耗、近零能耗、零能耗建筑，推动政府投资项目率先示范，持续开展绿色建筑示范区建设。到2025年，新建建筑全面按超低能耗标准设计建造，在2020年提高节能30%的基础上再提升30%，建成一批高品质绿色建筑项目，创建一批节能低碳、智慧宜居的绿色建筑示范区。

（五）推动既有建筑节能改造。深入开展机关办公建筑和大型公共建筑能源统计、审计和公示工作，分类制定公共建筑用能限额，探索实施基于限额指标的公共建筑用能管理制度，指导各地将既有建筑节能改造纳入"十四五"绿色建筑发展规划同步推进，对超过能耗限额的既有建筑进行改造。聚焦公共机构建筑，鼓励采用合同能源管理等市场化方式实施绿色节能改造，提升建筑能效。到2025年，建成一批既有建筑绿色节能改造能效提升项目。

（六）深化可再生能源建筑应用。深入挖掘建筑本体、周边区域的可再生能源应用潜力，推动太阳能光热、光电、浅层地热能、空气能、生物质能等新能源的综合利用，大力发展光伏瓦、光伏幕墙等建材型光伏技术在城镇建筑中一体化应用。积极推广热泵分散供暖，提高建筑电气化应用水平。到2025年，全省新增太阳能光电建筑一体化应用装机容量达500兆瓦，新增太阳能光热建筑应用面积5000万平方米，新增地热能建筑应用面积300万平方米，可再生能源替代常规建筑能源比例达到8%。

（七）倡导绿色设计。坚持设计引领，树立绿色低碳、经济合理、舒适自然、传承文化、彰显风貌的设计理念，将其贯穿项目建设全过程和全生命周期。积极采用自然通风、自然采光，创造良好的建筑微气候，注重水资源的循环利用，尽可能减少能源、资源消耗和对生态环境的影响。推广建筑信息模型（BIM）技术运用，推进绿色建筑设计主导下的多专业协同，推动建筑技术与艺术、科技与人文融合发展。到2025年，培养一批有行业影响力的绿色建筑设计人才，培育一批有影响力的绿色建筑设计企业。

（八）推进绿色施工。深入实施建筑垃圾减量化，探索建立工程项目绿色施工动态考核评价体系，到2025年，实现新建建筑施工现场建筑垃圾排放量每万平方米不高于300吨（不包括工程渣土、工程泥浆），绿色施工技术全面应用，大型项目全面达到国家规定的绿色施工评价优良标准。稳步发展装配式建筑，推广装配化装修，到2025年，装配式建筑占同期新开工建筑面积比达50%，装配化装修建筑占同期新开工成品住房面积比达30%。推进绿色建材产品认证和采信应用，鼓励相关认证机构及检验检测机构申请绿色建材产品认证资质，建立绿色建材采信应用工作机制，鼓励绿色建筑、装配式建筑优先采用绿色建材产品。

（九）加强绿色运营管理。建立绿色建筑标识项目运行数据上报制度，强化绿色建筑标识项目运行数据管理，引导物业管理企业开展绿色物业管理，提升建筑智慧运行管理水平。完善建筑能耗分项计量、监测和评估制度，开展绿色建筑运行评估，加强建筑能效测评工作，强化能效测评机构信用管理。指导各地定期更新维护建筑能耗监管平台，实现建筑能耗实时采集、实时监测，并及时公示披露重点用能建筑能耗信息。到2025年，各设区市市级运行管理平台全面升级完成。

四、打造绿色低碳居住社区

（十）推动既有居住区改善提升。将绿色、低碳等理念贯穿城镇老旧小区改造和美丽宜居住区建设全过程。推动有条件的老旧小区改造中同步实施建筑节能改造，积极运用海绵城市建设理念和方法，选用经济适用、绿色环保的工艺和材料，推广应用节能照明、节水器具、透水沥青等产品。充分整合零星碎地增设绿化场地、口袋公园，加强便民式绿地公园建设，提升既有住区生态效应。鼓励引入专业化物业管理服务，加强节能减排运营管理。

（十一）开展绿色社区创建行动。落实《住房和城乡建设部等部门关于印发绿色社区创建行动方案的通知》要求，建立健全社区人居环境建设和整治机制，推进基础设施绿色化，营造绿色宜人环境。加强部门统筹和协调，推动绿色发展理念贯穿社区设计、建设、管理和服务等全过程，以简约适度、绿色低碳的方式推进社区人居环境建设和整治，到2022年，绿色社区创建取得显著成效，力争60%以上的城市社区参与创建行动并达到要求。

（十二）加强居住社区智慧化管理。贯彻落实住房和城乡建设部等部门《关于推动物业服务企业加快发展线上线下生活服务的意见》《关于推动物业服务企业发展居家社区养老服务的意见》要求，推动智慧物业管理服务平台建设，支持与电商、科技、金融、快递等第三方平台互联互通，发挥物业服务企业连接居住社区内外桥梁作用，倡导居民绿色低碳生活、出行。建设智慧居住社区，推进智慧安防、智慧停车、智慧充电、智慧门禁（道闸）、智慧照明以及智慧物业服务等建设和升级。鼓励物业服务企业利用智慧物业服务的多种手段，积极探索绿色节能方案，降低物业管理服务成本，实现物业管理服务的绿色发展。

（十三）推进美丽宜居街区建设。推动住区街区联动提升，促进"围墙内私有空间"和"围墙外公共空间"融合，倡导"小街区、密路网"格局，综合考虑通风、日照等因素，优化建筑群体空间和建筑界面，改善街区微气候、降低热岛效应。丰富街区服务功能，鼓励设施复合利用、沿街业态混合布局，增补养老、托幼、文体、家政等生活服务设施，完善街区便民商业等服务业态，建设"一站式"生活服务综合体，构建"15分钟社区服务圈""5分钟便民生活圈"，引导居民就近出行减少碳排。倡导绿色交通出行，建立路网微循环，完善非机动车、行人交通系统及行人过街设施，营造街区步行和骑行环境，有效衔接公交站点布局，鼓励地上地下建设集约化停车设施，提倡分时共享停车，推动交通减碳。营造街区绿色空间，推进街区林荫路和绿道建设，串联公共活动空间。

五、推动城市建设绿色转型

（十四）大力实施城市更新行动。打造紧凑型、分布式、组团化空间结构，鼓励建立分组团相互独立又适度连通的能源、供水等生命线系统，优化组团间绿网绿廊布局，构建生物廊道，布局应急避难、灾害避险等场所，形成城市有机疏散格局。按照充分利用、功能更新原则，优先推进城市中心区、历史地段、滨水地区、老旧小区、工业地区等区域小规模、渐进式改造提升，促进空间缝合、功能织补。实施城市生态修复，有序推进城市受损山体、河湖湿地生态修复，保护城市山体自然风貌，恢复和保持河湖水系的自然连通和流动性。强化历史文化名城名镇保护利用，推动历史建筑和空间当代活化利用，在保持传统格局和历史风貌的基础上，实现历史文化资源绿色可持续发展。加强城市特色风貌塑造，通过精心设计、精益建造，提升城市更新品质，建设高品质建筑，营造高品质空间，避免未来不必要的改造。

（十五）推动市政基础设施绿色发展。加快城市绿色照明发展，在新（改、扩）建项目中全面应用高效光源，通过合同能源管理等手段加快推进现有低效高耗照明设施节能改造。积极推广单灯控制、分时分区控制等智慧照明控制技术，加快智慧灯杆应用。加强节水型城市建设，加大城市老旧供水管网改造力度，推进智慧化分区计量管理，城市供水管网漏损率控制在10%以内。积极推进城镇污水处理厂尾水生态湿地建设，提高出水生态安全性。加强城镇污水资源化利用，到2025年，城镇污水处理厂尾水再生利用率达到25%。强化供排水设施运行节能降耗，推广供排水设施光伏利用、污水源热能回收利用等技术应用，推动设施信息化、智能化改造，优化调整和精准控制设施运行工况。在市政道路建设中，大力推广应用建筑垃圾、道路废弃物等再生材料。因地制宜推进城市地下综合管廊建设。

（十六）系统化推进海绵城市建设。在城市建设活动中，优先保护好山水林田湖草生命共同体，夯实海绵城市的生态基底。建立完善工作推进机制，将海绵城市建设理念和要求贯穿工程建设全过程，加强与老旧小区改造、黑臭水体治理、排水防涝等工作的协同推进。统筹"绿色"和"灰色"基础设施建设，充分发挥城市绿地、水体、道路、建筑及设施等对雨水的吸纳、蓄渗和缓释、净化等作用。注重生态景观与海绵功能的统筹融合，合理运用透水铺装、雨水花园、下凹式绿地、植草沟等措施，强化场地内部与周边地块的竖向设计，合理构建雨水汇水分区和径流通道。加强典型项目示范引领，完善海绵设施养护管理制度，强化设施运行效果监测评估，提升海绵城市建设水平。

（十七）加强垃圾分类处置及资源化利用。推动垃圾减量化、资源化，持续完善城乡居民生活垃圾、餐厨废弃物、建筑垃圾、园林绿化废弃物等大分流处置，稳步推进城市居民生活垃圾细分类，加强科学管理，注重宣传引导，推动习惯养成，完善长效机制，构建分类投放、收集、运输、处理的全链条处置体系，到2025年，回收利用率达到35%以上。推行垃圾焚烧处理，减少垃圾填埋量，到2022年，城市生活垃圾实现"零填埋"。加强填埋场甲烷排放控制，减少无组织排放。鼓励采用协同处置工艺处理厨余（餐厨）垃圾，产生的沼气实现能源化利用。推进建筑（拆迁、装修）垃圾处置设施建设，推动资源化利用产品应用，到2025年，实现县以上城市建筑垃圾资源化利用全覆盖。推动园林绿化废弃物资源化利用，到2025年，利用率达到40%。

（十八）扎实推进生态园林城市建设。加强城市园林绿化建设，强化维护生态平衡、营造优美环境、节能固碳增汇等功能，注重绿地开放空间的系统性、完整性和生态性。保护和修复山水等生态资源，合理布局结构性绿地，织补拓展中小型绿地，建设生态廊道，推进水、路、绿网有机融合。加强城市生物多样性保护，广植乡土适生树种，推进复层绿化和自然群落式种植，推动垂直绿化，鼓励开展屋顶绿化，提高城市空间三维绿量，持续提升生态效益和碳汇总量。均衡公园绿地布局，提高可达性，完善服务设施，提升景观艺术水平，建设高品质的城市绿色客厅。完善林荫系统，建设城市绿道，有机串联绿地、居住区、公共服务设施、交通和慢行系统。到2025年，国家生态园林城市建设继续走在全国前列，省级生态园林城市覆盖每个设区市，城市建成区绿化覆盖率保持在40%以上，城市公园绿地十分钟服务圈覆盖率达到82%，城市绿地系统碳汇能力与固碳效能持续增强。

六、加强绿色乡村建设

（十九）推进绿色农房建设。按照安全适用、节能减碳、经济美观、健康舒适原则，持续提升农房设计水平和建造质量，改善农民群众住房条件。重点针对新建农房，研究完善绿色农房适宜技术路线，稳步提升农房节能标准，加强太阳能光伏、光热和生物质能等可再生能源推广应用，降低农民生活用电成本。结合地震易发区农房抗震加固工作，同步探索推动既有农房节能改造。引导农民不断减少煤炭、秸秆等传统能源使用，有效降低二氧化碳直接排放量。

（二十）推动绿色村庄建设。遵循城镇化规律和城乡融合发展趋势，依据镇村布局规划，引导各类资源优先向规划发展村庄投入，避免过程性建设浪费。加强村庄分类引导，集聚提升型和特色保护型村庄应注重保持富有传统意境的田园乡村景观格局，实现村庄与周边自然环境有机融合；规划新建型村庄应规模适度、尺度适宜、边界自然，避免建设行为的城市化、人工化和硬质化。鼓励回收利用废弃乡土建材和老物件，将村庄闲置建筑进行改造盘活利用。注重村庄绿化手法乡土自然，优先选择果蔬和本地适生植物。合理集约配置公共服务设施，采用线上线下多种方式满足村民生产生活需求。加强供水、排水、道路等市政设施配套建设绿色化，建立健全村庄环境长效管护机制。

（二十一）推动绿色小城镇建设。积极推进小城镇绿色发展，不断增强综合服务能力。充分利用原有地形地貌，保持山水脉络和自然风貌，采用自然适用且养护成本低的乡土树种进行绿化美化。根据小城镇的实际情况，科学确定建设规模和尺度，新建建筑应以多层为主，严控高层。采用集中与分散相结合方式布局公共设施，鼓励公共服务建筑复合使用，因地制宜使用太阳能、风能等可再生能源，提升能源使用效率。引导发展慢行系统，与公共活动场所、服务设施等配套有机衔接，鼓励采用公共自行车、电动车等低碳交通方式。

（二十二）推动农村生活垃圾减量化资源化。将生活垃圾分类作为提升乡村生态文明的重要载体，纳入村规民约和乡风文明建设，积极引导村民养成垃圾分类的生活习惯。探索符合农村特点和农民习惯、简便易行的分类处理模式，减少垃圾出村处理量。积极推行易腐垃圾就地生态处理、可回收垃圾资源化利用、其他垃圾纳入城乡统筹生活垃圾收运处置体系、有害垃圾按规定统一收运处理。

七、认真抓好组织实施

（二十三）明确工作责任。全省住房和城乡建设系统要切实加强组织领导，认真贯彻绿色发展理念，把碳达峰目标下绿色城乡建设工作摆上重要议事日程，作为住房城乡建设高质量发展的重要内容。各地建设、房产、城管、市政园林、水务等主管部门要各司其职，加强沟通协调，精心组织实施，形成推进绿色城乡建设工作的强大合力，确保高质量完成各项工作任务。

（二十四）加强政策支持。完善法规政策，推动修订《江苏省绿色建筑发展条例》《江苏省城市市容和环境卫生管理条例》《江苏省历史文化名城名镇名村保护条例》等。将绿色城乡建设要求融入江苏人居环境奖、江苏省生态园林城市、江苏省城市管理示范市（县）、江苏省宜居住区（老旧小区）

等评价标准，积极构建支撑绿色城乡建设的技术体系和标准体系。强化省级专项资金引导作用，注重吸引社会资金参与，大力支持贯彻绿色低碳发展理念的各类项目。

（二十五）强化示范引领。突出海绵城市、宜居示范住区、绿色建筑、建筑产业现代化、苏北农房改善、垃圾分类、园林绿化等示范项目绿色导向，适时增补美丽宜居城市建设试点城市和试点项目，注重考核绿色低碳转型发展相关内容。加强调查研究，及时发现、树立、总结典型做法，定期编制全省绿色城乡建设典型案例，充分发挥典型的示范带动作用。鼓励各地大胆探索、勇于创新，努力形成可复制的制度性成果，条件成熟后在面上推广。

（二十六）注重宣传引导。开展多种形式的培训和交流，不断提高绿色城乡建设的能力和水平。注重发挥媒体宣传引导作用，及时报道典型经验和先进做法，进一步凝聚社会共识，争取各界支持，为推进工作创造良好条件。组织协调各方面力量共同参与绿色城乡建设，营造良好工作氛围，引导人民群众自觉维护美好家园。

江苏省住房和城乡建设厅

2021年4月15日

国家发展改革委关于印发《济南新旧动能转换起步区建设实施方案》的通知

发改地区〔2021〕645号

山东省人民政府，国务院有关部委、有关直属机构：

《济南新旧动能转换起步区建设实施方案》已经国务院同意，现印发你们，请按照有关要求认真组织实施。

国家发展改革委

2021年5月8日

济南新旧动能转换起步区建设实施方案

为贯彻落实黄河流域生态保护和高质量发展战略，加快山东新旧动能转换综合试验区建设，发挥山东半岛城市群龙头作用，复制自由贸易试验区、国家级新区、国家自主创新示范区和全面创新改革试验区经验政策，积极探索新旧动能转换模式，高标准高质量建设济南新旧动能转换起步区（以下简称起步区），制定本方案。

一、总体要求

（一）重要意义。济南是山东省省会，是我国北方地区和黄河流域的重要城市。支持济南建设新旧动能转换起步区，有利于推动山东半岛城市群高质量发展，形成黄河流域生态保护和高质量发展的新示范；有利于加快传统产业改造升级、培育壮大高新技术产业，形成山东新旧动能转换综合试验区的新引擎；有利于吸引集聚优质要素资源，形成高水平开放合作的新平台；有利于探索量水而行、节水为重的城市发展方式，形成绿色智慧宜居的新城区。

（二）指导思想。坚持以习近平新时代中国特色社会主义思想为指导，全面贯彻党的十九大和十九届二中、三中、四中、五中全会精神，按照党中央、国务院决策部署，立足新发展阶段、贯彻新发展理念、构建新发展格局，践行重在保护、要在治理的基本要求，把水资源作为最大的刚性约束，坚持以水定城、以水定地、以水定人、以水定产，着力加快新旧动能转换，着力创新城市发展方式，着力保护生态环境，着力深化开放合作，着力完善体制机制，在推动新旧动能转换中创新发展，走出一条绿色可持续的高质量发展之路。

（三）发展目标。到2025年，起步区综合实力大幅提升，科技创新能力实现突破，研发经费投入年均增速超过10%，高新技术产业产值占规模以上工业总产值比重接近60%，跨黄河通道便捷畅通，现代化新城区框架基本形成，生态环境质量明显改善，开放合作水平不断提升，经济和人口承载能力迈上新台阶，人民生活水平显著提升。

到2035年，起步区建设取得重大成果，现代产业体系基本形成，创新驱动成为引领经济发展的第一动能，绿色智慧宜居城区基本建成，生态系统健康稳定，水资源节约集约利用水平全国领先，能源利用效率显著提升，人民群众获得感、幸福感、安全感显著增强，实现人与自然和谐共生的现代化。

（四）功能布局。起步区位于山东省济南市北部，西起济南德州界，东至小清河—白云湖湿地，南起黄河—济青高速，北至徒骇河，包括太平、孙耿、桑梓店、大桥、崔寨、遥墙、临港、高官寨8个街道及唐王街道中西部区域、泺口街道黄河以北区域，面积约798平方公里。起步区逐步建设形成"一纵一横两核五组团"的空间布局。"一纵"是指起步区与大明湖、趵突泉等济南历史标志节点串联起来，形成泉城特色风貌轴。"一横"是指依托水系、林地等自然生态资源，形成黄河生态风貌带。"两核"是指建设城市科创区和临空经济区，带动起步区加快开发建设。"五组团"是指建设济南城市副中心、崔寨高新产业集聚区、桑梓店高端制造产业基地、孙耿太平绿色发展基地、临空产业集聚区。

二、着力增强发展新动能

（五）提升科技创新支撑能力。支持在起步区布局国家重点科研院所、大科学装置、重大科技项目等，加强科技成果转化中试基地建设。鼓励优秀创新型企业牵头，与高校、科研院所和产业链上下游企业联合组建创新创业共同体，建设技术创新中心、制造业创新中心、重点实验室。完善创新激励和成果保护机制，支持起步区科研机构开展赋予科研人员职务科技成果所有权或长期使用权试点。开展黄河生态环境保护科技创新，聚焦水安全、生态环保等领域加强科学实验和技术攻关。前瞻布局基于人工智能的计算机视听觉、智能决策控制、新型人机交互等应用技术研发。开展氢能技术研发。加强技术改造和模式创新，推动传统产业优化升级，积极稳妥化解过剩产能，坚决淘汰落后产能。

（六）加快发展战略性新兴产业和先进制造业。瞄准智能化、绿色化、服务化发展方向，在起步区搭建战略性新兴产业合作平台，推动产业体系升级和基础能力再造，打造具有较强竞争力的产业集群。推进新一代信息技术与先进制造业深度融合，加强关键技术装备、核心支撑软件、工业互联网等系统集成应用，发展民用及通用航空装备、高档数控机床与机器人等装备产业，加强新材料、智能网联汽车等前沿领域布局。对符合相关条件的先进制造业企业，在上市融资、企业债券发行等方面给予积极支持。

（七）培育壮大现代服务业。发展技术转移转化、科技咨询、检验检测认证、创业孵化、数据交易等科技服务业，支持起步区创建检验检测高技术服务业集聚区、知识产权服务业集聚发展试验区。培育设计、咨询、会展等现代商务服务业，建设总部商务基地。支持起步区推进金融创新，布局下一代金融基础设施，在科技金融、征信等领域开展试点，支持建设国家金融业密码应用研究中心。积极发展航空物流、冷链物流等，打造区域性物流中心。发展健康管理等服务业，搭建健康产业信息服务体系。推动起步区家政服务业高质量发展。创新发展服务贸易和服务外包。

（八）充分挖掘黄河文化时代价值。传承弘扬黄河文化、齐鲁文化、泉城文化，把深厚的文化优势转化为强劲的发展动能，加强公共文化产品和服务供给，更好满足人民群众精神文化生活需要。着力保护泺口黄河铁路大桥等文化资源。在起步区建设一批综合性文化体育设施。推动文化和旅游融合发展，培育创意设计、影视、演艺、工艺美术等业态，积极发展旅游业，建设一批展现黄河文化的标志性旅游目的地，讲好新时代黄河故事。

三、探索创新城市发展方式

（九）积极推动节水型城区建设。始终把水资源节约集约利用放在起步区建设的重要位置，全面实施深度节水控水行动，以节约用水扩大发展空间。深挖工业节水潜力，加快节水技术装备推广应用，推进企业间水资源梯级利用，严格限制高耗水项目建设。推进城镇节水改造，推广普及节水器具，降低供水管网漏损率，用市场化手段促进节水。建设海绵城市，增强防洪排涝能力，提高雨洪资源利用水平。加强再生水利用设施建设与改造，推动城镇污水资源化利用。统筹配置引黄、引江水量，科学论证并适时推进调蓄水库、区域水网等水资源调配工程建设，研究论证太平水库建设项目。

（十）大力促进城区绿色低碳发展。严格控制起步区能源消费总量和强度，优先开发利用地热能、太阳能等可再生能源，深化低碳试点，降低碳排放强度。推进清洁生产，发展环保产业，构建绿色制造体系，严禁新建高耗能、高污染和资源性项目。持续推进清洁取暖，加快供热系统改造升级，推广清洁能源替代。全面推动绿色建筑设计、施工和运行，新建居住建筑和新建公共建筑全面执行节能标准，大力发展超低能耗建筑，加快既有建筑节能改造。实施城市更新行动，推进城市生态修复和功能完善工程。开展绿色生活创建活动，倡导绿色消费，形成简约适度、文明健康的生活方式和消费模式。

（十一）加快建设智慧城市。推进基于数字化、网络化、智能化的新型城市基础设施建设，加快构建千兆光网、5G等新一代信息基础设施网络，建设城市级数据仓库和一体化云服务平台中枢。合理布局智能电网、燃气管网、供热管网，实施组团式一体化集成供能工程。在交通、医疗、教育、社保、能源运营管理等领域推行数字化应用，建设政务服务中心，逐步构建实时感知、瞬间响应、智能决策的新型智慧城市体系。

（十二）高标准布局交通基础设施网络。统筹起步区公路、铁路、航空等交通基础设施建设，优化运输结构，加快构建综合立体交通网络。科学规划跨黄河通道建设。完善起步区轨道交通等基础设施建设。加快推进济南遥墙国际机场二期改扩建工程，提升机场综合服务功能。实施小清河复航工程，推进小清河济南港区建设。

四、全面提升生态环境质量

（十三）保护修复自然生态系统。践行绿水青山就是金山银山的理念，落实节约优先、保护优先、自然恢复为主的方针，统筹保护起步区水系、岸线、湿地、林地等自然资源，逐步恢复河流水系生态环境。强化河湖长制，加强黄河、小清河、徒骇河等河道治理，保护河道自然岸线。加强对湿地等重要生态节点的保护修复，稳步推进退塘还河，严控人工造湖。促进水生动物种类增加，恢复和保护鸟类栖息地，提高生物多样性。

（十四）加快建设绿色生态廊道。以畅通黄河流路、保证行洪能力为前提，统筹起步区生态保护、自然景观和城市风貌，依托黄河、小清河、徒骇河等水系，建设人、河、城相协调的生态风貌廊道。加强生态防护林建设，因地制宜建设城市森林公园，发挥水土保持等功能。划分水源涵养区、水源培育区、合理利用区、生态净化区等，实施生态功能分区分类管控。

（十五）推进滩区生态综合整治。全面完成起步区内黄河滩区居民迁建，确保群众搬得出、稳得住、过得好。在确保防洪安全的前提下，加强滩区水源和优质土地保护修复，依法合理利用滩区土地资源，实施滩区国土空间差别化用途管制，严格限制自发修建生产堤等无序活动，持续清理乱占、乱采、乱堆、乱建行为。加强滩区水生态空间管控，发挥滞洪沉沙功能，筑牢滩区生态屏障。

（十六）扎实开展环境综合治理。强化环境污染系统治理，依法开展规划环境影响评价，统筹推进工业污染、城乡生活污染、农业面源污染防治。加强细颗粒物和臭氧协同控制，提高空气质量优良天数比率。引导工业企业入园，确保工业园区全部建成污水处理设施并稳定达标排放，完善城镇污水收集配套管网，河流水质逐步恢复到Ⅳ类及以上。加强建设用地土壤污染风险管控和修复，严格用地准入管理。加强危险废物、医疗废物收集处理，推进工业固体废物源头减量和资源化利用。加强噪声污染防治，提高起步区声环境质量达标率。

五、稳步提高开放合作水平

（十七）主动对接区域重大战略。健全区域合作机制，加强起步区与沿黄地区生态保护和高质量发展相关政策、项目、机制的联动，衔接落实区域生态保护红线、环境质量底线、资源利用上线和生态环境准入清单的分区管控要求，协同推进生态保护治理，支持产业、技术、人才、园区等多领域创新协作。深度对接京津冀协同发展，积极承接北京非首都功能疏解，合作共建重大产业基地和特色产业园区，加快环渤海地区合作发展。加强与长三角地区要素资源对接，强化科技互动与协作，促进人力资源优化配置，复制推广区域一体化发展的经验做法。

（十八）积极拓展国际合作空间。增强起步区国际交往功能，建设对外开放门户。依托济南遥墙国际机场，建设临空经济区。发挥新亚欧大陆桥经济走廊作用，高质量开行中欧班列。支持引入共建"一带一路"国家的相关企业，在农业、智能制造、金融、物流等领域开展投资合作。加快济南跨境电子商务综合试验区建设，打造公用型保税仓、境外商品展示体验中心、跨境电商产业园。在济南综合保税区设立保税展示交易平台，发展保税融资租赁等新业态。深入实施外商投资准入前国民待遇加负面清单管理制度，支持招商产业园建设。

六、保障措施

（十九）人才政策。支持搭建人才创新发展平台，加快创新创业服务体系建设，鼓励优秀人才在起步区创业。支持探索更加开放便利的海外科技人才引进和服务管理机制。允许高校、科研院所和国有企业的科技人才按规定在起步区兼职兼薪、按劳取酬。完善灵活就业的保障制度。

（二十）土地政策。依法依规编制济南市国土空间总体规划，合理安排起步区生产、生活、生态空间。依据国土空间规划统筹划定基本农田保护红线，合理分解下达永久基本农田保护任务。按照永久基本农田核实整改要求，做好整改补划。山东省对起步区建设用地计划实行差别化管理，对起步区新增建设用地计划指标予以倾斜支持，适度增加混合用地供给。

（二十一）投融资政策。在有效防控风险的前提下，将符合条件的起步区项目纳入地方政府债券支持范围。支持山东省、济南市优化财政支出结构，增加起步区基础设施投资资金，积极引导社会资本参与建设。支持引进各类金融机构及其分支机构，加大对起步区产业和项目的信贷投放力度。鼓励天使投资、创业投资和各类产业投资基金加大对创新创业支持力度。

（二十二）项目支撑。按照《产业结构调整指导目录》和《鼓励外商投资产业目录》等，支持重大项目优先向起步区布局，在制造业高质量发展上作出示范。鼓励发展新技术新产业新业态新模式，对起步区内符合国家发展战略方向、具有明显特色优势、与水资源承载能力相适应、满足生态环境保护要求和能耗双控任务目标的项目，在规划布局、资源保障、市场融资等方面予以支持。

（二十三）管理机制。优化起步区管委会机构设置，科学确定管理权责，创新完善选人用人和绩效激励机制。按规定赋予市级经济社会管理权限，下放部分省级经济管理权限，着力优化营商环境。适时研究推动起步区按程序开展行政区划调整。

七、组织实施

（二十四）坚持党的全面领导。进一步增强"四个意识"、坚定"四个自信"、做到"两个维护"，认真贯彻党中央、国务院印发的《黄河流域生态保护和高质量发展规划纲要》，落实《山东新旧动能转换综合试验区建设总体方案》要求，加强组织领导，完善工作机制，确保把党的领导贯穿于起步区建设的全过程和各领域。

（二十五）落实主体责任。山东省、济南市人民政府要将起步区建设与"十四五"经济社会发展紧密结合，指导编制起步区发展规划和国土空间规划等相关规划，合理安排项目资金，确保本方案主要任务目标如期实现。本方案实施涉及的重要政策和重大建设项目要按程序报批。

（二十六）加强指导支持。国务院有关部门要按照职责分工，切实加强对起步区建设的指导，在政策实施、体制创新、项目建设等方面予以积极支持，协调解决方案实施中遇到的困难和问题。国家发展改革委要加强对方案实施情况的跟踪分析和督促检查，注意研究新情况、解决新问题、总结新经验，重大问题及时向国务院报告。

被动式低能耗建筑发展大事记

2020年9月，习近平在联合国大会上首次提出碳中和时间表。同年12月，中央经济工作会议将做好碳达峰、碳中和工作作为2021年八大重点任务之一，要求抓紧制定2030年前碳排放达峰行动方案、支持有条件的地方率先达峰。2020年底，住房和城乡建设部提出，2021年要深入实施绿建建筑创建行动。2021年2月，国务院发布《关于加快建立健全绿色低碳循环发展经济体系的指导意见》，指出到2035年，广泛形成绿色生产生活方式，碳排放达峰后稳中有降，生态环境好转，基本实现美丽中国建设目标。

2021年3月13日，《中华人民共和国国民经济和社会发展第十四个五年规划和2035年远景目标纲要》对外公布，全文共十九篇，六十五章。其中，第三十八章"持续改善环境质量"第四节"积极应对气候变化"：锚定努力争取2060年前实现碳中和，采取更加有力的政策和措施。第十一篇"推动绿色发展 促进人与自然和谐共生"：坚持生态优先、绿色发展，推进资源总量管理、科学配置、全面节约、循环利用，协同推进经济高质量发展和生态环境高水平保护。在专栏15"环境保护和资源节约工程"中提出：实施重大节能低碳技术产业化示范工程，开展近零能耗建筑、近零碳排放、碳捕集利用与封存等重大项目示范。

2021年4月2日，人民银行、发展改革委、证监会联合发布《关于印发〈绿色债券支持项目目录（2021年版）〉的通知》，并随文发布《绿色债券支持项目目录（2021年版）》（简称《绿债目录（2021年版）》）。在《绿债目录（2021年版）》中，超低能耗建筑、绿色建筑、装配式建筑等被纳入建筑节能与绿色建筑领域。

2021年6月1日，为贯彻落实党中央、国务院关于加快推进生态文明建设的决策部署，深入推进"十四五"时期公共机构节约能源资源工作高质量发展，开创公共机构节约能源资源绿色低碳发展新局面，国家机关事务管理局、国家发展和改革委员会根据《中华人民共和国国民经济和社会发展第十四个五年规划和2035年远景目标纲要》和有关法律法规，编制《"十四五"公共机构节约能源资源工作规划》。规划中提到，加快推广超低能耗和近零能耗建筑，逐步提高新建超低能耗建筑、近零能耗建筑比例。

2021年6月20日，国家能源局综合司下发关于报送整县（市、区）屋顶分布式光伏开发试点方案的通知。《通知》指出，开展整县（市、区）屋顶分布式光伏建设，有利于整合资源实现集约开发，有利于消减电力尖峰负荷，有利于节约优化配电网投资，有利于引导居民绿色能源消费，是实现"碳达峰、碳中和"与乡村振兴两大国家战略的重要措施。根据文件，项目申报试点县（市、区）要具备丰富的屋顶资源、有较好的消纳能力，党政机关建筑屋顶总面积光伏可安装比例不低于50%，学校、医院等不低于40%，工商业分布试点不低于30%，农村居民屋顶不低于20%。

2020年底，生态环境部出台《碳排放权交易管理办法（试行）》，印发《2019-2020年全国碳排放权交易配额总量设定与分配实施方案（发电行业）》，正式启动全国碳市场第一个履约周期。2021年7月16日上午9时30分左右，全国碳排放权交易市场正式启动上线交易，全天交易总量达到410万吨。全球覆盖温室气体排放量规模最大的碳市场"开张"，是实现碳达峰、碳中和与国家自主贡献目标的重要政策工具，也将成为全球气候行动的重要一步。

《人民日报》2021年6月2日18版刊登题为《让更多建筑绿起来》的文章。文章中提到，被动式低能耗建筑，是绿色建筑的另一种形式。各地也纷纷推广支持政策。比如河北省提出，重点产业高质量发展专项资金对高性能门窗、环境一体机、保温系统、专用特种材料等被动式超低能耗建筑专有部品部件生产企业采取适当形式给予重点倾斜；江苏省提出，加大光伏瓦、光伏幕墙等建材型光伏技术在城镇建筑中一体化应用力度；广东省对建设、购买、运行绿色建筑或者对既有民用建筑进行绿色化改造的，出台了资金支持、容积率奖励、税收优惠等激励措施……《科技日报》2021年6月22日1版刊登题为《绿色低碳转型，超低能耗建筑在我国将成主流》的文章。文章中提到，据中国建筑科学研究院研究员张时聪介绍，"十三五"期间，我国超低能耗建筑专项财政激励超过10亿元，对其从试点示范到规模推广起到重要引导作用，在建及建成超低/近零能耗建筑项目超过1000万平方米，带动100亿增量产业规模，将引领建筑节能产业向高质量、规模化、可持续发展。住建部相关负责人表示："下一步，我国拟通过制定强制性标准，不断提高建筑节能标准水平，在适宜的气候区全面推动超低能耗建筑，为城乡建设领域尽早实现碳达峰作出贡献。"

2021年5月7日北京首批次土地使用权拍卖结束，竞拍中必需的"高标准商品住宅建设方案"中，超低能耗建筑总分升至20分。2021年北京市新推住宅地块30宗，28宗的出让条件包括竞"高标准"，其中19宗采用"竞地价+竞公租房配建面积/竞政府持有商品住宅产权份额+竞高标准商品住宅建设方案"的"新三竞"出让方式，9宗地块以"竞价+竞高标准商品住宅建设方案"的"二竞"方式出让。

2021年2月25日下午，新疆维吾尔自治区住房和城乡建设厅党组副书记、厅长李宏斌带队，分管厅领导、相关处室及事业单位主要负责同志共同参加，实地调研了乌鲁木齐市幸福堡被动式建筑建设、运行情况。幸福堡被动式建筑是中国西北首座被动式建筑。李宏斌同志强调，推广被动式建筑是深入贯彻习近平生态文明思想绿色发展观的重要举措，是贯彻落实中央经济工作会议提出的做好碳达峰、碳中和工作的具体体现，也是满足人民群众日益增长的美好生活需要的必然要求。

2021年3月19日，河北省被动式超低能耗建筑产业发展领导小组第一次会议在石家庄市举行，副省长丁绣峰出席会议。他指出，培育壮大被动式超低能耗建筑产业，既是落实国家能源消费革命和能源安全战略、实现碳达峰和碳中和的重要举措，也是推动全省新旧动能转换、实现经济高质量发展的强劲动力。丁绣峰要求，要把年度目标任务完成好，坚持用好的政策鼓励开发商愿意建被动房、老百姓愿意买被动房，确保实现新开工建筑面积目标；大力支持被动式超低能耗建筑产业集群发展，落实好产业发展专项规划，促进全产业链自主良性发展。要把制约产业发展的问题解决好，既要善于发现问题，全面掌握制约企业发展的痛点、堵点；也要善于解决问题，对被动房建设成本偏高、社会认知度较低、个别项目缺乏系统集成等问题，系统研究、综合施策。要把成员单位的责任落实好，齐心协力支持被动式超低能耗建筑产业加快发展。要把领导小组的运行机制完善好，坚持把能否促进产业发展作为衡量标准，尽快建立考核评价机制、督导检查机制、会商研判机制，形成上下联动、左右协同、齐抓共管的工作格局。

2021年1月29日，经中国材料与试验团体标准委员会批准，CSTM标准《被动式低能耗居住建筑用新风系统》正式发布。《被动式低能耗居住建筑用新风系统》是由北京康居认证中心有限公司和北京建筑大学联合主编，标准号为：T/CSTM 00325-2021,实施日期为2021年4月29日。《被动式低能耗居住建筑用新风系统》是CSTM/FC03/TC25被动式低能耗建筑与配套产品技术委员会发布的第一本标准，将会对被动式低能耗建筑标准化工作有指导意义。《被动式低能耗居住建筑用新风系统》共分9节，分别介绍了被动式低能耗居住建筑新风系统的术语和符号、基本规定、设计、设备、施工、调试与验收及运行维护等内容。该标准对新风系统提出了更为严格、洁净、低噪等多种技术指标要求，增强市场中新风机组产品的高效化及创新化，提高市场中新风机组产品的通识性、可比性、节能性，进一步增强室内环境良好的舒适性及建筑整体性能；同时，该标准对机组检测给出具体参考依据，提供详细的安装技术，加强管道设计的合理性，规范新风系统施工组织，为新风机组产品及新风系统后期跟踪及质量把控提供有力保障。《被动式低能耗居住建筑用新风系统》的颁布和实施将成为我国推广并发展新风产品及被动式低能耗建筑的重要举措。据悉，CSTM FC03/TC25被动式低能耗建筑及配套产品技术委员会已发布1项标准，在研12项被动式低能耗建筑相关团体标准，积极开展被动式低能耗建筑标准的制定工作，进一步完善被动式低能耗建筑标准体系，推动被动式低能耗建筑向标准化、系列化、体系化方向发展。该标准文本详见被动房网，网址：http://www.passivehouse.org.cn/zc/cstm/xfbz。

　　2021年4月21日，经中国材料与试验团体标准委员会批准，CSTM标准《被动式低能耗建筑用弹性体改性沥青防水卷材》正式发布。《被动式低能耗建筑用弹性体改性沥青防水卷材》归口管理委员会为CSTM/FC03/TC25被动式低能耗建筑及配套产品技术委员会，标准牵头起草单位为中国建材检验认证集团股份有限公司，主要起草单位为北京康居认证中心有限公司和被动式低能耗建筑产业技术创新战略联盟等单位，标准号为：T/CSTM 00324-2021,实施日期为2021年7月21日。《被动式低能耗建筑用弹性体改性沥青防水卷材》共分9节，分别介绍了被动房用弹性体改性沥青防水卷材的术语和定义、分类、要求、试验方法、检验规则、标志、包装、贮存及运输等内容。该标准在对现行标准指标进行调整的基础上，基于被动式低能耗建筑气密性及耐久性等多方面的需求，对铝箔隔汽卷材提出了详细的性能要求；同时为保证屋面防水与保温系统的免维护时期更长，对成品耐久性检测项目和指标进行了规范，并根据防水卷材的类型对耐水性能、防火性能、燃烧性能提出了具体的指标要求，并增加了考察原材料真实性的定性定量的规定。《被动式低能耗建筑用弹性体改性沥青防水卷材》的颁布和实施将为被动式低能耗建筑用防水卷材的生产、应用、检验、检测提供科学合理的依据。该标准文本详见被动房网，网址：http://www.passivehouse.org.cn/zc/cstm/fsjc。

2021年5月27日,中国材料与试验团体标准委员会批准,CSTM标准《被动式低能耗建筑用模塑聚苯乙烯保温免拆模板》正式发布。主要起草单位为北京康居认证中心有限公司和山东省欧美亚超低能耗绿色建设研究院,标准号为：T/CSTM 00480-2021,实施日期为2021年8月27日。《被动式低能耗建筑用模塑聚苯乙烯保温免拆模板》共分10节,分别介绍了被动房用模塑聚苯乙烯保温免拆模板的术语和定义、分类与标记、要求、试验方法、检验规则、标志,以及包装、贮存和运输等内容。免拆模超低能耗绿色新型墙体和屋面材料起源于欧洲,发展至今已覆盖北美洲的大部分地区,适用于中国各地区不同的地理、气候条件的要求。模塑聚苯乙烯保温免拆模板与传统体系比较,有利于节省建筑材料、节省人工、缩短施工周期,综合效益显著。其在节能、环保及可靠性方面符合中国制定的各种规范要求。CSTM标准《被动式低能耗建筑用模塑聚苯乙烯保温免拆模板》的发布,为被动式超低能耗保温免拆模板建筑技术推广和发展提供依据,有利于免拆模建筑体系相关产品高效地引入国内建筑市场,为推动被动式超低能耗建筑提供重要依据。该标准文本详见被动房网,网址：http://www.passivehouse.org.cn/zc/cstm/xfbz。

2021年5月13日14：00点,中国房地产采购平台联合北京康居认证中心有限公司联合发起了"2021建筑产业'碳中和'发展云论坛"。论坛汇聚了住建系统专家、碳中和领域资深从业者,以及行业前沿实操人,共同在线分享有关"建筑碳中和"发展之路的见解。云论坛第一期主题邀请演讲嘉宾有中国房地产业协会副会长兼秘书长陈宜明,北京康居认证中心有限公司董事长张小玲,中国房地产采购平台副主任唐茜,同济大学教授龙惟定,清华大学建筑学院长聘教授、副院长林波荣,华测检测认证集团股份有限公司副总裁,北京柠檬树绿色建筑科技有限公司总经理、博士黄俊鹏。9.8万人观看了时长2小时的云论坛,2.8万人点赞。云论坛每个月推出一个主题,一直持续到10月。

济南汉峪海风住宅小区项目,是2017年山东泉海置业有限公司委托住房和城乡建设部科技与产业化发展中心和德国能源署共同实施全过程质量控制的中德合作被动式低能耗建筑项目。项目包括7栋住宅楼,总建筑面积10.8万平方米。历经四年的设计、建造和检测,最终于2021年10月全面验收合格,成为中德合作的第一个100%被动式住宅的社区型项目。该项目为寒冷地区被动式低能耗技术在居住建筑中的普及化应用提供了重要的参考和支撑,为我国建筑领域低碳发展战略的落地起到积极作用。

山东省委党校新校建设工程综合培训楼项目,位于山东省济南市旅游路以南。项目总建筑面积33599.67平方米,地上12层,地下1层,主要功能为实训教学和学员宿舍。项目建设单位为中国共产党山东省委员会党校,代建单位为山东省鲁商置业有限公司,设计单位为山东省建筑设计研究院,施工总承包单位为中建八局第二建设有限公司,监理单位为山东省建设监理咨询有限公司,由北京康居认证中心有限公司和德国能源署为该项目提供全过程质量控制技术服务。项目自2019年启动,2021年9月竣工,10月经现场质量检查和测试合格后通过验收。该项目为我国寒冷地区被动式低能耗建筑技术在大型公共建筑中的应用,特别是被动式玻璃幕墙的研发与施工、大风量高效热回收通风系统的研发与运行控制、公共建筑多系统协同运行的监测和控制系统研发,进行了重要而有益的示范,并积累了宝贵的经验。

"被动式低能耗建筑产业技术创新战略联盟"

被动式低能耗建筑产品选用目录
（第十一批）

第一类 门窗组

1 外门窗、型材与玻璃间隔条

1.1 外门窗

产品名称	生产厂商	产品型号	型材传热系数，W/(m²·K)	玻璃传热系数，W/(m²·K)	整窗传热系数K，W/(m²·K)	可见光透射比 τ_v	太阳红外热能总透射比 g_{IR}	太阳能得热系数SHGC	气密性	水密性，Pa	抗风压性，Pa	适用范围
外窗	哈尔滨森鹰窗业股份有限公司	P120C铝包木内开窗	上左右Uf：0.81 下框Uf：0.91 中横竖框Uf：0.84	0.77	1.0	0.62	0.27	0.47	8级	700 6级	5000 9级	寒冷地区
外窗		P120SP铝包木内开窗	上左右Uf：0.74 下框Uf：0.79 中横竖框Uf：0.81	0.77	0.96	0.62	0.27	0.47	8级	700 6级	5000 9级	寒冷地区
外窗		P160敞动式铝包木窗	底部：0.64 边治：0.59 顶部：0.59	0.5	0.6	0.567	0.22	0.424	8级	700 6级	5000 9级	严寒地区
外门		PED86铝包木（外）开门	上左右：0.83 下：0.85 中横、竖：0.87	—	0.89	—	—	—	8级	700 6级	5000 9级	各气候区
外门		PED86铝包木（内）开门	上左右：0.83 下：0.85 中横、竖：0.87	—	0.89	—	—	—	8级	700 6级	5000 9级	各气候区
外窗		X120-h铝玻纤聚氨酯木复合窗	上左右：0.80 下：0.84	0.70	0.96	0.73	0.29	0.50	8级	700 6级	5000 9级	严寒寒冷地区

续表

产品名称	生产厂商	产品型号	型材传热系数, W/(m²·K)	玻璃传热系数, W/(m²·K)	整窗传热系数K, W/(m²·K)	可见光透射比 τ_v	太阳红外热能总透射比 g_{IR}	太阳能得热系数SHGC	气密性	水密性, Pa	抗风压性, Pa	适用范围
外窗	北京市腾美琪科技发展有限公司	欧格玛PAW95系列被动式木包铝窗	≤1.3	0.402	0.86	0.66	0.22	0.431	8级	600 5级	5000 9级	寒冷/夏热冬冷地区
木包铝外开门		欧格玛PAD95系列被动式木包铝门	≤1.3	0.402	0.84	0.66	0.22	0.431	8级	600 5级	5000 9级	寒冷/夏热冬冷地区
		PAD125被动式木包铝外开门	≤1.3	0.402	0.88	0.66	0.22	0.431	8级	700 6级	5000 9级	寒冷/夏热冬冷地区
耐火窗		PAW95被动式耐火窗（耐火时间≥0.5h）	≤1.3	0.402	0.91	0.61	0.228	0.421	8级	700 6级	5000 9级	寒冷/夏热冬冷地区
木包铝幕墙		WAC80被动式木包铝幕墙	≤1.2	0.464	0.78	0.66	0.20	0.472	开启部分4级，试件整体4级	开启部分5级1000 固定部分4级1500	5000 9级	严寒/寒冷/夏热冬冷地区
外窗		PAW115系列被动式木包铝平开窗	上开启：0.936 下开启：0.937 右开启：0.996 左开启：0.995 中梃（固定+开启）：1.100	0.74	0.83	0.67	0.23	0.48	8级	700 6级	5000 9级	寒冷地区

续表

产品名称	生产厂商	产品型号	型材传热系数, W/(m²·K)	玻璃传热系数, W/(m²·K)	整窗传热系数K, W/(m²·K)	可见光透射比 τ_v	太阳红外热能总透射比 g_{IR}	太阳能得热系数SHGC	气密性	水密性, Pa	抗风压性, Pa	适用范围
外窗		REHAU-GENEO-S980系列塑钢门窗	横料（上、下）：0.797 框扇料：0.771 梃竖料：0.769	0.62	0.79	0.68	0.22	0.54	8级	700 6级	GB 50009-2012要求	寒冷地区
幕墙	河北新华幕墙有限公司	180系列木结构隐框玻璃幕墙	横料（上、下边）：0.66 竖料（左右）：0.61 幕墙中竖料：0.711 幕墙中横料：0.732	0.6	0.76	0.48	0.18	0.37	4级	1800 4级	GB 50009-2012要求	寒冷地区
外窗		HM-PW82系列塑钢窗	0.99	0.67	0.8	0.709	0.27	0.5	8级	700 6级	5000 9级	寒冷地区
外窗		HM-AW90系列铝合金窗	0.75	0.67	0.8	0.709	0.275	0.5	8级	700 6级	5000 9级	寒冷地区
外门		HM-AD90系列铝合金门	0.75	0.67	0.8	0.709	0.275	0.5	8级	700 6级	5000 9级	寒冷地区
幕墙		HM-ACW150系列铝合金单元式幕墙	0.64	0.66	0.79	0.62	0.25	0.52	4级	5级	6级	严寒/寒冷地区

续表

产品名称	生产厂商	产品型号	型材传热系数, W/(m²·K)	玻璃传热系数, W/(m²·K)	整窗传热系数K, W/(m²·K)	可见光透射比 τ_v	太阳红外热能总透射比 g_{IR}	太阳能得热系数SHGC	气密性	水密性, Pa	抗风压性, Pa	适用范围
外窗	河北奥润顺达窗业有限公司	88系列6腔三道密封塑料窗	下部:0.79 侧边和上部:0.80	0.7	0.9	0.62	0.45	0.47	8级	600 5级	4500 8级	严寒/寒冷地区
外窗		86系列6腔三道密封塑料窗	下部:0.79 侧边和上部:0.79	0.7	0.9	0.62	0.45	0.47	8级	600 5级	4500 8级	严寒/寒冷地区
外窗		PAS125系列铝包木窗	下部:0.69 侧边和上部:0.71	0.7	0.9	0.67	0.49	0.45	8级	600 5级	5000 9级	严寒/寒冷地区
外窗		PAS130系列铝包木窗	下部:0.74 侧边和上部:0.74	0.7	0.8	0.67	0.49	0.45	8级	700 6级	5000 9级	严寒/寒冷地区
外窗		Therm+50	下部:0.91 侧边和上部:0.92	0.75	0.8	0.72	0.496	0.49	8级	600 5级	5000 9级	严寒/寒冷地区
外窗		78系列铝包木窗	下部:1.3 侧边和上部:1.3	0.6	1.0	0.71	0.44	0.53	8级	600 5级	5000 9级	寒冷地区
外门		PASSIVE78铝木复合门(外开)	下部:1.0 侧边和上部:0.8	—	0.8	—	—	—	隔声30 8级	400 4级	5000 9级	各气候区
外门		108系列外平开铝木复合门(外开)	下部:1.0 侧边和上部:0.79	0.8	0.9	0.58	0.26	0.47	隔声33 8级	600 5级	5000 9级	严寒/寒冷地区
外门		130系列外平开铝木复合门(内开)	下部:0.765 侧边和上部:0.8	0.8	0.8	0.58	0.26	0.47	隔声34 8级	500 5级	5000 9级	严寒/寒冷地区
外窗		93系列平开平下悬铝木复合窗(内开、下悬、中空)	下部:0.685 侧边和上部:0.7	0.8	0.8	0.58	0.26	0.47	隔声36 8级	600 5级	5000 9级	严寒/寒冷地区

续表

产品名称	生产厂商	产品型号	型材传热系数, W/(m²·K)	玻璃传热系数, W/(m²·K)	整窗传热系数K, W/(m²·K)	可见光透射比 τ_v	太阳红外热能总透射比 g_{IR}	太阳能得热系数SHGC	气密性	水密性, Pa	抗风压性, Pa	适用范围
外窗	河北奥润顺达窗业有限公司	90系列平开下悬隔热铝合金窗（内开，下悬，中空）	下部：1.1 侧边和上部：1.05	0.8	0.9	0.58	0.26	0.47	隔声35 8级	400 4级	5000 9级	严寒/寒冷地区
外窗		75系列平开下悬隔热铝合金窗	下部：1.29 侧边和上部：1.3	0.8	1.0	0.58	0.26	0.47	隔声35 8级	400 4级	5000 9级	寒冷地区
外窗	极景门窗有限公司（山东）	P2被动式节能塑钢窗	0.9	0.54	0.77	0.6	0.22	0.43	8级	700 6级	5000 9级	寒冷地区
外窗		P2被动式节能塑钢门	0.9	0.6	0.77	0.58	0.22	0.425	8级	700 6级	5000 9级	寒冷地区
外窗		Q系列节能塑钢幕墙	0.79	0.54	0.73	0.63	0.25	0.428	8级	700 6级	5000 9级	寒冷地区
外窗	北京米兰之窗节能建材有限公司	MILUX Passive80系列铝包木窗	底部：0.95 边沿：0.95 顶部：0.92	0.6	0.88	0.62	0.38	0.42	8级	600 5级	5000 9级	严寒地区
外窗		MILUX Passive95系列铝包木窗	底部：0.91 边沿：0.91 顶部：0.90	0.6	0.85	0.62	0.38	0.42	8级	600 5级	5000 9级	严寒地区
外窗		MILUX Passive115系列铝包木窗	底部：0.81 边沿：0.81 顶部：0.80	0.70	0.79	0.45	0.50	0.35	8级	600 5级	5000 9级	严寒地区
外窗		MILUX Passive120系列铝包木窗	底部：0.75 边沿：0.75 顶部：0.78	0.63	0.80	0.65	0.35	0.54	8级	600 5级	5000 9级	严寒地区

续表

产品名称	生产厂商	产品型号	型材传热系数，W/（m²·K）	玻璃传热系数，W/（m²·K）	整窗传热系数K，W/（m²·K）	可见光透射比 τ_v	太阳红外热能总透射比 g_IR	太阳能得热系数SHGC	气密性	水密性 Pa	抗风压性 Pa	适用范围
外窗	天津格瑞德曼建筑装饰工程有限公司	GM-C85铝合金节能窗	底部：1.09 边沿：0.84 顶部：0.74	0.59	0.83	0.53	0.27	0.52	8级	700 6级	5000 9级	寒冷地区
外窗	天津格瑞德曼建筑装饰工程有限公司	GM-C100Passiv铝合金窗	底部：1.09 边沿：0.84 顶部：0.74	0.63	0.97	0.59	0.26	0.44	8级	4级	9级	寒冷地区
外窗	北京爱乐屋建筑节能制品有限公司	78系列铝包木被动窗（平开上悬）	1.1	0.516	0.89	0.713	0.377	0.522	8级	700 6级	5000 9级	寒冷地区
外窗	威卢克斯（中国）有限公司	A系列实木窗	0.382（填充物）	0.6	0.92	0.805	0.711	0.48	8级	700 6级	3600 6级	特殊立面窗
外窗	威卢克斯A/S	复合材料窗 VMS	0.382（填充物）	U=0.7	1.0	0.723	0.47	0.4	8级	700 6级	4000 7级	特殊立面窗
外窗	北京住总门窗有限公司	被动式低能耗聚酯合金窗80系列	0.7	0.8	0.97	0.659	—	0.647	8级	700 6级	4400 5级	寒冷地区
外窗	山东三玉窗业有限公司	SY86-PAS被动式铝包木窗	底部：0.96 边沿：0.96 顶部：0.92	0.73	0.99	0.64	0.33	0.454	8级	700 6级	5000 9级	寒冷地区
外窗	山东三玉窗业有限公司	SY96-PAS被动式铝包木窗	底部：0.93 边沿：0.93 顶部：0.91	0.73	0.91	0.64	0.33	0.454	8级	700 6级	5000 9级	寒冷地区

续表

产品名称	生产厂商	产品型号	型材传热系数, W/(m²·K)	玻璃传热系数, W/(m²·K)	整窗传热系数K, W/(m²·K)	可见光透射比 τ_v	太阳红外热能总透射比 g_{IR}	太阳能得热系数SHGC	气密性	水密性, Pa	抗风压性, Pa	适用范围
外窗	山东三玉窗业有限公司	SY110-PAS被动式铝包木窗	底部: 0.78 边沿: 0.78 顶部: 0.75	0.69	0.83	0.619	0.28	0.427	8级	700 6级	5000 9级	寒冷地区
外窗		SY128-PAS被动式铝包木窗	底部: 0.96 边沿: 0.96 顶部: 0.91	0.71	0.96	0.652	0.33	0.490	8级	700 6级	5000 9级	寒冷地区
外窗	康博达节能科技有限公司	80系列聚氨酯合金平开窗	0.85	0.6	0.88	0.728	0.586	0.36	8级	400 4级	3700 6级	寒冷地区
外窗	北京兴安幕墙装饰有限公司	墨诺克155系列隐框被动式铝包木窗	1.2	0.57	0.95	0.725	0.584	—	8级	350 4级	4200 7级	寒冷地区
外窗	北京金诺迪迈	UMhome-101铝合金窗	0.81	0.63	0.9	0.572	0.446	0.45	8级	700 6级	5000 9级	严寒地区
外窗	幕墙装饰工程有限公司	UMhome-80塑钢窗	0.85	0.75	0.92	0.61	0.468	0.57	8级	500 5级	5000 9级	寒冷地区
外窗	有限公司	TAPW120铝包木被动窗	0.79	0.71	0.91	0.58	0.17	0.43	8级	700 6级	5000 9级	寒冷地区
外窗	北京嘉寓门窗幕墙股份有限公司	朗尚-A101系列铝合金窗	框扇横料: 0.91 框扇竖料: 0.96 挺扇竖料: 0.99 框横料: 0.79 竖料: 0.84	0.633	0.94	0.665	0.28	0.424	8级	700 6级	5000 9级	寒冷地区

续表

产品名称	生产厂商	产品型号	型材传热系数, W/(m²·K)	玻璃传热系数, W/(m²·K)	整窗传热系数K, W/(m²·K)	可见光透射比 τ_v	大阳红外热能总透射比 g_IR	太阳能得热系数SHGC	气密性	水密性, Pa	抗风压性, Pa	适用范围
外窗	北京东邦绿建科技有限公司	AJ-Ⅲ型塑钢胶条密闭推拉窗	1.3	0.66	0.97	0.68	0.34	0.52	8级	350 4级	5000 9级	严寒/寒冷地区
被动式低能耗钢质复合防盗门门外门		BJFAM-B-SH/DB1124钢质复合防盗门门外门	—	—	0.85	—	隔声 Rw=37	防盗 丙级	8级	700 6级	5000 9级	各气候区
外窗	河北胜达智通新型建材有限公司	胜达TOP-BEST 88 MD塑钢窗	0.79	0.65	0.78	0.57	0.28	0.42	8级	567 5级	4200 7级	寒冷/夏热冬冷地区
外窗		胜达92铝塑复合窗	0.92	0.792	1.0	0.66	0.32	0.44	8级	700 6级	5000 9级	寒冷/夏热冬冷地区
外门		胜达TOP-BEST88 MD塑钢外门门阳台门	0.90	0.792	0.98	0.66	0.32	0.44	8级	500 5级	5000 9级	寒冷/夏热冬冷地区
外窗	北京北方京航铝业有限公司	胜达TOP-BEST92耐火被动塑钢窗	0.92 耐火性能 1.0小时	0.67	0.84	0.64	0.33	0.44	8级	600 5级	5000 9级	寒冷地区
外窗		75系列聚氨酯铝合金被动窗	0.96	0.43	0.92	0.58	0.24	0.51	8级	4级	8级	寒冷地区
外门		75系列聚氨酯铝合金被动门	0.96	0.43	0.93	0.58	0.24	0.51	8级	4级	6级	寒冷地区
外窗		80系列聚醋酯合金被动窗	0.8	0.55	0.95	0.66	0.5	0.61	8级	6级	7级	寒冷地区

续表

产品名称	生产厂商	产品型号	型材传热系数, W/(m²·K)	玻璃传热系数, W/(m²·K)	整窗传热系数K, W/(m²·K)	可见光透射比 τ_v	太阳红外热能总透射比 g_{IR}	太阳能得热系数SHGC	气密性	水密性, Pa	抗风压性, Pa	适用范围
外窗	山东华达门窗幕墙有限公司	LBM98铝包木窗	≤1.3	0.63	0.86	0.6	0.5	0.57	8级	350 4级	5000 9级	寒冷地区
外窗		ES101断桥铝合金窗	≤1.3	0.63	0.94	0.7	0.5	0.57	8级	350 4级	5000 9级	寒冷地区
外窗		LBM130B铝包木窗	≤1.3	0.63	0.83	0.7	0.5	0.57	8级	350 4级	5000 9级	寒冷地区
外门	上海克络蒂网络蒂材料科技发展有限公司	85J系列玻纤增强聚氨酯节能门	0.93	0.70	0.98	0.64	0.15	0.35	8级	4级	9级	寒冷/夏热冬冷地区
外窗		85J系列玻纤增强聚氨酯节能窗	0.83	0.70	0.88	0.64	0.15	0.35	8级	4级	9级	寒冷/夏热冬冷地区
外窗	北京茵莱工玻璃幕墙钢玻璃制品有限公司	75系列玻璃钢被动窗 1450×1450	0.3	0.456	0.81	73.03	0.244	0.469	8级	6级	9级	严寒/寒冷地区
外窗	青岛宏海幕墙有限公司	被动式铝合金窗HONGHAI 100-1（真空复合中空玻璃）	≤1.0	0.43	0.83	0.58	0.245	0.44	8级	700 6级	5000 9级	严寒/寒冷地区
外窗		被动式铝合金窗HONGHAI 100-2	≤1.0	0.59	0.92	0.64	0.15	0.35	8级	700 6级	5000 9级	寒冷/夏热冬冷地区

续表

产品名称	生产厂商	产品型号	型材传热系数,W/(m²·K)	玻璃传热系数,W/(m²·K)	整窗传热系数K,W/(m²·K)	可见光透射比 τ_v	太阳红外热能总透射比 g_IR	太阳能得热系数SHGC	气密性	水密性,Pa	抗风压性,Pa	适用范围
幕墙	青岛宏海幕墙有限公司	被动式幕墙HHMQ-60(明框)-1(真空复合中空玻璃)	≤1.2	0.43	0.73	0.58	0.245	0.44	4级	开启1000 固定2000 5级	4500 8级	严寒/寒冷地区
幕墙	海宏幕墙公司	被动式幕墙HHMQ-60(明框)-2	≤1.2	0.59	0.88	0.64	0.15	0.35	4级	开启1000 固定2000 5级	4500 8级	寒冷/夏热冬冷地区
幕墙		被动式幕墙HHMQ-70(明框)	≤1.2	0.62	0.95	0.70	0.385	0.49	4级	开启1000 固定2000 5级	4500 8级	严寒/寒冷地区
外窗	温格润节能门窗有限公司	WG75聚氨酯隔热铝合金窗系统	0.81	0.7	0.88	0.68	0.34	0.52	8级	1000 6级	5000 9级	严寒/寒冷地区
外门		WG75聚氨酯隔热铝合金门系统	0.81	—	0.77	—	—	—	8级	700 6级	5000 9级	严寒/寒冷地区
外窗	河北道尔门窗科技有限公司	DR110系列铝包木窗	0.859	0.60	0.93	0.608	0.51	0.474	8级	700 6级	5000 9级	严寒/寒冷地区
外窗	西安西航集团铝业有限公司	XHBC100铝合金窗	1.1	0.6	0.91	0.701	0.58	0.51	8级	700 6级	5000 9级	严寒/寒冷地区

被动式低能耗建筑产品选用目录（第十一批）

续表

产品名称	生产厂商	产品型号	型材传热系数, W/(m²·K)	玻璃传热系数, W/(m²·K)	整窗传热系数K, W/(m²·K)	可见光透射比 τ_v	太阳红外热能总透射比 g_{IR}	太阳能得热系数SHGC	气密性	水密性, Pa	抗风压性, Pa	适用范围
外窗	哈尔滨华兴节能门窗股份有限公司	HS118P铝包木窗	1.1	0.7	0.88	0.71	0.24	0.51	8级	500 5级	5000 9级	严寒/寒冷地区
外窗	廊坊市万丽装饰工程有限公司	92系列塑钢窗	0.79	0.7	0.88	0.747	0.482	0.502	8级	500 4级	5000 9级	严寒/寒冷地区
外窗	北京和平幕墙工程有限公司	PBW9515被动式低能耗铝合金窗	1.1	0.65	0.97	0.69	0.21	0.46	8级	700 6级	5000 9级	严寒和寒冷地区
外窗	北京市开泰钢木制品有限公司	82系列内平开塑料窗	0.99	0.67	0.96	0.62	0.02	0.30	8级	700 6级	5000 9级	夏热冬冷夏热冬暖地区
外门	朗意门业（上海）有限公司	FAM-Y-ZJ-1023入户门装甲门			0.79				8级			各气候区
外窗	辽宁雨虹门窗有限公司	90系列塑料被动窗		0.71	0.91	0.58	0.17	0.43	8级	700 6级	5000 9级	寒冷地区

245

续表

产品名称	生产厂商	产品型号	型材传热系数, W/(m²·K)	玻璃传热系数, W/(m²·K)	整窗传热系数K, W/(m²·K)	可见光透射比 τ_v	太阳红外热能总透射比 g_{IR}	太阳能得热系数SHGC	气密性	水密性, Pa	抗风压性, Pa	适用范围
外窗	阿鲁特节能门窗有限公司	8000系列85mm无钢衬塑钢窗（8000U-PVC window 85mm）	0.81	0.72	0.78	0.71	0.47	0.45	8级	6级	7级	严寒/寒冷地区
外窗		8000系列85mm无钢衬扣铝塑钢窗（8000U-PVC window 85mm with aluminium shell）	0.82	0.72	0.79	0.71	0.47	0.45	8级	6级	5级	严寒/寒冷地区
外窗	哈尔滨阿蒙木业股份有限公司	120系列被动式铝包木窗	1.2	0.69	0.98	0.64	0.2	0.46	8级	700 6级	5000 9级	严寒/寒冷地区
外窗	吉林省东朗门窗制造有限公司	超保119系列铝包木被动窗	1.2	0.74	0.97	0.6	0.25	0.46	8级	350 4级	5000 9级	寒冷地区
外门		极光P120系列铝包木被动门	1.2	0.74	0.94	0.6	0.25	0.46	8级	700 6级	5000 9级	寒冷地区

续表

产品名称	生产厂商	产品型号	型材传热系数，W/(m²·K)	玻璃传热系数，W/(m²·K)	整窗传热系数K，W/(m²·K)	可见光透射比 τ_v	太阳红外热能总透射比 g_IR	太阳能得热系数SHGC	气密性	水密性，Pa	抗风压性，Pa	适用范围
外门	万嘉集团有限公司	被动式钢木装甲门BDM1123（单开）			0.98				8级			各气候区
外门		被动式钢木装甲门BDM1623（双开）			0.99				8级			各气候区
外窗	石家庄盛和建筑装饰有限公司	ES90PLUS系列塑钢窗	0.79	夏季：0.69 冬季：0.76	0.92	0.729	0.481	0.56	8级	700 6级	7级	寒冷地区
外窗		PSHBD130被动式铝包木窗	0.79	夏季：0.69 冬季：0.76	0.90	0.729	0.481	0.56	8级	700 6级	7级	寒冷地区
外窗		PSHBD120铝包木被动窗	0.93	0.74	0.82	0.67	0.23	0.31	8级	700 6级	5000 9级	寒冷地区
外窗	廊坊市创元门窗有限公司	CY90系列被动式塑钢窗	0.79	0.79	0.84	0.57	0.23	0.44	8级	350 4级	5000 9级	寒冷地区
外窗		CY120系列被动式铝包木窗	0.91	0.79	0.88	0.57	0.23	0.44	8级	700 6级	5000 9级	寒冷地区

续表

产品名称	生产厂商	产品型号	型材传热系数, W/(m²·K)	玻璃传热系数, W/(m²·K)	整窗传热系数K, W/(m²·K)	可见光透射比 τ_v	太阳红外热能总透射比 g_{IR}	太阳能得热系数SHGC	气密性	水密性 Pa	抗风压性 Pa	适用范围
外窗	石家庄昱泰门窗有限公司	檀固130系列被动窗	下部: 0.74 侧边和上部: 0.74	冬季: 0.73	0.86	0.62	0.21	0.44	8级	700 6级	5000 9级	寒冷地区
外窗		檀固110系列被动窗	0.93	冬季: 0.73	0.94	0.62	0.21	0.44	8级	700 6级	5000 9级	寒冷地区
外窗	河南科饶恩门窗有限公司	科饶恩 ZEW92MD+被动系统被动塑钢窗	0.83	0.7	0.78	0.60	0.16	0.458	8级	700 6级	5000 9级	寒冷地区
外门		ZEW92MD+被动系统被动塑钢门	0.93	0.7	0.926	0.60	0.16	0.458	8级	700 6级	5000 9级	寒冷地区
外门	浙江德毅隆科技股份有限公司	FZ850玻纤增强聚氨酯被动阳台门	1.0	0.65	0.96	0.68	0.37	0.49	8级	500 5级	5000 9级	寒冷地区
外窗		FZ851玻纤增强聚氨酯被动窗	1.0	0.65	0.99	0.68	0.37	0.49	8级	700 6级	5000 级	寒冷地区
外门		FK851钢制被动进户门	1.0	—	0.8	—	—	—	8级	—	—	寒冷地区
外窗	青岛吉尔德文家居有限公司	铝包木被动窗			0.93	0.629		0.393	8级	600 5级	5000 9级	寒冷地区

续表

产品名称	生产厂商	产品型号	型材传热系数，W/ (m²·K)	玻璃传热系数K，W/(m²·K)	整窗传热系数K，W/(m²·K)	可见光透射比 τ_v	太阳红外热能总透射比 g_{IR}	太阳能得热系数SHGC	气密性	水密性，Pa	抗风压性，Pa	适用范围
外窗	河北天山建材科技有限公司	TS120系列铝包木被动窗		0.64	0.82	0.69	0.22	0.46	8级	700 6级	5000 9级	严寒/寒冷地区
外门	北京宏安建筑装饰工程有限责任公司	TS120系列铝包木被动门		0.65	0.86	0.68	0.21	0.44	8级	700 6级	5000 9级	严寒/寒冷地区
外窗	青岛安和日达工贸有限公司	旭格AWS 90SI铝合金窗	0.71	0.79	098	0.73	0.29	0.5	8级	5级	8级	寒冷地区
外窗	哈尔滨市阁韵窗业有限公司	铝包木被动采光窗		0.56	0.89	0.7	0.29	0.49	8级	700 6级	4536 8级	严寒/寒冷地区
外窗	浙江星月门业有限公司	GR120铝包木被动窗	1.3	0.7	0.98	0.616	0.507	0.507	8级	700 6级	5000 9级	严寒/寒冷地区/夏热冬冷地区
外门		FAM-B-B-GZ/BD1221被动式节能钢质复合进户门	—	—	1.0	—	—	—	8级	700 6级	5000 9级	各气候区
外门	河北奥意新材料有限公司	FAM-B-B-GM/BD1221被动式节能钢木复合进户门	—	—	1.0	—	—	—	8级	700 6级	5000 9级	各气候区
外窗		104系列铝塑共挤被动窗	框：0.86 扇：0.83	0.8	0.9	0.7	—	0.46	8级	700 5级	6级	寒冷地区

续表

产品名称	生产厂商	产品型号	型材传热系数 W/(m²·K)	玻璃传热系数 W/(m²·K)	整窗传热系数K W/(m²·K)	可见光透射比 τ_v	太阳红外热能总透射比 g_{IR}	太阳能得热系数SHGC	气密性	水密性 Pa	抗风压性 Pa	适用范围
外窗	望美实业集团有限公司	WM-130铝包木被动窗	上左右Uf: 0.79 下框Uf: 0.81 中横竖框: 0.89	0.7	0.8	0.63	0.25	0.46	8级	700 6级	5000 9级	严寒/寒冷地区
外窗		WM-110铝包木被动窗	上下左右Uf: 0.9 中横竖框: 0.95	0.8	0.98	0.663	0.27	0.45	8级	700 6级	5000 9级	寒冷地区
外窗		WM-98铝包木被动窗	Uf≤1.1	0.8	1.0	0.663	0.27	0.45	8级	700 6级	5000 9级	寒冷地区
外窗	威盾工程建材（天津）有限公司	WD-P115威盾铝包木帷王系列被动窗	0.74	0.76	0.96	0.706	0.25	0.49	8级	700 6级	5000 9级	寒冷地区
外窗	天津海格丽特智能科技股份有限公司	HW90系列被动式塑料窗	0.76	0.756	0.99	0.69	0.242	0.491	8级	700 6级	5000 6级	寒冷地区
外窗	河北新瑞能门窗科技有限公司	新瑞能88系列塑料被动窗	0.9	0.65	0.92	0.57	0.28	0.42	8级	700 6级	5000 9级	寒冷地区

续表

产品名称	生产厂商	产品型号	型材传热系数, W/(m²·K)	玻璃传热系数, W/(m²·K)	整窗传热系数K, W/(m²·K)	可见光透射比 τ_v	太阳红外热能总透射比 g_{IR}	太阳能得热系数SHGC	气密性	水密性, Pa	抗风压性, Pa	适用范围
外窗	山东明珠明材料科技有限公司	TSM750填充聚氨酯玻纤增强真空中空节能窗	1.1	0.7	0.92	0.7	0.35	0.46	8级	700 6级	5000 9级	严寒/寒冷地区
外窗	科技有限公司	TSM985填充聚氨酯玻纤增强真空中空节能窗	0.96	0.7	0.8	0.7	0.35	0.46	8级	700 6级	5000 9级	严寒/寒冷地区
外窗	内蒙古科达铝业装饰工程有限公司	P101系列被动式铝合金窗	1.1	0.73	0.98	0.62	0.21	0.44	8级	6级	9级	寒冷地区
外窗	北京施塔曼科技有限公司	PHW120被动式铝包木窗	1.21	0.76	0.93	0.58	0.31	0.48	8级	6级	9级	寒冷地区
外窗	北京日佳柏莱窗业有限公司	RJ124被动式铝包木	≤1.3	夏季0.69 冬季0.76	0.89	0.729	0.481	0.56	8级	5级	5级	严寒/寒冷地区
明框玻璃幕墙	威海建设集团股份有限公司	WJMQ-65	≤1.2	0.62	0.91	0.65	0.2	0.48	整体3级	整体2级	整体3级	严寒/寒冷地区
外门	浙江跃龙门科技有限公司	FAM-J-D90AL1025			0.93				8级	3级	9级	各气候区
外门	浙江跃龙门科技有限公司	FAM-J-ZM90AL1525			0.81				8级	3级	3级	各气候区

1.2 外门窗型材

产品名称	生产厂商	产品型号	型材传热系数，W/(m²·K)	气密性	水密性，Pa	抗风压性，Pa	适用范围
型材	大连实德科技发展有限公司	SINOSD-80聚酯合金型材	0.7	8级	350~500 4级	5000 9级	寒冷地区
型材	维卡塑料（上海）有限公司（德国）	Softline MD70 NEO塑钢	1.2（含衬钢）	8级	700 6级	≥3500 6级（常规中梃）	寒冷地区
型材	维卡塑料（上海）有限公司（德国）	Softline MD82塑钢	0.99（含衬钢）	8级	700 6级	≥4000 7级（常规中梃）	寒冷地区
型材	瑞好聚合物（苏州）有限公司（德国）	S980 PHZ 86塑钢	0.79	8级	700 5级	3000 5级	寒冷地区
型材	温格润节能门窗有限公司	温格润WG75系列聚氨酯隔热铝合金型材	0.9	8级	1000 6级	5000 9级	严寒/寒冷地区
型材	柯梅令（天津）高分子型材有限公司（德国）	88 plus塑钢	底部：0.79 边沿：0.80 顶部：0.80	8级	500 5级	4200 7级	寒冷地区
型材	河北胜达智通新型建材有限公司	胜达TOP-BEST88MD塑钢	0.90				寒冷夏热冬冷地区
型材	河南省科饶恩门窗有限公司	外窗型材ZEW92MD+塑钢	0.83	8级	700 6级	9级	寒冷地区
型材	河北奥意新材料有限公司	104系列铝塑共挤型材	框：0.86 扇：0.83				各气候区

1.3 玻璃暖边间隔条

产品名称	生产厂商	产品型号	玻璃间隔条材料的导热系数，W/(m·K)	适用范围
暖边间隔条	圣戈班舒贝贝暖边系统商贸（上海）有限公司	舒贝含超强型含暖间隔条	λ=0.14	各气候区
暖边间隔条		舒贝含标准型暖边间隔条	λ=0.29	各气候区
暖边间隔条	泰诺风泰居安（苏州）隔热材料有限公司	Wave系列	λ=0.4（导热因子：0.0018 W/K）	各气候区
暖边间隔条		M系列	λ=0.4（导热因子：0.0018 W/K）	各气候区
暖边间隔条		全塑复合型暖边（Multitech）	导热因子：0.001W/K	各气候区
暖边间隔条	浙江苏齐涂料密封胶有限公司	复合型不锈钢暖边条（Chromatech Ultra）	导热因子：0.0017 W/K	各气候区
暖边间隔条		齿纹面不锈钢暖边条（Chromatech Plus）	导热因子：0.0045 W/K	各气候区
暖边间隔条		不锈钢复合型暖边条（Chromatech）	导热因子：0.0054 W/K	各气候区
暖边间隔条	李赛克玻璃建材（上海）有限公司	添益隔"Thermix"暖边间隔条	λ=0.32	各气候区
暖边间隔条		"Thermobar"暖边间隔条	λ=0.14	各气候区
暖边间隔条	美国奥玛特公司	SST暖边条（LPX1）	导热因子：0.0057W/K	各气候区
暖边间隔条		SST暖边条（GTM）	导热因子：0.0043W/K	各气候区
暖边间隔条		SST暖边条（GTM Hybrid）	导热因子：0.00285W/K	各气候区
暖边间隔条		SST钢暖边条（GTM HS）	导热因子：0.00229W/K	各气候区
暖边间隔条	辽宁双强塑胶科技发展股份有限公司	萨沃奇柔性暖边6.5mm~22mm全系列	λ=0.38（导热因子：0.0016W/K）	各气候区
暖边间隔条	河北恒华昌耀建材科技有限公司	纯不锈钢暖边条12A	等效导热系数：1.57785	各气候区
暖边间隔条		纯不锈钢暖边条16A	等效导热系数：1.49268	各气候区
暖边间隔条		不锈钢包覆暖边条12A	等效导热系数：0.83616	各气候区
暖边间隔条	南通和鼎建材科技有限公司	复合型不锈钢暖边条12A	等效导热系数：0.63（导热因子：0.00128W/K）	各气候区
暖边间隔条		复合型不锈钢暖边条19A	等效导热系数：0.58（导热因子：0.00139W/K）	各气候区

续表

产品名称	生产厂商	产品型号	玻璃间隔条材料的导热系数，W/(m·K)	适用范围
暖边间隔条	南京南油节能科技有限公司	非金属刚性暖边12A、16A	等效导热系数：0.19	各气候区
暖边间隔条	南京南油节能科技有限公司	复合刚性暖边条12A、16A	等效导热系数：0.44	各气候区
暖边间隔条	美国Quanex（柯附士）建材产品集团	Truplas/超级玻纤暖边间隔条	λ=0.14	各气候区
Super Spacer®/超级间隔条	美国Quanex（柯附士）建材产品集团	Premium	λ=0.15（等效导热系数：0.17）	各气候区
		Tri-seal	λ=0.15（等效导热系数：0.17）	各气候区
暖边间隔条	天津瑞丰橡塑制品有限公司	玻纤增强复合材料＋复合膜16A	等效导热系数：0.60	各气候区
		玻纤增强复合材料＋复合膜12A	等效导热系数：0.63	各气候区

2 外围护门窗洞口密封材料

产品名称	生产厂商	产品型号	性能指标						适用范围
			最大抗拉强度，N/50mm	最大伸长率，%	燃烧性能等级	气密性	水密性	Sd值，m	
可抹灰外围护结构门窗洞口的密封材料	德国博仕格有限公司	可抹灰型防水雨布 Winflex 室内侧	纵向>450；横向>80	纵向>20；横向>100	建筑材料等级B2 燃烧等级 Class E	气密	>200cm水柱	55	各气候区
		可抹灰型防水雨布 Winflex 室外侧	纵向>450；横向>80	纵向>20；横向>140	建筑材料等级B2 燃烧等级 Class E	气密	>200cm水柱	0.1	各气候区

续表

产品名称	生产厂商	产品型号	厚度，mm	水蒸气扩散阻力	Sd值，m	抗拉强度，MPa	断裂伸长率，%	抗撕裂，N	水密性2kPa水压	抗老化	燃烧性能等级	适用范围
不可抹灰型三元乙丙防水透气膜Fasatan	德国博仕格有限公司	不可抹灰型全外侧三元乙丙防水透气膜Fasatan	0.6	20000	12	≥6	≥250	≥10	通过	通过	建筑材料等级B$_2$；燃烧等级E	各气候区
			0.8	20000	16	≥7	≥300	≥10	通过	通过		
			1.0	20000	20	≥7	≥300	≥10	通过	通过		
			1.2	20000	24	≥8	≥300	≥20	通过	通过		

产品名称	生产厂商	产品型号	厚度，mm	水蒸气扩散阻力值	Sd值，m	抗拉强度，MPa	断裂伸长率，%	抗撕裂，N	水密性2kPa水压	抗老化	燃烧等级	适用范围
不可抹灰型三元乙丙防水隔汽膜	德国博仕格有限公司	不抹灰的室内一侧三元乙丙防水隔汽膜Fasatyl	0.6	140000	84	≥6	≥250	≥10	通过	通过	建筑材料等级B$_2$；燃烧等级E	各气候区
			0.8	140000	112	≥7	≥250	≥10	通过	通过		
			1.0	140000	140	≥7	≥250	≥10	通过	通过		
			1.2	140000	170	≥8	≥300	≥20	通过	通过		

产品名称	生产厂商	产品型号	厚度，mm	水蒸气扩散阻力Sd值，m	单位面积质量，g/m²	抗伸断裂强度，MPa		断裂伸长率，%		透湿率，g/（m²·s·Pa）	湿阻因子	适用范围
						纵向	横向	纵向	横向			
防水隔汽膜	德国安所	ISO—CONNECT INSIDE FD	0.503	39.2	224	807	149	14.5	121	6.4×10^{-9}	7.8×10^{4}	各气候区室内侧
防水透气膜		ISO—CONNECT OUTSIDE FD	0.574	0.075	195.9	635	193	12.8	71.4	4.0×10^{-6}	1.3×10^{2}	各气候区室外侧

续表

产品名称	生产厂商	产品型号	单位面积质量, g/m²	横向拉伸强度, N/50mm	横向断裂伸长率, %	纵向拉伸强度, N/50mm	纵向断裂伸长率, %	不透水性	透湿率, g/(m²·s·Pa)	Sd值, m	适用范围
						性能指标					
防水隔汽膜	河北筑恒科技有限公司	DP-in	230	>420	>70	≥500	>35	1000mm, 24h 不透水	4.0×10^{-9}	>50	各气候区 室内侧

产品名称	生产厂商	产品型号	厚度, mm	单位面积质量, g/m²	水蒸气扩散阻力Sd值, m	抗伸断裂强度, MPa		断裂伸长率, %		透湿率, g/(m²·s·Pa)	湿阻因子	适用范围
						纵向	横向	纵向	横向			
						性能指标						
NGF防水隔汽膜	南京玻璃纤维研究设计院有限公司	NGFM-A Inside	≤0.7	≤250	≥30	≥500	≥80	≥10	≥50	$\leq 9 \times 10^{-9}$	$\geq 5.0 \times 10^{4}$	各气候区 室内侧
NGF防气透水膜		NGFM-A Outside	≤0.7	≤200	≤0.5	≥450	≥60	≥10	≥60	$\geq 4.0 \times 10^{-7}$	$\leq 9.0 \times 10^{2}$	各气候区 室外侧

产品名称	生产厂商	产品型号	厚度, mm	单位面积质量, g/m²	最大抗拉强度, N/50mm	最大伸长率, %	胶粘带与不锈钢板剥离强度(剥离角度180°), N/mm	透水蒸气性, g/(m²·24h)	透湿系数, g·cm/cm²·s·Pa	热老化(拉伸)力保持率, %(80℃, 168h)	热老化(延伸)率保持率, %(80℃, 168h)	适用范围
							性能指标					
可抹灰外围护结构门窗洞口的密封材料	SIGA COVER AG(瑞士)	室内带孔隔汽胶带	0.53	326	纵向: 211	纵向: 72	纵向: 1.0	12.570	1.82×10^{-13}	100	101	各气候区
		室外透气胶带	0.57	334	纵向: 285 横向: 147	纵向: 117 横向: 123	纵向: 1.1 横向: 1.2	64	6.29×10^{-13}	纵向: 98 横向: 93	纵向: 95 横向: 93	各气候区
	Tremco Illbruck GmbH(德国)	可抹灰窗洞口室内外防水膜	0.54	308	纵向: 287 横向: 171	纵向: 149 横向: 133	纵向: 1.6 横向: 1.5	63.111	5.72×10^{-13}	纵向: 123 横向: 115	纵向: 139 横向: 122	各气候区

3 透明部分用玻璃

3 透明部分用玻璃

产品名称	生产厂商	产品型号	传热系数 K, W/($m^2 \cdot K$)	可见光透射比 τ_v	太阳红外热能总透射比 g_{IR}	太阳能得热系数 SHGC	光热比 LSG	适用范围
透明部分用玻璃	青岛亨达玻璃科技有限公司	5mm透明+16A暖边+5mm Low-E+0.15mm真空+5mm透明	0.78	0.59	0.36	0.49	1.20	寒冷地区
	天津南玻节能玻璃有限公司	5超白（CES01-85N）#2+15Ar+5超白+15Ar+5超白（CES01-85N）#5	0.78	0.65	0.25	0.46	1.41	寒冷地区
	中国玻璃控股有限公司	5Low-E+16Ar+5Low-E+16Ar+5C（单银2#/单银4#，高透基片）	0.69	0.615	0.26	0.46	1.34	严寒/寒冷地区
	天津耀皮工程玻璃有限公司	5YME-0185（2#）+12Ar+5YME-0185（4#）+16Ar+5YEA-0182（6#）	0.72	0.61	0.20	0.43	1.42	寒冷地区
	信义玻璃（天津）有限公司	5XETN0188#2+15AR+5XETN0188#4+15AR+5XETN0188#5	0.74	0.69	0.21	0.46	1.44	寒冷地区
	北京金晶智慧有限公司	5Optilite S1.16+12Ar+5C+12Ar+5Optilite S1.16	0.79	0.73	0.29	0.50	1.46	寒冷地区
		5Optilite S1.16+18Ar+5C+18Ar+5Optilite S1.16	0.60	0.73	0.29	0.50	1.45	严寒地区
		5Optisolar D80+12Ar+5C+12Ar+5Optilite S1.16	0.77	0.64	0.15	0.35	1.81	寒冷/夏热冬冷/温和地区
		5Optisolar D80+18Ar+5C+18Ar+5Optilite S1.16	0.59	0.64	0.15	0.35	1.82	寒冷/夏热冬冷/温和地区

续表

产品名称	生产厂商	产品型号	传热系数 K, W/(m^2·K)	可见光透射比 τ_v	太阳红外热能总透射比 g_{IR}	太阳能得热系数 SHGC	光热比 LSG	适用范围
透明部分用玻璃	北京金晶智慧玻璃有限公司	5Optiselec T70XL+12Ar+5C+12Ar+5Optilite S1.16	0.75	0.63	0.09	0.28	2.26	夏热冬暖地区
		5Optiselec T70XL+18Ar+5C+18Ar+5Optilite S1.16	0.57	0.63	0.09	0.28	2.27	夏热冬暖地区
		5Optiselec T70XL+16Ar+5C+16Ar+5Optilite S1.16	0.67	0.62	0.02	0.30	2.07	夏热冬暖地区
	台玻天津玻璃有限公司	5mmLow-E（2#）+16Ar+5mmClear+16Ar+5mmLow-E（5#）	0.74	0.60	0.25	0.46	1.30	寒冷地区
	北京冠华东方玻璃科技有限公司	5 Low-E钢+16 Ar + 5白钢+16 Ar + 5 Low-E钢	0.71	0.58	0.17	0.43	1.35	夏热冬冷地区
	大连华鹰玻璃股份有限公司	TPS长寿命中空玻璃：4浮法钢化玻璃+15.5TPS.ar+3钢化Low-E+15.5 TPS.ar+3钢化Low-E	0.71	0.71	0.24	0.52	1.37	寒冷地区
	保定市大韩玻璃有限公司清苑分公司	6mmLow-E钢化（super-1）+16Ar（TPS充氩气）+5mm白玻钢化+16Ar（TPS充氩气）+6mmLow-E钢化（super-1）	0.78	0.64	0.24	0.47	1.36	寒冷地区（B）
	福莱特玻璃集团股份有限公司	5mmLow-E（SET1.16II）钢化玻璃+16mm氩气层+5mm无色钢化玻璃+16mm氩气层+5mmLow-E（SET1.16II）钢化玻璃	0.75	0.59	0.24	0.46	1.28	寒冷地区
	台玻成都玻璃有限公司	5mmLow-E（TDE78A03）钢化玻璃+15mm氩气层+5mm，无色玻璃+15mm氩气层+5mmLow-E（TCE83）钢化玻璃	0.70	0.58	0.15	0.41	1.41	夏热冬冷

续表

产品名称	生产厂商	产品型号	传热系数 K, W/(m²·K)	可见光透射比 τ_v	太阳红外热能总透射比 g_{IR}	太阳能得热系数 SHGC	光热比 LSG	适用范围
透明部分用玻璃	中航三鑫股份有限公司	5mm Low-E钢化（SEE-83T，2#）+16Ar（充氩气）+5mm 白玻钢化+16 Ar（充氩气）+5mm Low-E钢化（SEE-83T，#5）	0.76	0.62	0.25	0.48	1.29	寒冷地区（B）
	浙江中力节能玻璃制造有限公司	5mmLow-E（PPG85（T））钢化玻璃+16mm氩气层+5mmLow-E（PPG85（T））钢化玻璃+16mm氩气层+5mmLow-E无色钢化玻璃	0.67	0.57	0.06	0.36	1.58	夏热冬冷温和地区
	北京物华天宝安全玻璃有限公司	5镀膜钢化+16Ar+5镀膜钢化+16Ar+5普通钢化	夏季：0.69 冬季：0.76	0.729	0.481	0.56	1.30	严寒/寒冷地区
	北京海阳顺达玻璃有限公司	5mmLow-E钢化玻璃+15mm氩气层+5mmLow-E钢化玻璃+15mm氩气层+5mm无色钢化玻璃	0.79	0.57	0.23	0.44	1.30	寒冷/夏热冬冷地区
	洛阳兰迪玻璃机器股份有限公司	5mm无色钢化玻璃+12mm空气层+5Low-E钢化玻璃+V+5mm无色钢化玻璃	0.426	0.56	0.14	0.36	1.56	温和/夏热冬冷地区
	天津市百泰玻璃有限公司	5mmLow-E钢化+16Ar暖边+5mmLow-E钢化+16Ar暖边+6mm防火（耐火1.0h）	0.78	0.64	0.263	0.46	1.38	寒冷地区

续表

产品名称	生产厂商	产品型号	传热系数 K, W/（m²·K）	可见光透射比 τ_v	太阳红外热能总透射比 g_{IR}	太阳能得热系数 SHGC	光热比 LSG	适用范围
透明部分用玻璃	河北煜华硕玻璃科技有限公司	5mmLow-E（2#）钢化+16Ar+5mm白玻钢化+16Ar+5mmLow-E（5#）钢化 膜面为第2、5面	0.756	0.663	0.245	0.473	1.40	寒冷地区（A）
	天津市富力星辰玻璃有限公司	5mmLow-E（2#）钢化玻璃+16Ar暖边+5mmLow-E（4#）钢化玻璃+16Ar暖边+6mm无色防火玻璃	0.76	0.66	0.22	0.46	1.43	寒冷地区
	赋腾河北节能科技有限责任公司	5mmLow-E（2#）玻璃+16mm氩气层+5mmLow-E（4#）玻璃+16mm氩气层+5mm钢化玻璃	0.62	0.61	0.23	0.42	1.47	严寒/寒冷地区
		5mmLow-E（2#）玻璃+16mm氩气层+5mmLow-E（4#）玻璃+16mm氩气层+5mm钢化玻璃	0.62	0.59	0.25	0.42	1.40	严寒/寒冷地区
	洛阳兰迪玻璃机器股份有限公司	5mm+12mm氩气层+（5Low-E（D80）+0.3V+5）mm	0.46	0.63	0.12	0.38	1.66	温和地区
		5mm+12mm氩气层+（5Low-E（S1.16）+0.3V+5）mm	0.43	0.72	0.32	0.52	1.38	严寒/寒冷地区
		5mmLow-E（S1.16）2#+0.3V+5mm	0.57	0.76	0.34	0.55	1.38	严寒/寒冷地区
		5mmLow-E（YDTA-0155）2#+0.3V+5mm	0.49	0.52	0.07	0.29	1.79	夏热冬冷/夏热冬暖/温和地区
		5mmLow-E（D80）+12mm空气层+（5Low-E（D80）+0.3V+5）mm	0.28	0.55	0.04	0.26	2.12	夏热冬冷/夏热冬暖/温和地区
	临朐金晶平弯钢化玻璃有限公司	5Low-E85A+16A暖边+5超白+16A暖边+5Low-E85A全钢中空	0.792	0.607	0.268	0.5	1.252	寒冷地区

4 遮阳产品

4 遮阳产品

产品名称	生产厂商	产品型号	叶片角度调节量	户外百叶帘遮阳系数		抗风性能	机械耐久性	适用范围
				叶片关闭	叶片水平			
遮阳产品	北京科尔建筑节能技术有限公司	外遮阳CR80百叶帘	0°~90°	0.21	0.43	4级（额定荷载400N/m²）	2级（伸展收回8200次、开启关闭16000次）	各气候区
		外遮阳ZR90百叶帘	0°~90°	0.19	0.39	4级（额定荷载400N/m²）	2级（伸展收回8200次、开启关闭15500次）	各气候区

产品名称	生产厂商	产品型号	叶片角度调节量	户外百叶帘遮阳系数（叶片关闭）	抗风性能	机械耐久性	适用范围
遮阳产品	南京金星宇节能技术有限公司	外遮阳百叶帘	0°~90°	0.16	0.6kPa	伸展收回10000次、开启关闭20000次，未发生损坏和功能障碍	各气候区

产品名称	生产厂商	产品型号	叶片角度调节量	户外百叶帘遮阳系数		抗风性能	机械耐久性	适用范围
				叶片关闭	叶片45°角			
遮阳产品	河北绿色建筑科技有限公司	外遮阳百叶帘	0°~90°	0.25	0.54	4级	2级（伸展收回7000次、开启关闭14000次、试验速度变化率为8%，注油部位无渗漏）	各气候区
				叶片关闭	叶片水平			
遮阳产品	望瑞门遮阳系统设备（上海）有限公司	C型铝合金遮阳百叶帘	±80°	0.1	0.2	6级	产品经过伸展、收回7000次和开启、闭合循环1400次后，产品整个系统无任何的破坏，机械部位无明显的噪声。叶片倾斜的传动机构平稳且能保持开启和关闭间任意的角度位置。提升绳（带）的断裂力为试验前断裂强力平均值的85%，转向绳的断裂强力为试验前断裂强力平均值的82%	户外
		Z型铝合金遮阳百叶帘						

续表

产品名称	生产厂商	产品型号	叶片角度调节量	户外百叶帘遮阳系数 叶片45°角	抗风性能	机械耐久性	适用范围
遮阳产品	北京伟业窗饰遮阳帘有限公司	外遮阳百叶帘		0.31	5级		各气候区

产品名称	生产厂商	产品型号	叶片角度调节量	户外百叶帘遮阳系数 叶片水平	户外百叶帘遮阳系数 叶片45°角	抗风性能	机械耐久性	适用范围
遮阳产品	天津市赛尚遮阳科技有限公司	CR80-0.45-2000宽外遮阳电动式遮阳金属百叶帘（铝合金）		0.45	0.23	6级	2级	各气候区

5 五金

产品名称	生产厂商	产品型号	外观	上部合页静态载荷	启闭力性能	反复启闭性能	90度平开启闭性能	锁闭部件强度	开启撞击性能	耐腐蚀性能	承重级	适用范围
五金	春光五金有限公司	NKND106系列	表面平直、光滑，表面色泽均匀	≥1800N	平开状态下启闭力≤50N，下悬状态下启闭力≤180N	反复启闭30000循环操作功能正常	反复启闭30000循环动力矩≤10 N·m，操作力≤100N；反复启闭15000个循环后，关闭力≤120N	锁点、锁座承受力≥1800N	通过重物的自由落体进行窗口洞扇撞击试验，反复3次不脱落	基材：锌合金、覆盖层、镀锌度，耐腐蚀性能要求：中性盐雾（NSS）试验，96h不出白色蚀点（保护等级≥8级）	70kg	各气候区

5 五金

第二类 材料组

6 屋面和外墙用防水隔汽膜和防水透气膜（防水卷材）

产品名称	生产厂商	产品型号	性能指标						适用范围
			拉伸力，N/50mm	断裂伸长率，%	撕裂强度（钉杆法），N	不透水性	透水蒸气性 g/(m²·24h)	低温弯折性	耐热度	
屋面和外墙用防水隔汽膜	德国博仕格有限公司	Winflex Wall&Roof 防水隔汽膜	纵向：129 横向：203	纵向：80 横向：67	纵向：70 横向：68	1000mm，2h不透水	27	−45℃ 无裂纹	100℃，2h无卷曲，无明显收缩	各气候区

6 屋面和外墙用防水隔汽膜和防水透气膜（防水卷材）

产品名称	生产厂商	产品型号	性能指标					适用范围
			拉伸力，N/50mm	断裂伸长率，%	撕裂强度（钉杆法），N	不透水性	透水蒸气性 g/(m²·24h)	
屋面和外墙用防水透气膜	德国博仕格有限公司	Winflex Wall&Roof 防水透气膜	纵向：165 横向：230	纵向：63 横向：62	纵向：150 横向：156	1000mm，2h不透水	377	各气候区

产品名称	生产厂商	产品型号	性能指标				适用范围
			低温柔度，℃	高温流淌性，℃	最大抗拉力，N/5cm	最大拉力下的延伸率，%	
玻纤聚酯胎基改性沥青隔火自粘防水卷材	德国威达公司	Vedatop® SU（RC）100	−20	70	纵/横≥800/800	纵/横≥2/2	各气候区
			弹性改性沥青自粘防水卷材，具有隔火性能。采用抗撕拉胎基，下表面为改性沥青自粘胶，上表面为PE保护膜及接缝边搭接处自粘保护膜				

续表

产品名称	生产厂商	产品型号	性能指标				适用范围
			低温柔度，℃	耐水汽渗透性等效空气层厚度Sd，m	最大抗拉力，N/50mm	最大拉力下的延伸率，%	
自粘性耐酸碱特殊铝箔面耐酸碱纤维胎防腐汽卷材	德国威达公司	Vedatect SK-D（RC）100	-15	1500	纵横 ≥400/400	纵/横 ≥2/2	各气候区

冷自粘弹性体改性沥青隔气卷材。上表面为一层耐酸碱、耐腐蚀的铝膜。拥有极佳的隔汽效果（耐水汽渗透性等效空气层厚度Sd值在1500m以上）；幅宽1m，用在带涂层的压型钢板基层上时无需涂刷冷底子油；+5℃及以上可冷自粘。施工方便快捷、与基层粘结良好

产品名称	生产厂商	产品型号	性能指标				适用范围
			低温柔度，℃	高温流淌性，℃	最大抗拉力，N/50mm	最大拉力下的延伸率，%	
弹性体改性沥青防水材料	德国威达公司	Vedasprint（RC）green 100	-20	90	纵/横 ≥600/500	纵/横 ≥30/30	各气候区

卷材是通过使用高强度的聚酯胎基浸透SBS改性沥青涂层，然后在上表面附着板岩粒，下表面附以防粘保护膜等一系列工序加工而成。具有极强的可操作性，在极高的施工温度下仍能保持抗变性能力、高抗裂能力、高抗穿刺能力

产品名称	生产厂商	产品型号	性能指标				适用范围
			低温柔度，℃	高温流淌性，℃	最大抗拉力，N/50mm	最大拉力下的延伸率，%	
铜离子复合胎基改性沥青耐穿刺防根防水卷材	德国威达公司	Vedaflor WS-I（RC）bluegreen 100	-25	105	纵/横 ≥800/800	纵/横 ≥40/40	各气候区

具有根阻性能的改性沥青防水卷材。采用SBS改性沥青涂层以及铜-聚酯复合胎基制作而成，上表层为蓝绿色板岩颗粒。根阻性能通过FLL的试验验证；赋予产品独具的植物根阻拦功能。高耐折力；持久的低温柔度

续表

产品名称	生产厂商	产品型号	性能指标							适用范围
			拉伸力，N/50mm	断裂伸长率，%	撕裂强度（钉杆法），N	接缝剪切强度，N/50mm	Sd值，m	不透水性	低温柔性	耐热性
屋面和外墙用隔汽防水卷材	北京东方雨虹防水技术股份有限公司	自粘沥青隔汽卷材 GAL 1.2 20	纵向：≥400 横向：≥400	纵向：≥2 横向：≥2	纵向：≥80 横向：≥100	≥300	≥1500	0.2MPa，30min不透水	-20℃无裂纹	90℃，无流淌、滴落	各气候区
		自粘沥青防水卷材PY AL 2.5 15	纵向：≥800 横向：≥800	纵向：≥35 横向：≥35	纵向：≥200 横向：≥150	≥300	≥1500	0.2MPa，30min不透水	-20℃无裂纹	100℃，无流淌、滴落	各气候区

产品名称	生产厂商	产品型号	性能指标				适用范围
			拉伸力，N/50mm	断裂伸长率，%	不透水性	低温柔性	耐热性
屋面和外墙用防水卷材	北京东方雨虹防水技术股份有限公司	含玻纤胎自粘沥青防水卷材PYG PE	纵向：≥1000 横向：≥1000	纵向：≥2 横向：≥2	0.3MPa，30min不透水	-20℃无裂纹	100℃，无流淌、滴落	各气候区
		SBS沥青防水卷材 PYG M PE 4 10	纵向：≥700 横向：≥500	纵向：≥35 横向：≥35	0.3MPa，30min不透水	-20℃无裂纹	100℃，无流淌、滴落	各气候区
		铜离子复合胎基耐根穿刺防水卷材 PY-Cu SBS PE 57.5	纵向：≥700 横向：≥500	纵向：≥35 横向：≥35	0.3MPa，30min不透水	-20℃无裂纹	100℃，无流淌、滴落	各气候区

续表

性能参数

产品名称	生产厂商	产品型号	最大拉力，N/50mm		断裂伸长率，%		不透水性	钉杆撕裂强度，N	水蒸气透过量，g/(m²·24h)	厚度，mm	热空气老化（80℃，168h）		适用范围
			纵向	横向	纵向	横向					最大拉力保持率	不透水保持率	
防水透气膜	北京东方雨虹防水技术股份有限公司	屋面/墙面用防水透气膜	≥300	≥300	≥15	≥15	1000mm水柱不透水	≥40	≥1000	0.17	≥80%	≥80%	各气候区
防水隔汽膜		屋面/墙面用防水隔汽膜	≥150	≥120	≥50	≥50	2500mm水柱不透水	≥200	≤1.5	0.25	≥80%	≥60%	各气候区

性能指标

产品名称	生产厂商	产品型号	拉伸力，N/50mm	断裂伸长率，%	撕裂强度（钉杆法），N	接缝剪切强度，N/50mm	Sd值，m	不透水性	低温柔性	耐热性	适用范围
隔汽防水卷材	江苏卧牛山保温防水技术有限公司	自粘沥青隔汽卷材 GAL 1.5	纵向：≥400 横向：≥400	纵向：≥2 横向：≥2	纵向：≥80 横向：≥100	≥300	≥1500	0.2MPa，30min不透水	-20℃ 无裂纹	90℃，无流淌、滴落	各气候区

7 外墙外保温系统及其材料

7 外墙外保温系统及其材料

产品名称	生产厂商	产品型号	抗冲击性	吸水量，g/m²	耐候性	抗风荷载性能	耐冻融性能	不透水性	水蒸气透过湿流密度，g/(m²·h)	适用范围
外墙外保温系统	堡密特建筑材料（苏州）有限公司	模塑聚苯板/石墨聚苯板外墙外保温系统	首层10J级别；二层及以上3J级别	≤500	经过80次高温—淋水循环和5次加热—冷冻循环后，试样未见可见裂缝，未见粉化、空鼓、剥落现象；抹面层与保温层拉伸粘结强度≥0.10MPa	不小于工程项目的风荷载设计值	30次冻融循环后，试样未见可见裂缝，未见粉化、空鼓、剥落现象，保护层与保温层的拉伸粘结强度大于等于100kPa	—	≥0.85	各气候区
		堡密特岩棉板外墙外保温系统	10J	≤1000	未出现饰面层起泡或脱落、保护层空鼓或裂缝等现象，未产生渗水裂缝，破坏界面在保温层层内	不小于工程项目的风荷载设计值	保温层无空鼓脱落，无渗水裂缝，破坏面在保温层内	2h不透水	≥1.67	各气候区
		堡密特岩棉带外墙外保温系统	10J	≤1000	未出现饰面层起泡或脱落、保护层空鼓或裂缝等现象，未产生渗水裂缝，拉伸粘结强度≥100kPa，破坏界面在保温层层内	不小于工程项目的风荷载设计值	保温层无空鼓脱落，无渗水裂缝，≥100kPa，拉伸粘结强度破坏界面在保温层内	2h不透水	≥1.67	各气候区

续表

产品名称	生产厂商	产品型号	抗冲击性	吸水量，g/m²	耐候性	抗风荷载性能	耐冻融性能	不透水性	水蒸气透过湿流密度，g/(m²·h)	适用范围
聚氨酯外墙外保温系统	上海华峰普恩聚氨酯有限公司	改性PIR聚氨酯外墙外保温系统	建筑物首层墙面和门窗洞口等易受碰撞部位：合格10J级；合格建筑物二层以上墙面等不易受碰撞部位：3J级合格	水中浸泡1h，只带面有抹面和带全部保护层的系统，吸水量均不得大于0.5kg/m²	80次热雨循环和5次热冷循环后，外观不得出现饰面层起泡或剥落、保护层和保温层空鼓等破坏，不得产生裂缝；抹面层与保温层的拉伸粘结强度≥0.10MPa，且破坏部位应位于保温层内	不小于风荷载设计值（6.0kPa）	30次冻融循环后，保护层无空鼓、脱落，无渗水裂缝；保护层和保温层的拉伸粘结强度≥0.1MPa，破坏部位应位于保温层，保护层与防火隔离带的拉伸粘结强度≥80kPa	抹面层2h不透水	≥0.85	各气候区
外墙外保温系统	巴斯夫化学建材（中国）有限公司	模塑聚苯板/石墨聚苯板外墙外保温系统	建筑物首层墙面和门窗洞口等易受碰撞部位：10J级；建筑物二层以上墙面等不易受碰撞部位：3J级	只带有抹面层和带有全部保护层的系统，水中浸泡1h，吸水量大于或等于1.0kg/m²	不得出现饰面层起泡或剥落、保护层和保温层等破坏，不得产生渗水裂缝；抹面层与保温层的拉伸粘结强度≥0.10MPa；抗冲击性能3J级（单层网格布）	不小于风荷载设计值	30次冻融循环后，保护层无空鼓、脱落，无渗水裂缝；保护层和保温层的拉伸粘结强度≥0.10MPa，破坏部位应位于保温层，保护层与防火隔离带的拉伸粘结强度≥80kPa	2h不透水	≥0.85	各气候区

续表

产品名称	生产厂商	产品型号	抗冲击性	吸水量，g/m²	耐候性	抗风荷载性能	耐冻融性能	不透水性	水蒸气透过湿流密度，g/(m²·h)	适用范围
外墙外保温系统	巴斯夫化学建材（中国）有限公司	巴斯夫岩棉外墙外保温系统	建筑物首层墙面和门窗洞口等易受碰撞部位：10J级；建筑物二层以上墙面等不易受碰撞部位：3J级	只带有抹面层和带有全部保护层的系统，水中浸泡1h，吸水量均不得大于或等于500g/m²	不得出现饰面层起泡或剥落、保护层起泡或剥落或保温层空鼓或剥落等破坏，不得产生渗水裂缝；抹面层与保温层的拉伸粘结强度：岩棉板≥80kPa；岩棉带≥80kPa；抗冲击性能3J级（单层网格布）	不小于风荷载设计值	30次冻融循环后，保护层无空鼓、脱落、无渗水裂缝；保护层与保温层的拉伸粘结强度：岩棉板≥7.5kPa，岩棉带≥80kPa	2h不透水	≥0.85	各气候区
外墙外保温系统	山东秦恒科技股份有限公司	模塑聚苯板/石墨聚苯板外墙外保温系统	普通型（P型），3J冲击10点，无破坏；加强型（Q型），10J冲击10点，无破坏	只带有抹面层和带有全部保护层的系统，水中浸泡1h，吸水量均不得大于或等于500g/m²	热雨周期80次，热冷周期5次，表面无裂纹、粉化、剥落现象	不小于风荷载设计值	冻融10个循环，空气融无裂缝、起泡、剥离现象	2h不透水	≥0.85	各气候区

续表

产品名称	生产厂商	产品型号	抗冲击性	吸水量，g/m²	耐候性	抗风荷载性能	耐冻融性能	不透水性	水蒸气透过湿流密度，g/(m²·h)	适用范围
外墙外保温系统	江苏卧牛山保温防水技术有限公司	模塑聚苯板、石墨聚苯板外墙外保温系统	建筑物首层墙面和门窗洞口等易受碰撞部位：10J级；建筑物二层以上墙面：3J级	浸水24h，吸水量不大于500g/m²	热/周周期80次，热/冷周期5次，表面无裂纹、粉化，剥落现象，抹面层拉伸粘结强度与保温层≥0.10MPa，且保温层破坏	不小于风荷载设计值，检测时，6.7kPa未破坏	冻融10个循环，表面无裂缝，空鼓、起泡、剥离现象	2h不透水	≥0.85	各气候区
外墙外保温系统	北京金隅砂浆有限公司	岩棉外保温系统	首层10J级别；二层及以上3J级别	只带有抹面层0.7，带有全部保护层0.2	经耐候性试验后，无饰面层起泡或剥落，保护层和保温层空鼓或脱落等破坏，无裂缝，抹面层与保温层拉伸粘结强度≥0.11MPa，拉伸粘结强度破坏在保温层内	不小于工程项目的风荷载设计值	经30次冻融循环后，保护层无空鼓，脱落，无裂缝，保护层与保温层的拉伸粘结强度≥0.10MPa，拉伸粘结强度破坏在保温层内	2h不透水	2.34	各气候区
石墨聚苯板外墙外保温系统	北京盛信鑫源新型建材有限公司	石墨聚苯板外墙外保温系统	建筑物首层墙面和门窗洞口等易受碰撞部位：10J级；建筑物二层以上墙面等不易受碰撞部位：3J级	只带有抹面层和带有全部保护层的系统，水中浸泡1h，吸水量均小于等于500g/m²	不得出现饰面层起泡或剥落，保护层和保温层空鼓或脱落等破坏，不得产生渗水裂缝；抹面层与保温层的拉伸粘结强度≥0.10MPa（石墨聚苯板两层错缝铺装）	8.0kPa	30次冻融循环后，保护层无空鼓，脱落，无裂缝，保护层与保温层的拉伸粘结强度≥0.10MPa	2h不透水	≥0.85	各气候区

续表

产品名称	生产厂商	产品型号	抗冲击性	吸水量，g/m²	耐候性	抗风荷载性能	耐冻融性能	不透水性	水蒸气透过湿流密度，g/(m²·h)	适用范围
外墙外保温系统	广骏新材料科技有限公司	石墨聚苯板外墙外保温系统	建筑物首层墙面和带门窗洞口等易受碰撞部位：10J级；建筑物二层以上墙面等不易受碰撞部位：3J级	只带有抹面层和带有全部保护层的系统，水中浸泡1h，吸水量均不得大于或等于500g/m²	不得出现饰面层起泡或空鼓或剥落、保护层无裂缝，不得产生渗水裂缝；抹面层与保温层的拉伸粘结强度≥0.10MPa，且保温层破坏	不小于风荷载设计值	30次冻融循环后，保护层无空鼓、脱落或剥落，无渗水裂缝；保护层的拉伸粘结强度≥0.10MPa，破坏部位于保温层	2h不透水	≥0.85	各气候区
外墙外保温系统	绿建大地建设发展有限公司	石墨模塑聚苯板薄抹灰外墙外保温系统	建筑物首层墙面和带门窗洞口等易受碰撞部位：10J级；建筑物二层以上墙面等不易受碰撞部位：3J级	只带有抹面层和带有全部保护层的系统，水中浸泡1h，吸水量均不得大于或等于500g/m²	不得出现饰面层起泡或空鼓或剥落、保护层无裂缝，不得产生渗水裂缝；抹面层与保温层的拉伸粘结强度≥0.10MPa；抗冲击性能3J级（单层网格布）	不小于风荷载设计值	30次冻融循环后，保护层无空鼓、脱落、保护层无裂缝；抹面层和保温层的拉伸粘结强度≥0.10MPa，破坏部位于保温层，保护层与防火隔离带的拉伸粘结强度≥80kPa	试样抹面内侧2h不透水	≥0.85	各气候区
外墙外保温系统	河北三楷深发科技股份有限公司	岩棉保温复合板外墙外保温系统	首层10J级；二层及以上3J级	≤500	未出现饰面层起泡或脱落、保护层空鼓破坏等，未产生渗水裂缝，破坏面在保温层，拉伸粘结强度≥0.1MPa	不小于工程项目的风荷载设计值	30次冻融循环后，保护层无空鼓、脱落，无渗水裂缝，保护层与保温层拉伸粘接强度≥0.1MPa	2h不透水	≥0.85	各气候区

续表

产品名称	生产厂商	产品型号	抗冲击性	吸水量 g/m²	耐候性	抗风荷载性能	耐冻融性能	不透水性	水蒸气透过湿流密度 g/(m²·h)	适用范围
外墙外保温系统	北京建工新型建材有限责任公司	石墨聚苯板薄抹灰外墙外保温系统	首层10J级别;二层及以上3J级	≤500	经过80次高温—淋水循环和15次加热—冷冻循环后,试样无可见裂缝、无粉化、空鼓、剥落现象,抹面层与保温层的拉伸粘结强度≥0.1MPa	不小于工程项目风载设计要求	30次冻融循环后,试样无可见裂缝、无粉化、空鼓、剥落现象;防护层与保温层的拉伸粘结强度≥0.1MPa	—	≥0.85	各气候区
外墙外保温系统		岩棉薄抹灰外墙外保温系统	首层10J级别,二层及以上3J级	≤500	经耐候性测试后,饰面层无可见裂缝、剥落现象,无空鼓,抹面层的拉伸粘结强度≥0.08MPa,破坏发生在保温层内	不小于工程项目风荷载设计要求,检测时,6.7kPa未破坏	30次冻融循环后,防护层无可见裂缝、无粉化、空鼓、剥落现象;防护层与保温层的拉伸粘结强度≥0.08MPa	2h不透水	应满足防潮冷凝设计要求	各气候区
外墙外保温系统	北鹏科技发展集团股份有限公司	石墨聚苯板外墙外保温系统	首层10J级;二层及以上3J级	≤500	外观:无可见裂缝,无粉化、剥落现象;拉伸粘结接强度≥0.10MPa		外观:无可见裂缝、无粉化、空鼓、剥落现象;拉伸粘结接强度≥0.10MPa	—	≥0.85	各气候区
外墙外保温系统	君旺节能科技股份有限公司	石墨模塑聚苯板薄抹灰外墙外保温系统	首层10J级别;二层及以上3J级	≤500 (399)	无可见裂缝;空鼓、剥落现象;拉伸粘结强度≥0.10MPa (0.24MPa)	不小于工程设计要求	无可见裂缝、无粉化、空鼓、剥落现象;拉伸粘结接强度≥0.10MPa (0.25MPa)	—	≥0.85 (1.38)	各气候区

续表

产品名称	生产厂商	产品型号	抗冲击性	吸水量，g/m²	耐候性	抗风荷载性能	耐冻融性能	不透水性	水蒸气透过湿流密度，g/(m²·h)	适用范围
外墙外保温系统	君旺节能科技股份有限公司	岩棉薄抹灰外墙外保温系统	首层10J级别；二层及以上3J级	≤500（373）	饰面层无可见裂缝，无粉化、剥落现象，保护层无空鼓，15kPa岩棉板破坏	不小于工程设计要求	30次冻融循环后，防护层无可见裂缝，空鼓、无粉化、剥落现象，15kPa岩棉板破坏	2h不透水（试样抹面层内侧无水渗透）	应满足防潮冷凝设计要求，1.34	各气候区
外墙外保温系统	广州孚达保温隔热材料有限公司	石墨聚苯板外墙外保温系统	首层10J级；二层及以上3J级	≤500	外观无可见裂缝，无粉化、空鼓、剥落现象；拉伸粘结强度≥0.10MPa；防护层与防火隔离带拉伸粘结强度≥80kPa	不小于风荷载设计值	外观无可见裂缝，空鼓、无粉化、剥落现象；拉伸粘结强度≥0.10MPa	2h不透水	≥0.85	各气候区

8 模塑聚苯板、石墨聚苯板

8 模塑聚苯板、石墨聚苯板

产品名称	生产厂商	产品型号	导热系数，W/(m·K)	表观密度，kg/m³	垂直板面的抗拉强度，MPa	尺寸稳定性，%	水蒸气透过系数，ng/(Pa·m·s)	吸水率，%	弯曲变形，mm	氧指数，%	燃烧性能等级	适用范围
模塑聚苯板	山东秦恒科技股份有限公司	模塑聚苯板	≤0.039	≥18.0	≥0.10	≤0.3	≤4.5	≤3.0	≥20	≥32	不低于B₁级	各气候区
石墨聚苯板	山东秦恒科技股份有限公司	石墨聚苯板	≤0.032	≥18.0	≥0.10	≤0.3	≤4.5	≤3.0	≥20	≥32	不低于B₁级	各气候区

续表

产品名称	生产厂商	产品型号	导热系数, W/(m·K)	表观密度, kg/m³	垂直板面的抗拉强度, MPa	尺寸稳定性, %	水蒸气透过系数, ng/(Pa·m·s)	吸水率, %	弯曲变形, mm	氧指数, %	燃烧性能等级	适用范围
模塑聚苯板	江苏卧牛山保温防水技术有限公司	模塑聚苯板	≤0.039	≥18.0	≥0.10	≤0.3	≤4.5	≤3.0	≥20	≥32	B_1（C）级	各气候区
石墨聚苯板	江苏卧牛山保温防水技术有限公司	石墨聚苯板	≤0.032	≥18.0	≥0.10	≤0.3	≤4.5	≤3.0	≥20	≥32	B_1（B）级	各气候区
模塑聚苯模块	哈尔滨鸿盛建筑材料制造股份有限公司	模塑聚苯模块	≤0.033	≥29.0	≥0.20	≤0.3	≤4.0	≤2.0	≥20	≥32	不低于B_1级	各气候区
石墨聚苯模块	哈尔滨鸿盛建筑材料制造股份有限公司	模塑聚苯模块	≤0.037	≥19.0	≥0.15	≤0.3	≤4.0	≤2.0	≥25	≥32	不低于B_1级	各气候区
石墨聚苯模块	哈尔滨鸿盛建筑材料制造股份有限公司	石墨聚苯模块	≤0.030	≥29.0	≥0.20	≤0.3	≤4.0	≤2.0	≥20	≥32	不低于B_1级	各气候区
石墨聚苯模块	哈尔滨鸿盛建筑材料制造股份有限公司	石墨聚苯模块	≤0.032	≥19.0	≥0.15	≤0.3	≤4.0	≤2.0	≥25	≥32	不低于B_1级	各气候区
石墨聚苯板	巴斯夫化学建材（中国）公司	巴斯夫凡士能® NEO阻燃型高性能保温隔热板	≤0.033	≥18.0	≥0.10	≤0.20	≤4.5	≤3.0	≥20	≥32	不低于B_1级，且遇电焊火花喷溅时无烟气，不起火燃烧	各气候区
模塑聚苯板	南通锦鸿建筑科技有限公司	模塑聚苯板	≤0.037	≥20.0	≥0.10	≤0.30	≤4.5	≤3.0	≥20	≥31	不低于B_1级	各气候区
模塑聚苯板	北京敬业达新型建筑材料科有限公司	18~22kg/m³	≤0.039	≥18.0	≥0.10	≤0.020	≤4.5	≤3.0	≥20	≥32	不低于B_1	各气候区
石墨聚苯板	北京敬业达新型建筑材料科有限公司	20~22kg/m³	≤0.033	≥20.0	≥0.10	≤0.020	≤4.5	≤3.0	≥20	≥32	不低于B_1级	各气候区

续表

产品名称	生产厂商	产品型号	导热系数，W/(m·K)	表观密度 kg/m³	垂直板面的抗拉强度，MPa	尺寸稳定性，%	水蒸气透过系数，ng/(Pa·m·s)	吸水率，%	弯曲变形，mm	氧指数，%	燃烧性能等级	适用范围
模塑石墨聚苯板	天津格亚德新材料科技有限公司	GPF-20	≤0.032	≥18	≥0.1	≤0.2	≤4.5	≤3.0	≥20	≥32	B₁级	各气候区
模塑聚苯板	北京五洲泡沫塑料有限公司	EPS聚苯板	≤0.035	≥20.4	≥0.15	≤0.19	≤3.2	≤2.4	≥20	≥32	B₁级	各气候区
模塑聚苯板	北京五洲泡沫塑料有限公司	SEPS聚苯板	≤0.033	≥18.2	≥0.14	≤0.15	≤3.1	≤2.3	≥20	≥32	B₁级	各气候区
模塑石墨聚苯板	北京盛信鑫源新型建材有限公司	模塑石墨聚苯板	≤0.033	≥18	≥0.10	≤0.20	≤4.5	≤3.0	≥20	≥32	B₁级	各气候区
石墨聚苯板	河北绿色建筑科技有限公司	石墨聚苯板	≤0.032	≥20.0	≥0.10	≤0.3	≤4.5	≤2.0	≥20	≥32	不低于B₁级	各气候区
石墨聚苯乙烯保温板	广骏新材料科技有限公司	石墨聚苯板	≤0.033	≥18.0	≥0.10	≤0.30	≤4.5	≤3.0	≥20	≥30	不低于B₁级	各气候区

续表

产品名称	生产厂商	产品型号	导热系数, W/(m·K)	表观密度, kg/m³	垂直板面的抗拉强度, MPa	尺寸稳定性, %	水蒸气透过系数, ng/(Pa·m·s)	吸水率, %	弯曲变形, mm	氧指数, %	燃烧性能等级	适用范围
石墨聚苯乙烯保温板	绿建大地建设发展有限公司	石墨聚苯板	≤0.033	18.0~22.0	≥0.10	≤0.30	≤4.5	≤3.0	≥20	≥30	不低于B_1级	各气候区
石墨聚苯乙烯保温板	华信九州节能科技（玉田）有限公司	1200mm×600mm×50mm	0.032	22	0.23	0.3	4.0	2	20	32.1	B_1级	各气候区
石墨聚苯板	北鹏科技发展集团股份有限公司	SEPS	≤0.039	≥20.0	≥0.10	≤0.3	≤4.5	≤3		≥30	B_1级	各气候区
聚苯板	北鹏科技发展集团股份有限公司	EPS	≤0.033	≥20.0	≥0.10	≤0.3	≤4.5	≤3		≥30	B_1级	各气候区
模塑石墨聚苯板模块	河北智博保温材料制造有限公司	模塑石墨聚苯板模块	≤0.031	≥38	≥0.42	≤0.1	≤4.3	≤1.0		≥32.3	B_1（C）级	各气候区
模塑聚苯模块	河北智博保温材料制造有限公司	模塑聚苯板模块	≤0.033	≥33.3	≥0.51	≤0.1	≤3.2	≤1.0		≥34.5	B_1（C）级	各气候区
石墨聚苯乙烯保温板	北京北鹏首豪建材集团有限公司	1200mm×600mm×120mm	≤0.032	≥18	≥0.10	≤0.3	≤4.5	≤3.0	≥20	≥32	B_1（C）级	各气候区

续表

产品名称	生产厂商	产品型号	导热系数, W/(m·K)	表观密度 kg/m³	垂直板面的抗拉强度, MPa	尺寸稳定性, %	水蒸气透过系数, ng/(Pa·m·s)	吸水率, %	弯曲变形, mm	氧指数, %	燃烧性能等级	适用范围
石墨聚苯乙烯保温板	河北美筑节能科技有限公司	石墨聚苯板	≤0.032	≥18	≥0.10	≤0.3	≤4.5	≤3.0	≥20	≥32	不低于B_1级	各气候区
石墨聚苯乙烯保温板	天津仟世达建筑材料有限公司	石墨聚苯板	≤0.032	≥20.0	≥0.10	≤0.3	≤4.5	≤2	断裂弯曲负荷≥25	≥32	不低于B_1级	各气候区
石墨聚苯乙烯保温板	河北润东聚检验检测有限公司	1.22/0.6/d	≤0.033	20~25	≥0.1	≤0.3	≤4.5	≤3	断裂弯曲负荷≥25	≥30	B_1（C）级	各气候区
石墨聚苯板		石墨聚苯板	≤0.033	18~22	≥0.12	≤0.3	2.0~4.5	≤3	≥25	≥30	B_1（C）级	外墙
聚苯板	河北五洲开元环保新材料有限公司	聚苯板	≤0.038	26~30	压缩强度, kPa ≥150	≤0.5	2.0~4.5	≤3	≥35	≥30	B_1（C）级	屋面
高密度石墨聚苯板	河北五洲开元环保新材料有限公司	高密度石墨聚苯板	≤0.033	75~85	压缩强度, kPa ≥700；压缩蠕变, % ≤1.5	≤0.8	1.5~4.5	≤2	≥70	≥30	B_1（C）级	内嵌安装门窗附框、屋面、地面

9 聚氨酯板

9 聚氨酯板

产品名称	生产厂商	产品型号	导热系数 W/(m·K)	密度 kg/m³	抗压强度 kPa	尺寸稳定性（70℃，24h），%	垂直于板面方向的抗拉强度，MPa	吸水率，%	氧指数，%	烟密度等级 SDR	适用范围
改性聚氨酯板	上海华峰普恩聚氨酯有限公司	改性PIR聚氨酯保温板	≤0.024	≥35	≥150	≤1.5	≥0.10	≤3	≥30	55	各气候区
硬泡聚氨酯保温板	北鹏科技发展集团股份有限公司	PIR/SPIR	≤0.024	芯材密度≥30	≥150	≤1.0	≥100kPa，破坏发生在硬泡聚氨酯芯材中	≤3	≥30	弯曲变形 mm ≥6.5；透湿系数 ng/(Pa·m·s) ≤6.5	各气候区

10 真空绝热板

10.1 真空绝热板

产品名称	生产厂商	产品型号	导热系数 W/(m·K)	表观密度 kg/m³	穿刺强度 N	垂直板面的抗拉强度，MPa	尺寸稳定性，%	表面吸水量，g/m²	穿刺后垂直于板面方向膨胀率，%	穿刺后导热系数 W/(m·K)	燃烧性能等级	适用范围
真空绝热板	中享新型材料科技有限公司	厚度：10~30mm	≤0.006	≤220	≥18	≥80	长度、宽度：≤0.5；厚度：≤1.5	≤100	≤10	≤0.02	A_1级	各气候区

续表

产品名称	生产厂商	产品型号	导热系数，W/(m·K)	表观密度，kg/m³	穿刺强度，N	垂直板面的抗拉强度，MPa	尺寸稳定性，%	表面吸水量，g/m²	穿刺后垂直方向干板面膨胀率，%	穿刺后导热系数，W/(m·K)	燃烧性能等级	适用范围
STP真空绝热板	青岛科瑞新型环保材料集团有限公司	厚度≤35mm	≤0.006	—	≥50	≥80	长度、宽度：≤0.5；厚度：≤3	≤100	≤10	≤0.02	A₂级	各气候区
AB无机纤维真空保温板	安徽百特新材料科技有限公司	600mm×400mm×20mm	0.0044	—	≥18	≥80	长度、宽度≤0.5；厚度≤3.0	≤100	≤10	≤0.035 耐久性（30次循环）导热系数，W/(m·K)≤0.005；垂直板面的抗拉强度，kPa≥80	A₂级	各气候区

10.2 真空绝热板芯材

产品名称	生产厂商	产品型号	导热系数，W/(m·K)	燃烧性能等级	加热永久线变化，%	振动质量损失率，%	压缩回弹率，%	抗拉强度，kPa	质量吸湿率，%	憎水率，%	体积吸水率，%	最高使用温度	使用范围
气凝胶复合绝热毡	建邦新材料科技（廊坊）有限公司	I型	≤0.023	不低于B₁(C)级	≥-2.0	≤1.0	≥90	≥200	≤5.0	≥98.0	≤1.0	200℃	各气候区工况温度不大于200℃

11 岩棉

11.1 外墙外保温系统用岩棉板

产品名称	生产厂商	产品型号	导热系数(25℃), W/(m·K)	酸度系数	密度, kg/m³	尺寸稳定性, %	抗拉拔强度(垂直于表面), kPa	抗压强度(10%变形), kPa	短期吸水量(部分浸水24h), kg/m²	憎水率, %	燃烧性能	适用范围
薄抹灰外墙外保温系统用岩棉板	上海新型建材岩棉有限公司	樱花TR10	≤0.040	≥1.8	≥140	≤0.2	≥10	≥40	≤0.2	≥99	A级	各气候区
		樱花TR15	≤0.040	≥1.8	≥140	≤0.2	≥15	≥60	≤0.2	≥99	A级	各气候区
薄抹灰外墙外保温系统用岩棉板	北京金隅节能保温科技有限公司	金隅星FR10	≤0.038	≥2.0	140	≤0.1	≥10	≥60	≤0.1	≥99	A级	各气候区
薄抹灰外墙外保温系统用岩棉板	南京彤天岩棉有限公司	彤天TTW10	≤0.038	≥1.8	≥140	≤0.2	≥10	≥40	≤0.2	≥99	A级	各气候区
		彤天TTW15	≤0.039	≥1.8	≥140	≤0.2	≥15	≥60	≤0.1	≥99	A级	各气候区
薄抹灰外墙外保温系统用岩棉板	河北三楷深发科技股份有限公司	JD-YOI	≤0.040	≥1.8	≥140	≤0.1	≥15	≥40	≤0.1	≥99	A₁级	各气候区

11.2 岩棉防火隔离带岩棉带

产品名称	生产厂商	产品型号	导热系数（25℃），W/(m·K)	酸度系数	密度，kg/m³	尺寸稳定性，%	抗拉拔强度（垂直于表面），kPa	抗压强度（10%变形），kPa	燃烧性能	熔点，℃（岩棉防火隔离带≥1000）	匀温灼烧性能（750℃，0.5h）线收缩率，%	匀温灼烧性能（750℃，0.5h）质量损失率，%	适用范围
薄抹灰外墙外保温系统用岩棉防火隔离带岩棉条	上海新型建材岩棉有限公司	樱花 TR80	≤0.045	≥1.8	≥100	≤0.2	≥100	≥40	A级	≥1000	≤8	≤6	各气候区
	北京金隅节能保温科技有限公司	金隅星 BR100	≤0.046	≥2.0	100	≤0.1	≥80	≥80	A级	1100	≤7	≤4	各气候区
	南京彤天岩棉有限公司	彤天 TTWF100	≤0.044	≥1.8	100	≤0.2	≥300	≥80	A级	≥1000	≤7	≤4	各气候区
	河北深发科技股份有限公司	JD-Y02	≤0.045	≥1.8	≥100	≤0.2	≥150	≥100	A₁级	≥1000	—	—	各气候区

产品名称	生产厂商	产品型号	单位面积质量，kg/m²	拉伸粘结强度，MPa	抗冲击性	湿度变形，%	吸水量，g/m²	不透水性	热阻，(m²·K)/W	水蒸气透过性能，g/(m²·h)	燃烧性能	适用范围
岩棉复合板	河北三楷深发科技股份有限公司	SK-Y04	20～30	原强度≥0.15，保温材料破坏；耐水强度≥0.15；耐冻融强度≥0.15	用于建筑物首层10J级冲击合格，其他层3J级冲击合格	≤0.07	≤500	防护层内侧未渗透	符合设计要求	防护层水蒸气透过量≥1.67	A级	各气候区

11.3 不采暖地下室顶板保温用岩棉板

产品名称	生产厂商	产品型号	导热系数(25℃),W/(m·K)	酸度系数	密度,kg/m³	尺寸稳定性,%	短期吸水量,(部分浸水,24h),kg/m²	憎水率,%	燃烧性能	降噪系数NRC	适用范围
建筑用岩棉保温板	上海新型建材岩棉有限公司	樱花MB	≤0.038	≥1.8	≥50	≤0.5	≤0.2	≥99	A级	≥0.8	各气候区
建筑用岩棉保温板	南京彤天岩棉有限公司	彤天TTM	≤0.038	≥1.8	≥60	≤0.5	≤0.5	≥99	A级	≥0.7	各气候区

11.4 屋面用岩棉板

产品名称	生产厂商	产品型号	导热系数(25℃),W/(m·K)	酸度系数	密度,kg/m³	短期吸水量,kg/m²	点荷载,N	压缩强度,kPa	渣球含量,%	憎水率,%	燃烧性能	适用范围
高强度屋面用岩棉板	上海新型建材岩棉大丰有限公司	HR	≤0.040	≥1.8	≥160	≤0.2	≥800	≥80	≤6	≥99.5	A级	屋面

12 保温用矿物棉喷涂层

12 保温用矿物棉喷涂层

产品名称	生产厂商	产品规格	密度,kg/m³	渣球含量(>0.25mm),%	纤维平均直径,μm	导热系数(25℃),W/(m·K)	密度允许偏差,%	粘结强度,kPa	憎水率,%	酸度系数	质量吸湿率	降噪系数NRC	短期吸水量,kg/m³	燃烧性能	适用范围
保温用矿物棉喷涂	北京海纳创联无机纤	无机纤维喷涂保温层(SPR3)	80-150	≤6	≤6	≤0.042	±10	大于5倍自重	—	1.2~1.8	≤5.0	≥0.8	≤0.2	A级	各气候区
保温用矿物棉喷涂	上海维喷涂技术有限公司	憎水型无机纤维喷涂保温层(SPR5)	80-150	≤6	≤6	≤0.042	±10	大于5倍自重	≥98	1.2~1.8	≤5.0	≥0.8	≤0.2	A级	各气候区

我国各气候区被动式低能耗建筑特定部位,即不透明幕墙保温、地下室顶板保温、电梯井、设备夹层等有防火、保温、吸声要求的部位。保温层"皮肤式"覆盖于基层墙体,无接缝、无冷桥。无机纤维作为一种保温材料,可广泛用于建筑室内外墙保温系统中。

13 抹面胶浆和粘结胶浆

13 抹面胶浆和粘结胶浆

产品名称	生产厂商	产品型号	拉伸粘结强度（与岩棉条），kPa				柔韧性		抗冲击性	吸水量 g/m²	可操作时间，h	适用范围
			原强度	耐水强度		耐冻融强度	抗压强度/抗折强度（水泥基）	开裂应变（非水泥基），%				
				浸水48h，干燥2h	浸水48h，干燥7d							
抹面胶浆	北京金隅砂浆有限公司	533-RW（被动房）	83.7	65.3	82.2	80.5	2.4	—	3J级	439	放置1.5h，拉伸粘结强度（与岩棉条）为81kPa	各气候区

产品名称	生产厂商	产品型号	拉伸粘结强度（与水泥砂浆），kPa			拉伸粘结强度（与岩棉条），kPa			可操作时间，h	适用范围
			原强度	耐水强度		原强度	耐水强度			
				浸水48h，干燥2h	浸水48h，干燥7d		浸水48h，干燥2h	浸水48h，干燥7d		
粘结胶浆	北京金隅砂浆有限公司	523-RW（被动房）	646.2	400.3	618.9	90.7	67.9	87.4	放置1.5h，拉伸粘结强度（水泥砂浆）为634.5kPa	各气候区

产品名称	生产厂商	产品型号	拉伸粘结强度（与聚苯板），MPa				柔韧性		抗冲击性	吸水量 g/m²	可操作时间，h	适用范围
			原强度	耐水强度		耐冻融强度	抗压强度/抗折强度（水泥基）	开裂应变（非水泥基），%				
				浸水48h，干燥2h	浸水48h，干燥7d							
抹面胶浆	北京敬业达新型建筑材料有限公司	EX36	0.15，破坏在聚苯板中	0.10	0.14	0.13	2.7	—	3J级	423	放置1.5h后与模塑板拉伸粘结强度0.13MPa	各气候区

续表

产品名称	生产厂商	产品型号	拉伸粘结强度（与水泥砂浆），MPa			拉伸粘结强度（与聚苯板），MPa			可操作时间，h	适用范围
			原强度	耐水强度（浸水48h，干燥2h）	浸水48h，干燥7d	原强度	耐水强度（浸水48h，干燥2h）	浸水48h，干燥7d		
胶粘剂	北京敬业达新型建筑材料有限公司	EX36	0.73	0.55	0.72	0.14，破坏发生在聚苯板中	0.10	0.13	放置1.5h后与水泥砂浆拉伸粘结强度0.73MPa	各气候区

产品名称	生产厂商	产品型号	拉伸粘结强度（与岩棉板），kPa				拉伸粘结强度（与岩棉条），kPa				柔韧性		抗冲击性	吸水量，g/m²	可操作时间，h	适用范围
			原强度	浸水48h，干燥2h	浸水48h，干燥7d	冻融后	原强度	浸水48h，干燥2h	浸水48h，干燥7d	冻融后	压折比（水泥基）	开裂应变（非水泥基），%				
聚合物抹面干粉	河北三楷深发科技股份有限公司	SK-B02	16	15	15		315	261	280	235	2.7	—	3J级	455	1.5h，与岩棉板拉伸粘结强度15kPa；与岩棉条拉伸粘结强度305kPa	各气候区

产品名称	生产厂商	产品型号	拉伸粘结强度（与水泥砂浆），kPa			拉伸粘结强度（与岩棉板），kPa			拉伸粘结强度（与岩棉条），kPa			可操作时间，h	适用范围
			原强度	耐水强度（浸水48h，干燥2h）	耐水强度（浸水48h，干燥7d）	原强度	耐水强度（浸水48h，干燥2h）	耐水强度（浸水48h，干燥7d）	原强度	耐水强度（浸水48h，干燥2h）	耐水强度（浸水48h，干燥7d）		
聚合物粘结干粉	河北三楷深发科技股份有限公司	SK-B01	655	331	632	16	15	15	312	255	288	放置1.5h，与水泥砂浆拉伸粘结强度627kPa；与岩棉板拉伸粘结强度15kPa；与岩棉条277kPa	各气候区

续表

抹面胶浆

产品名称	生产厂商	产品型号	拉伸粘结强度（与聚苯板），MPa			耐冻融强度	柔韧性		抗冲击性	吸水量，g/m²	可操作时间，h	适用范围
			原强度	耐水强度			压折比（水泥基）	开裂应变（非水泥基），%				
				浸水48h，干燥2h	浸水48h，干燥7d							
抹面胶浆	江苏卧牛山保温防水技术有限公司	WRM	≥0.16，破坏发生在聚苯板中	≥0.12	≥0.16	≥0.18	≤2.6	—	3J级	≤400	1.5~4	各气候区

胶粘剂

产品名称	生产厂商	产品型号	拉伸粘结强度（与水泥砂浆），MPa			拉伸粘结强度（与聚苯板），MPa			可操作时间，h	适用范围
			原强度	耐水强度		原强度	耐水强度			
				浸水48h，干燥2h	浸水48h，干燥7d		浸水48h，干燥2h	浸水48h，干燥7d		
胶粘剂	江苏卧牛山保温防水技术有限公司	WAE-204	≥0.8	≥0.6	≥1.0	≥0.14，破坏发生在聚苯板中	≥0.11	≥0.15	1.5~4	各气候区

抹面胶浆

产品名称	生产厂商	产品型号	拉伸粘结强度（与模塑板），MPa			耐冻融强度	柔韧性		抗冲击性	吸水量，g/m²	可操作时间，h	其他检测性能	适用范围
			原强度	耐水强度			抗压强度/抗折强度（水泥基）	开裂应变（非水泥基），%					
				浸水48h，干燥2h	浸水48h，干燥7d								
抹面胶浆	北京建工新型建材有限责任公司涿州分公司	HJ-610	0.13，破坏发生在模塑板中	0.09	0.12	0.11	2.2	—	3J级	423	放置1.5h，拉伸粘接强度（与模塑板）为0.13	不透水性	各气候区

粘结胶浆

产品名称	生产厂商	产品型号	拉伸粘结强度（与水泥砂浆），MPa			拉伸粘结强度（与模塑板），MPa			可操作时间，h	适用范围
			原强度	耐水强度		原强度	耐水强度			
				浸水48h，干燥2h	浸水48h，干燥7d		浸水48h，干燥2h	浸水48h，干燥7d		
粘结胶浆	北京建工新型建材有限责任公司涿州分公司	HJ-620	0.71	0.41	0.67	0.13，破坏发生在模塑板中	0.09	0.12	放置1.5h，拉伸粘接强度（与模塑板）为0.68	试样抹面层内侧无水渗透 各气候区

续表

产品名称	生产厂商	产品型号	拉伸粘结强度（与模塑板），MPa 原强度	拉伸粘结强度（与模塑板），MPa 耐水强度 浸水48h，干燥2h	拉伸粘结强度（与模塑板），MPa 耐水强度 浸水48h，干燥7d	拉伸粘结强度（与模塑板），MPa 耐冻融强度	柔韧性 抗压强度/抗折强度（水泥基）	柔韧性 开裂应变（非水泥基），%	抗冲击性	吸水量，g/m²	可操作时间，h	不透水性	适用范围
抹面胶浆	广骏新材料科技有限公司	MM-18	0.12，破坏发生在模塑板中	0.08	0.11	0.11	2.6	—	3J级	346	放置1.5h，拉伸粘结强度（与模塑板）为0.11MPa	试样抹面层内侧无水渗透	各气候区

产品名称	生产厂商	产品型号	拉伸粘结强度（与水泥砂浆），MPa 原强度	拉伸粘结强度（与水泥砂浆），MPa 耐水强度	拉伸粘结强度（与模塑板），MPa 原强度	拉伸粘结强度（与模塑板），MPa 耐水强度 浸水48h，干燥2h	拉伸粘结强度（与模塑板），MPa 耐水强度 浸水48h，干燥7d	可操作时间，h	适用范围
粘结胶浆	广骏新材料科技有限公司	ZJ-12	0.71	0.36	0.62	0.08	0.12 0.13，破坏发生在模塑板中	放置1.5h，拉伸粘结强度（与水泥砂浆）为0.68	各气候区

产品名称	生产厂商	产品型号	拉伸粘结强度（与聚苯板），MPa 原强度	拉伸粘结强度（与聚苯板），MPa 耐水强度 浸水48h，干燥2h	拉伸粘结强度（与聚苯板），MPa 耐水强度 浸水48h，干燥7d	拉伸粘结强度（与聚苯板），MPa 耐冻融强度	柔韧性 抗压强度/抗折强度（水泥基）	柔韧性 开裂应变（非水泥基），%	抗冲击性	吸水量，g/m²	可操作时间，h	不透水性	适用范围
抹面胶浆	北鹏科技发展集团股份有限公司	801-010 802-010	≥0.10，破坏发生在模塑板中	≥0.06	≥0.10	≥0.10	≤3.0	≥1.5	3J级	≤500	1.5-4.0	试样抹面层内侧无水渗透	各气候区

续表

产品名称	生产厂商	产品型号	拉伸粘结强度（与水泥砂浆），MPa		拉伸粘结强度（与聚苯板），MPa		可操作时间, h	适用范围
			原强度	耐水强度	原强度	耐水强度		
粘结胶浆	北鹏科技发展集团股份有限公司	601-010 602-010	≥0.60	≥0.40	≥0.10	≥0.10	1.5~4.0	各气候区

产品名称	生产厂商	产品型号	拉伸粘结强度（与模塑板），MPa				柔韧性 抗压强度/抗折强度（水泥基）	不透水性, %	抗冲击性	吸水量, g/m²	可操作时间, h	适用范围
			原强度	耐水强度		耐冻融强度						
				浸水48h，干燥2h	浸水48h，干燥7d							
抹面胶浆	北京北鹏首豪建材集团有限公司	抹面胶浆	0.13	0.08	0.11	0.11	2.5	试样抹面层内侧无水渗透	3J级	296	放置1.5h，拉伸结强度（与模塑板）为0.12MPa	各气候区

产品名称	生产厂商	产品型号	拉伸粘结强度（与水泥砂浆），MPa			拉伸粘结强度（与模塑板），MPa			可操作时间, h	适用范围
			原强度	耐水强度		原强度	耐水强度			
				浸水48h，干燥2h	浸水48h，干燥7d		浸水48h，干燥2h	浸水48h，干燥7d		
胶粘剂	北京北鹏首豪建材集团有限公司	胶粘剂	0.71	0.46	0.66	0.13	0.08	0.11	放置1.5h，拉伸结强度（水泥砂浆）为0.68MPa	各气候区

产品名称	生产厂商	产品型号	拉伸粘结强度（与模塑板），MPa				柔韧性 抗压强度/抗折强度（水泥基）	不透水性, %	抗冲击性	吸水量, g/m²	可操作时间, h	适用范围
			原强度	耐水强度		耐冻融强度						
				浸水48h，干燥2h	浸水48h，干燥7d							
抹面胶浆	河北美筑节能科技有限公司	抹面砂浆	0.13	0.08	0.11	0.11	2.4	试样抹面层内侧无水渗透	3J级	334	放置1.5h，拉伸结强度（与模塑板）为0.13MPa	各气候区

续表

产品名称	生产厂商	产品型号	拉伸粘结强度（与水泥砂浆），MPa			拉伸粘结强度（与模塑板），MPa			可操作时间，h	适用范围
			原强度	耐水强度		原强度	耐水强度			
				浸水48h，干燥2h	浸水48h，干燥7d		浸水48h，干燥2h	浸水48h，干燥7d		
胶粘剂	河北美筑节能科技有限公司	胶粘剂	0.71	0.42	0.64	0.13，破坏发生在模塑板中	0.08	0.11	放置1.5h，拉伸结强度（水泥砂浆）为0.69MPa	各气候区

14 预压膨胀密封带

14 预压膨胀密封带

产品名称	生产厂商	产品型号	性能指标								适用范围
			荷载	抗暴风雨强度，Pa	热导率，W/(m·K)	密封透气性，m³/[h·m·(daPa)^n]	抗水蒸气扩散系数	耐候性	与其他材料相容性	燃烧性能等级	
预压缩膨胀密封带	德国博仕格有限公司	预压缩膨胀密封带 COMBBAND300	BG2级	300	$\lambda_{10}=0.048$	$a<0.1$	$\mu \leq 100$	$-30\sim90$℃，短时间达到120℃	满足BG2	B$_1$级	各气候区
		预压缩膨胀密封带 COMBBAND600	BG1级	600	$\lambda_{10}=0.045$	$a<0.1$	$\mu<100$	$-30\sim90$℃	满足BG1	B$_1$级	各气候区

15 防潮保温垫板

产品名称	生产厂商	产品型号	密度, kg/m³	抗弯强度, N/mm³	导热系数, W/(m·K)	镙钻防脱力, N	厚度膨胀(24h浸水)	吸水性(24h浸水)	尺寸变化(24h浸水)	适用范围
防潮保温垫板	德国博仕格有限公司	Phonotherm 200	500±50	7.8	0.076	650	1.0%	5%	1%	各气候区
			700±50	10.5	0.10	800	1.0%	4%	1%	

产品名称	生产厂商	产品型号	密度, kg/m³	抗压强度, N/mm²	E值, N/mm²	抗水蒸气扩散值Sd, m	长度膨胀系数(-20℃~60℃范围内)	残余水分	建筑材料燃烧等级	适用范围
防潮保温垫板	德国博仕格有限公司	Phonotherm 200	500±50	24.2	500	0.27	$28.375 \cdot 10^{-6}\mathrm{K}^{-1}$	2%~4%	B_2级，不会燃至流状滴下	各气候区
			700±50	26.3	750	0.37	$28.375 \cdot 10^{-6}\mathrm{K}^{-1}$	2%~4%	B_2级，不会燃至流状滴下	

产品名称	生产厂商	产品型号	导热系数(25℃), W/(m·K)	密度, kg/m³	弯曲强度, MPa	抗压强度, MPa	镙钻防脱力, N	吸水率(24h浸水), %	燃烧性能	适用范围
普恩生态仿木板	上海华峰普恩聚氨酯有限公司	PH600	≤0.10	650±100	≥8	≥8	≥600	≤5	B_2级	各气候区

16 锚栓

16　锚栓

产品名称	生产厂商	产品型号	单个锚栓的抗拉承载力标准值, kN				锚栓圆盘的强度标准值, kN	单个锚栓对系统传热的增加值, W/(m²·K)	防热桥构造	适用范围
			普通混凝土基层墙体	实心砌体基层墙体	多孔砖砌体基层墙体	蒸压加气混凝土基层墙体				
锚栓	利坚美（北京）科技发展有限公司	10×215 10×275 10×305 10×365	0.81	0.55	0.45	0.39	0.53	0.001	锚栓有塑料隔热端帽，或有聚氨酯发泡填充阻断热桥	各气候区
	超思特（北京）科技发展有限公司	10×215 10×275 10×295 10×335 10×375	0.86	0.67	0.54	0.38	0.54	≤0.002	锚栓有塑料隔热端帽，或有聚氨酯发泡填充阻断热桥	各气候区
	北京沃德瑞康科技发展有限公司	10×225 10×245 10×275 10×295 10×325 10×350	0.82	0.64	0.53	0.40	0.54	≤0.002	锚栓有塑料隔热端帽，或有聚氨酯发泡填充阻断热桥	各气候区
		10×365	1.60	1.32	1.11	1.07	1.17	0.001		
	河北玄弧节能材料有限公司	10×350	1.66	1.52	0.77	0.49	1.25		锚栓有塑料隔热端帽	各气候区
	邯郸市美坚利五金制造有限公司	10×340	0.6~1.57	0.5~1.34	0.4~0.91	0.3~0.83	0.5~1.13	≤0.002	有	各气候区

17 耐碱网格布

17 耐碱网格布

产品名称	生产厂商	产品型号	单位面积质量, g/m²	化学成分, %	耐碱断裂强力（经、纬向）, N/50mm	耐碱断裂强力保有率（经、纬向）, %	断裂伸长率（经、纬向）, %	适用范围
耐碱网格布	利坚美（北京）科技发展有限公司	网孔4×4	171.8	ω（Na₂O）+（K₂O） ω（SiO₂） ω（Al₂O₃）	经向：1551 纬向：2109	经向：75.8 纬向：82.8	经向：4.0 纬向：3.9	各气候区
	超思特（北京）科技发展有限公司	4×4–160g	175		经向：1020 纬向：1191	经向：64.5 纬向：65.7	经向：3.6 纬向：3.6	各气候区外墙保温工程用材料等
	河北玄狐节能材料有限公司	160g	167		经向：1038 纬向：1694	经向：74 纬向：71	经向：2.7 纬向：2.1	各气候区
	北京沃德瑞康科技发展有限公司	BD4×4–160g/m²	166.6 ≥160	ω（Na₂O），8-10（K₂O），2（CaO），10~21（Al₂O₃），8~14 ω（SiO₂），46~48 ω高分子耐碱涂层14~16	经向：1003 纬向：1060 ≥1000	经向：58.8 纬向：63.3 ≥50	经向：3.9 纬向：3.8 ≤5	各气候区

18 门窗连接条

18 门窗连接条

产品名称	生产厂商	产品型号	耐寒性	耐热性	网布与护角拉力, N/50mm	最低粘网宽度, mm	单位面积质量, g/m²	适用范围
门窗连接条	利坚美（北京）科技发展有限公司	2.2×1.6×1.4	−35℃、48h, 无气泡、裂纹、麻点等外观缺陷	50℃、48h, 无气泡、裂纹、麻点等外观缺陷	224	100	171.8	各气候区

第三类 设备组

19 新风与空调设备

19 新风与空调设备

产品名称	生产厂商	产品型号	标准/最大新风量，m³/h	最大循环风量，m³/h	显热回收效率，%	全热回收效率，%	制冷量，kW	制热量，kW	通风电力需求，Wh/m³	系统COP	余压，Pa	过滤等级	噪声，dB（A）	适用范围
全热回收除霾抗菌新风空调一体机	中山万得福电子热控科技有限公司	XKD-26D-150	60/120	400	80.1	77.3	2.6	3.4	<0.45	2.8	60	G4或以上	36	各气候区
		XKD-35D-200	90/200	500	80.1	77.3	3.5	4.0	<0.45	2.8	100	G4或以上	36	各气候区
		XKD-51D-300	120/300	600	80.1	77.3	5.1	6.2	<0.45	2.8	120	G4或以上	36	各气候区
		XKD-72D-500	150/500	700	80.1	77.3	7.2	8.6	<0.45	2.8	150	G4或以上	36	各气候区

产品名称	生产厂商	产品型号	标准/最大新风量，m³/h	显热回收效率，%	全热回收率，%	输入功率，kW	通风电力需求，Wh/m³	余压，Pa	过滤等级	噪声，dB（A）	适用范围
集中式全热回收新风机	中山万得福电子热控科技有限公司	ERV-5000	1000/5000	80.1	77.3	3.0	<0.45	350	G4或以上	46	各气候区

续表

产品名称	生产厂商	产品型号	性能指标					适用范围
			最大风量，m³/h	热回收效率，%	余压，Pa	功率，W	电流，A	
全热交换器	上海兰舍空气技术有限公司	Comfo350 ERV 全热交换主机	350	85	225	241	1.78	各气候区
		Comfo550 ERV 全热交换主机	550	85	240	365	2.56	

产品名称	生产厂商	产品型号	性能指标						适用范围
			最大风量，m³/h	显热回收效率，%	功率，W	电压，V	重量，kg	设备噪声，dB（A）	
全热交换器	上海兰舍空气技术有限公司	ERV250/GL 全热交换主机	273	≥75	108	220（50Hz）	29.2	33	各气候区
		ERV350/GL 全热交换主机	341	≥75	126	220（50Hz）	29.2	34	
		ERV550/GL 全热交换主机	551	≥75	276	220（50Hz）	35	43	

产品名称	生产厂商	产品型号	性能指标						适用范围
			最大风量，m³/h	制冷量，kW	制热量，kW	通风电力需求，Wh/m³	系统COP	设备噪声，dB（A）	
被动式建筑能源环境与系统设备	同方人工环境有限公司	PA30E/C	600	2.92	3.01	≤0.45	3.34（制热）	≤42	各气候区
		PA40E/C Ⅲ	650	4.17	4.02	≤0.45	3.06（制热）	≤42	各气候区
		PA50E/C Ⅲ	750	5.01	5.10	≤0.45	2.97（制热）	≤48	各气候区

续表

产品名称	生产厂商	产品型号	最大风量，m³/h	显热回收效率，%	制冷量，kW	制热量，kW	通风电力需求，Wh/m³	系统COP	设备噪声dB（A）	适用范围
						性能指标				
被动式建筑能源环境系统与设备	同方人工环境有限公司	PA58EH/C（内置150L热水箱）	1100	≥75	5.30	5.80	≤0.45	3.07（制热）	≤55	各气候区
		PA40E-D/CⅢ（带除湿功能）	650	≥75	4.20	4.07	≤0.45	3.08（制热）	≤42	有除湿需求的地区
		PA50E-D/CⅢ（带除湿功能）	750	≥75	5.05	5.15	≤0.45	2.98（制热）	≤48	有除湿需求的地区

产品名称	生产厂商	产品型号	新风/循环风量，m³/h	显热/全热回收效率，%	制冷量，kW	制热量，kW	通风电力需求，W/（m³/h）	系统COP	设备噪声dB（A）	适用范围
						性能指标				
被动式建筑能源环境系统与设备	森德中国暖通设备有限公司	CHM-AC60HB	200/600	85/62	3.5	3.80	≤0.45	制冷：4.6 制热：5.0	≤42	各气候区
		CHM-GC60HN	200/600	85/62	3.8	4.2	≤0.45	制冷：5.6 制热：5.6	≤42	各气候区
		CHM-NC60HN	200/600	85/62	3.2	3.5	≤0.45		≤42	各气候区
		CHN-AC120HB	400/1200	85/65	5.0	5.1	≤0.45	制冷：4.5 制热：5.0	≤50	各气候区

续表

产品名称	生产厂商	产品型号	性能指标						适用范围
			最大风量，m³/h	显热回收效率，%	全热回收率，%	机外静压，Pa	功率，W	电流，A	
全热回收新风机	森德中国暖通设备有限公司	CA200ERV	215	85	60	100	95	0.43	各气候区
		CA350 ERV	350	85	60	225	241	1.1	各气候区
		CA550 ERV	550	85	60	240	365	1.66	各气候区
吊顶全热回收处理机		CA–D9100	1000	85	60	220	650	2.95	各气候区 带空气净化功能
		CA–D9150	1500	85	60	220	990	4.5	各气候区 带空气净化功能

产品名称	生产厂商	产品型号	性能指标							适用范围
			最大风量，m³/h	全热回收效率（制热），%	全热回收效率（制冷），%	噪声值，dB（A）	出口全压	过滤级别	PM2.5过滤率	功率，W	
管道式热回收新风机	北京朗适新风技术有限公司	WRG–L全热交换空气净化新风机	300	≥ 75	≥69	39	150	F8以上	≥90%	190	各气候区
蓄放热式热回收新风机		LUNO–e²蓄放热式热回收新风机	30	≥ 90.6		19（计权隔声量42）		F8以上	≥80%	3.0	除严寒地区外

续表

产品名称	生产厂商	产品型号	标准/最大风量, m³/h	标准新风量, m³/h	显热回收效率, %	制冷量, kW	制热量, kW	通风电力需求, Wh/m³	系统COP	过滤等级	适用范围
						性能指标					
中央式热回收除霾能源环境机	河北省建筑科学研究院	JYXFGBR-720	615/720	180	78	4.2	4.5	≤0.45	3.0(制热)	F9	寒冷及部分严寒地区
		JYXFGBR-930	790/930	180	78	6.5	7.4	≤0.45	3.0(制热)	F9	寒冷及部分严寒地区

产品名称	生产厂商	产品型号	标准/最大风量, m³/h	显热回收效率, %	最大静压, Pa	功率, W	过滤效率, %	有效换气率, %	重量, kg	适用范围
					性能指标					
中央式热回收新风换气机	博乐环境系统（苏州）有限公司	Komfort EC SB 350	350/415	80	150/50	173	90	98	56	各气候区

产品名称	生产厂商	产品型号	风量, m³/h	显热交换效率, %	潜热交换效率, %	全热交换效率, %	压力损失, Pa	适用范围
					性能指标			
全热交换芯块	中山市创思泰新材料科技股份有限公司	TA-334/334-393-2.3	230	80.1	70.9	77.3	54	各气候区
		TA-199/438/198-440-2.3	260	80.4	65.3	75.2	82	各气候区
			180	86.4	76.6	83.5	61	

续表

产品名称	生产厂商	产品型号	最大新风量，m³/h	最大送风量，m³/h		性能指标					
					显热交换效率，%	湿交换效率，%	焓交换效率，%	功率，W	噪声，dB（A）	适用范围
多传感变风量全热新风机	杭州龙碧科技有限公司	LB250-1S	200	200	制冷工况：80%±3% 制热工况：91%±3%	制冷工况：71%±3% 制热工况：63%±3%	制冷工况：73%±3% 制热工况：82%±3%	≤75	≤41.6	各气候区

产品名称	生产厂商	产品型号	新风量/排风量，m³/h	循环风量，m³/h	性能指标							
					显热交换效率，%	焓交换效率，%	有效换气率，%	制冷量，kW	制热量，kW	输入功率，W	出口全压，Pa	风口噪声，dB（A）	适用范围
全热新风空调净化一体机（户用）	绍兴龙碧科技有限公司	LB900-1 H/P/C（板式全热交换型）	≥300	600	制热：82 制冷：70	制热：74 制冷：64	98	4.5	6.5	132	75	43	各气候区

产品名称	生产厂商	产品型号	新风量/排风量，m³/h	性能指标							
				显热交换效率，%	焓交换效率，%	有效换气率，%	制冷量，kW	制热量，kW	输入功率，W	出口全压，Pa	设备噪声，dB（A）	适用范围
全热新风空调净化一体机（商用/工业）	绍兴龙碧科技有限公司	LB2000-1H/P/C（板式全热交换型）	2000	制热：84 制冷：67	制热：77 制冷：64	92	12	13	880	125	60	各气候区

续表

产品名称	生产厂商	产品型号	标准/最大新风量, m³/h	最大循环风量, m³/h	显热回收效率, %	制冷量, kW	制热量, kW	通风电力需求, Wh/m³	系统COP	余压, Pa	过滤等级	噪声, dB(A)	适用范围
被动式建筑能源环境与设备	中洁环境科技（西安）有限公司	SC-QT1S32-F15DL（G）A	90~200	750	夏季≥76 冬季≥80	3.25	3.5	≤0.45	制冷:3.0 制热:3.2	150	G4+H12	≤42	各气候区
		SC-QT1S14-F27DC（G）A	150~300	300	夏季≥75 冬季≥85	1.44	1.04	≤0.45	制冷:3.0 制热:3.2	125	G4+H12	≤42	各气候区

产品名称	生产厂商	产品型号	最大新风量, m³/h	最大送风量, m³/h	显热交换效率, %	制冷量, kW	制热量, kW	通风电力需求, Wh/m³	余压, Pa	过滤等级	噪声	适用范围
高效热回收新风换气机组	山东美诺邦马节能科技有限公司	HDXF-D2T	200	200	90.9	—	—	<0.45	85	G4或以上	≤39	各气候区

产品名称	生产厂商	产品型号	风量, m³/h	制冷全热回收效率, %	制热全热回收效率, %	制冷量, kW	制热量, kW	出口余压, Pa	通风电力需求, Wh/m³	过滤级别	设备噪声, dB	适用范围
被动式住宅全热交换器	台州市普瑞泰环境设备股份有限公司	ERV250-DCS/1	250	≥70	≥75	—	—	≥101	≤0.45	F7+粗效	≤40	各气候区
		ERV350-DCS/1	350	72.1	75.8		116		0.38	H11+粗效	38.3	各气候区

续表

产品名称	生产厂商	产品型号	风量，CMH	显热回收效率，%	性能指标								适用范围
					制冷量，W	制热量，W	通风电力需求，Wh/m³	出口余压，Pa	系统COP	过滤级别	设备噪声，dB		
被动式住宅空调气调节器	浙江普瑞泰环境设备股份有限公司	DBDF-35B-15D	500	80	3500	3900	≤0.45	100	2.7	高效H11	36	-18℃~43℃
		DBDF-50B-20D	800	80	5000	5400	≤0.45	100	2.7	高效H11	34	-18℃~43℃

产品名称	生产厂商	产品型号	风量，m³/h	制冷工况全热回收效率，%	制热工况全热回收效率，%	通风电力需求，Wh/m³	出口余压，Pa	过滤级别	设备噪声，dB	适用范围
节能变频高效净化全热交换器	厦门狄耐克环境智能科技有限公司	DAR-356（石墨烯全热交换芯体）	250	83.2	71.7	≤0.45	80	G4或以上	31.8	各气候区

产品名称	生产厂商	产品型号	风量，m³/h	显热回收效率，%	制热回收效率，%	制冷量，W	制热量，W	有效换气率，%	通风电力需求，Wh/m³	过滤级别	设备噪声，dB	适用范围
被动式建筑新风能源环境一体机（五恒机）	厦门狄耐克环境智能科技有限公司	DAQ-800（石墨烯全热交换芯体）	200	≥75	59.2	3994	5080	92.8	≤0.45	G4或以上	33.5	各气候区

续表

性能指标

产品名称	生产厂商	产品型号	新风量/排风量, m³/h	温度交换效率, %	焓交换效率, %	额定制冷量, W	额定制热量, W	系统COP	有效换气率, %	通风电力需求, Wh/m³	过滤级别	设备噪声, dB(A)	适用范围
超低温喷气增焓全效新风环控一体机（五恒机）	厦门水耐克环境智能科技有限公司	DAQ-800A	201/200	制热工况:79.9 制冷工况:63.2	制热工况:73.2 制冷工况:62.7	4543	6622	制冷:2.9 制热:3.17	96.6	检测值0.408（≤0.45）	G4或以上	37	各气候区

性能指标

产品名称	生产厂商	产品型号	风量, m³/h	制热工况显热回收效率, %	制冷量, W	制热量, W	出口余压, Pa	有效换气率, %	通风电力需求, Wh/m³	过滤级别	设备噪声, dB(A)	适用范围
环境一体机	河北绿色建筑科技有限公司	LCN-36BP-150（SC）	150	90.4	3600	4100	112/108	99.4	≤0.45	G4/H11	35.8	各气候区
		LCN-72BP-300（SC）	280	82.3	7200	8300	90/86	99.2	≤0.45	G4/H11	40.5	各气候区
		LCN-52BP-200（SC）	200	81.5	5200	6200	114/117	99.2	≤0.45	G4/H11	40.9	各气候区

性能指标

产品名称	生产厂商	产品型号	风量, CMH	显热回收效率, %	焓交换效率, %	制冷量, W	制热量, W	制冷/制热COP值	出口余压（新风/排风）, Pa	有效换气率, %	通风电力需求, Wh/m³	过滤级别	设备噪声, dB(A)	适用范围
通风机（环控机）	浙江曼瑞德环境技术股份有限公司	HK100-3.5D	150	制热工况:82.5 制冷工况:69.2	制热工况:78.8 制冷工况:70.3	4293	4546	3.69/3.84	104/56	96.6	≤0.27	F9与G4	37.2	各气候区

续表

产品名称	生产厂商	产品型号	新风量排风量，m³/h	制热工况焓交换效率，%	制冷工况焓交换效率，%	有效换气率，%	新风出口全压/排风出口全压，Pa	PM2.5过滤效率，%	设备噪声，dB（A）	适用范围
				性能指标						
全热交换新风主机	浙江曼瑞德环境技术股份有限公司	IEC5.350E	350/350	76.2	61.2	97.9		97.2	36.2	各气候区

产品名称	生产厂商	产品型号	风量，CMH	显热回收效率，%	制冷量，W/功率，W	制热量，W	通风电力需求，Wh/m³	出口余压，Pa	系统COP	过滤级别	设备噪声，dB	适用范围
					性能指标							
新风全热交换机	苏州格兰斯柯光电科技有限公司	JW-250-DB-XC	250	75	100		≤0.45	120	—	G4以上	38	各气候区
		JW-350-DB-XC	350	75	180		≤0.45	120	—	G4以上	40	各气候区
能源一体机		JW-NY25-Z	450	75	2500	2800	≤0.45	80	制冷：2.7 制热：3.0	G4以上	36	各气候区
		JW-NY35-Z	600	75	3500	3700	≤0.45	80	制冷：2.7 制热：3.0	G4以上	38	各气候区
		JW-NY50-Z	800	75	5000	5400	≤0.45	80	制冷：2.7 制热：3.0	G4以上	40	各气候区
		JW-NY72-Z	1000	75	7200	7800	≤0.45	80	制冷：2.7 制热：3.0	G4以上	42	各气候区

续表

产品名称	生产厂商	产品型号	新风量/排风量,m³/h	回风量,m³/h	制热工况焓交换效率,%	制冷工况焓交换效率,%	有效换气率,%	制冷量,W	制热量,W	输入功率,W	新风出口全压/排风出口全压,Pa	空气净化率,%	设备噪声,dB(A)	适用范围
							性能指标							
被动式环控一体机	致果环境科技(天津)有限公司	ARIJ72C060LP0	576/581	1200	80	71	95	7597	8275	258	192/131	≥90	43	各气候区

产品名称	生产厂商	产品型号	新风量/排风量,m³/h	显热回收效率,%	焓交换率,%	制冷量,W	制热量,W	通风电力需求,Wh/m³	制冷能效比/制热性能系数	过滤级别	设备噪声,dB(A)	适用范围
						性能指标						
被动式环控一体机	致果环境科技(天津)有限公司	AR-J36A015LP1(石墨烯全热交换芯)	151/150	制热:90 制冷:72	制热:84 制冷:80	3657	4361	<0.45 功率:63W	3.05/3.28	G4或以上	≤39	各气候区
		AR-J54A020LP1(石墨烯全热交换芯)	200/199	制热:88 制冷:66	制热:86 制冷:76	5341	5738	<0.45 功率:89W	2.86/3.11	G4或以上	≤40	各气候区

产品名称	生产厂商	产品型号/尺寸	新风量/排风量,m³/h	出口全压(新风/排风),Pa	焓交换效率,%	有效换气率,%	制冷量,W	制热量,W	输入功率,W	设备噪声,dB(A)	超低温热泵额定制热量(-12℃),W	超低温热泵额定制热量(-20℃),W	适用范围
							性能指标						
被动式环控一体机	致果环境科技(天津)有限公司	AR-IJ72A030LP1/1350×1350×295	300/300	117/60	制热工况:71 制冷工况:62	98	6959	8024	135	43	6983	6260	各气候区

续表

产品名称	生产厂商	产品型号	新风量/排风量，m³/h	性能指标								适用范围
				显热回收效率，%	焓交换率，%	新风出口余压/排风出口余压，Pa	有效换气率，%	通风电力需求，Wh/m³	过滤级别	设备噪声，dB（A）		
智控节能新风系统	致果环境科技（天津）有限公司	SX-200-A-XFK01（石墨烯全热交换芯）	200	制热工况：78 制冷工况：62	制热工况：70 制冷工况：60	110/15	96	≤0.45 输入功率：84W	G4或以上	≤39	各气候区（机器重量18.55kg）
智控节能新风系统		S-035-APP301（石墨烯全热交换芯）	351/349	制热：84 制冷：72	制热：79 制冷：71	160/104	98	<0.45 输入功率：153W	G4或以上	≤44	各气候区

产品名称	生产厂商	产品型号	新风量/排风量，m³/h	性能指标						适用范围
				新风出口全压/排风出口全压，Pa	制热工况焓交换效率，%	制冷工况焓交换效率，%	输入功率，W（通风电力需求≤0.45 Wh/m³）	过滤级别	设备噪声，dB（A）	
新风净化机	维加智能科技（广东）有限公司	BD20R	201/195	69/31	78	66	88	H11	45	各气候区

产品名称	生产厂商	产品型号	新风量/排风量，m³/h	回风量，m³/h	性能指标									适用范围
					制热工况焓交换效率，%	制冷工况焓交换效率，%	有效换气率，%	制冷量，W	制热量，W	输入功率，W	空气净化效率，%	新风出口全压/排风出口全压，Pa	设备噪声，dB（A）	
被动式住宅环控新风能源系统	杭州弗迪沃斯电气有限公司	FD-EQ700	210/210	500	76	60	92	4054	3757	161	≥90	36/29	44	各气候区

续表

产品名称	生产厂商	产品型号	性能指标												
			新风量/排风量, m³/h	回风量, m³/h	温度交换效率, %	焓交换效率, %	有效换气率, %	制冷量, W	制热量, W	输入功率, W（通风电力需求 ≤0.45wh/m³）	新风出口全压/排风出口全压, Pa	系统COP	过滤级别	设备噪声, dB（A）	适用范围
新风热泵多功能一体机组	保尔雅（北京）被动式建筑科技有限公司	BEY1.0-36.51QW-200HH（智能控制，换季旁通）	202/202	800	制热: 79 制冷: 68	制热: 71 制冷: 61	96	3525	4049	90	123/131	制冷: 2.9 制热: 3.0	G4+H11	低档 ≤31 高档 ≤43	各气候区

产品名称	生产厂商	产品型号	性能指标										
			新风量/排风量, m³/h	回风量, m³/h	制热工况焓交换效率, %	制冷工况焓交换效率, %	有效换气率, %	制冷量, W	制热量, W	输入功率, W	新风出口全压/排风出口全压, Pa	空气净化效率, %	设备噪声, dB（A）	适用范围
直流变频新风热泵多功能一体机组	瑞多角（北京）科技有限公司	RD-CHP-D200/600	202/202	600	72	62	90	3228	4008	88	20/45	≥90	36	各气候区

产品名称	生产厂商	产品型号	性能指标										
			新风量/排风量, m³/h	回风量, m³/h	制热工况焓交换效率, %	制冷工况焓交换效率, %	有效换气率, %	制冷量, W	制热量, W	输入功率, W	新风出口全压/排风出口全压, Pa	空气净化效率, %	设备噪声, dB（A）	适用范围
新风热泵多功能一体机组	上海士诺净化科技有限公司	VHSN-5-GS04	250/238	250	90	89	96	5003	6066	113	114/12	≥90	40	各气候区

续表

性能指标

产品名称	生产厂商	产品型号	最大新风量/排风量, m³/h	标准新风量/排风量, m³/h	温度交换效率, %	焓交换效率, %	有效换气率, %	制冷量, W	制冷消耗功率, W	制热量, W	制热消耗功率, W	通风电力需求, Wh/m³	新风出口静压/排风出口静压, Pa	室内/室外设备噪声, dB(A)	适用范围
新风除湿机	珠海格力电器股份有限公司	XC02FB/NaQG	200/200	135/135	制热工况:75.1 制冷工况:61.6	制热工况:69.3 制冷工况:57.8	94.9	3688	777	2324	634	0.35	103/96（最大风量）	33.9/47.3	-15℃~43℃

性能指标

产品名称	生产厂商	产品型号/尺寸	新风量范围, m³/h	排风量范围, m³/h	出口静压, Pa 新风	出口静压, Pa 排风	输入功率, W	通风电力需求, Wh/m³	噪声, dB(A)	熔交换率, %	温度交换效率, %	有效换气率, %	PM2.5净化效率, %	过滤级别	适用范围
ACE环能一体机	上海伯岚暖通设备有限公司	BKF72U/1504×954×280	高挡:250 中挡:201 低挡:150	高挡:250 中挡:201 低挡:150	高挡:103 中挡:103 低挡:105	高挡:99 中挡:72 低挡:53	高挡:66 中挡:58 低挡:55	0.40	41	制热:77 制冷:71	制热:82 制冷:71	98	98	新风侧:G4+H11 回风侧:F7	各气候区

制热量, W	制热消耗功率, W	制热性能系数	制冷量, W	制冷消耗功率, W	制冷能效比
9053	2515	3.6	7607	2536	3.0

性能指标

产品名称	生产厂商	产品型号	可涵盖机型	尺寸（高/宽/深），mm	制冷量, W	制冷消耗功率, W	制热量, W	制热消耗功率, W	全年性能系数	待机功率, W	适用范围
空调机	东芝开利空调销售（上海）有限公司	MCY-MHP0505HT-C（F）（室外机）	MCY-MHP0205HT-CB MCY-MHP0305HT-C（F） MCY-MHP0405HT-C（F）（室外机）	900/990/390	12905	4529	14316	3573	4.88	18.8	各气候区
空调机		MCY-MHP0706HT-C（F）（室外机）	MCY-MHP0506HT-C（F） MCY-MHP0606HT-C（F）（室外机）	910/990/390	17246	5714	17212	4301	4.69	19.4	各气候区
空调机		MCY-MHP0805HT-C（F）（室外机）	MCY-MHP0705HT-C（F）（室外机）	1490/990/390	21317	7344	24767	6435	4.85	20.0	各气候区

第四类 其他

20 抽油烟机

20 抽油烟机

产品名称	生产厂商	产品型号	性能指标									适用范围
			风量，m³/min	风压，Pa	噪声，dB（A）	电机功率，W	照明功率，W	风管尺寸，mm	外观主要材质	控制方式	油脂分离度	
抽油烟机	武汉创新环保工程有限公司	CXW–218–JH168A	15±1	280	≤54	218	2×1.5	160	钢化玻璃/冷轧板	感应	98.9	各气候区

21 装饰装修材料

21 装饰装修材料

产品名称	生产厂商	容重，kg/m³	导热系数，W（m·K）	甲醛释放量，mg/m³	导热系数，W（m·K）	TVOC，mg/（m²·h）	燃烧性能	产烟特性等级	空气声隔声量	降噪系数	适用范围
碳化橡木皮软木墙板	Amorim Cork Insulation（葡萄牙）	110~120	≤0.041	0.006	≤0.041	≤0.06	B₂（E）	S2	20mm厚：29dB	0.13	室内外装饰装修材料

被动式低能耗建筑产业技术创新联盟名单

[理事长单位]

 江苏南通三建集团股份有限公司

[常务理事长单位]

 住房和城乡建设部科技与产业化发展中心

[副理事长单位]

 天津格亚德新材料科技有限公司

 黑龙江辰能盛源房地产开发有限公司

 辽宁辰威集团有限公司

 湖南伟大集团

 温格润节能门窗有限公司

 中国玻璃控股有限公司

 瑞士森科（南通）遮阳科技有限公司

亚松聚氨酯（上海）有限公司

 ViewMax 极景 极景门窗有限公司

中洁绿建科技（西安）有限公司

 北京康居认证中心有限公司

 秦皇岛五兴房地产有限公司

 大连博朗房地产开发有限公司

 哈尔滨森鹰窗业股份有限公司

 武汉创新环保工程有限公司

 上海森利建筑装饰有限公司

 中国建筑设计院有限公司

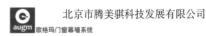 中国建材检验认证集团股份有限公司

北京市腾美骐科技发展有限公司

 北京海纳联创无机纤维喷涂技术有限公司

 中山市创思泰新材料科技股份有限公司

 哈尔滨鸿盛建筑材料制造股份有限公司

 浙江芬齐涂料密封胶有限公司

河北奥润顺达窗业有限公司

 天津南玻节能玻璃有限公司

 柯梅令（天津）高分子型材有限公司

 北京朗适新风技术有限公司

 康博达节能科技有限公司

 大连华鹰玻璃股份有限公司

 杭州龙碧科技有限公司

 青岛科瑞新型环保材料有限公司

河北堪森被动式房屋有限公司

北京物化天宝安全玻璃有限公司

 北京中慧能建设工程有限公司

 瓦克化学

致果环境科技（天津）有限公司

 北京市开泰钢木制品有限公司

北鹏科技发展集团股份有限公司
北鹏科技发展集团股份有限公司

DNAKE 狄耐克 厦门狄耐克环境智能科技有限公司

 北京金隅节能保温科技有限公司

 德国博乐 博乐环境系统（苏州）有限公司

 中亨新型材料科技有限公司

 SINOMA 南京玻纤院 中材科技股份有限公司南京玻纤院

 北京怡空间被动房装饰工程有限公司

 利坚美（北京）科技发展有限公司

 唐山市思远工程材料检测有限公司

 Quanex building products 美国QUANEX（柯耐士）建材产品集团

 北京海阳顺达玻璃有限公司

 SANYU 三玉窗业 山东三玉窗业有限公司

Cofinetree 高分宝树 北京高分宝树科技有限公司

HUASIN 华兴节能门窗 哈尔滨华兴节能门窗有限公司

中国·万嘉集团 万嘉集团有限公司

 天津耀皮玻璃公司

［会员单位］

 河北新华幕墙有限公司

TYDI 腾远 青岛腾远设计事务所有限公司

中筑设计 ARCH-HARMONY 北京中筑天和建筑设计有限公司

北京建筑材料科学研究总院 北京建筑材料科学研究总院有限公司

CAPOL 華陽國際　深圳市华阳国际建筑产业化有限公司

 堡密特建筑材料（苏州）有限公司

 信义玻璃（天津）有限公司

 天津市格瑞德曼建筑装饰工程有限公司

北京冠华东方玻璃科技有限公司

 南京南油节能科技有限公司

华达门窗　山东华达门窗幕墙有限公司

北京建工新型建材有限责任公司
北京建工新型建材有限责任公司

中冀广骏 GORGEOUS　广骏新材料科技有限公司

 GriWIND 格兰斯柯　苏州格兰斯柯光电科技有限公司

超思特（北京）科技发展有限公司

河北筑恒科技有限公司

盛和装饰　石家庄盛和建筑装饰有限公司

河北智博保温材料制造有限公司
河北智博保温材料制造有限公司

瑞多广角（北京）科技有限公司

 石家庄昱泰门窗有限公司

 台玻天津玻璃有限公司

秦恒　北京秦恒商贸有限公司

D+H　德国D+H

TECHNOFORM 泰诺风　泰诺风泰居安（苏州）隔热材料有限公司

JAYU 嘉寓　北京嘉寓门窗幕墙股份有限公司

青岛宏海幕墙有限公司　青岛宏海幕墙有限公司

建工茵莱　北京建工茵莱玻璃钢制品有限公司

JV绿拓　河北绿拓建筑科技有限公司

Stanley　天津斯坦利新型材料有限公司

胜达型材　河北胜达智通新型建材有限公司

 PAULAIR 保尔雅（北京）被动式建筑科技有限公司
 保尔雅（北京）被动式建筑科技有限公司

LUKO 弗迪沃斯　杭州弗迪沃斯电气有限公司

创元门窗　廊坊市创元门窗有限公司

士诺 THENOW　上海士诺净化科技有限公司

中国·五洲　北京五洲泡沫塑料有限公司

 朗意门业　朗意门业（上海）有限公司

E-VIPO　维加智能科技（广东）有限公司

华信九州节能科技（玉田）有限公司
主营：聚苯板 挤塑板 石墨聚苯板 聚合聚苯板 eps装饰线条
华信九州节能科技（玉田）有限公司

 贵州匠盟盟智能工程有限公司

 江苏同创谷新材料研究院有限公司

 北京建筑节能研究发展中心

 北京思家节能建材有限公司

 春光五金有限公司

 河北恒华昌耀建材有限公司

 河北天山建材科技有限公司

 河北玄狐节能材料有限公司

 天津仟世达建筑材料有限公司

 珠海格力电器有限公司

 哈尔滨阿蒙木业股份有限公司

 北京市建设工程质量第一检测所有限责任公司

 建邦新材料科技（廊坊）有限公司

 北京北鹏首豪建材集团有限公司

 北京宏安建筑装饰工程有限责任公司

 北京沃德瑞康科技发展有限公司

 哈尔滨韵格窗业有限公司

 河北美筑节能科技有限公司

 青岛安和日达工贸有限公司

 浙江星月门业有限公司

北京北方京航铝业有限责任公司

[团体会员]

 中国绝热节能材料协会

 中国建筑装饰装修材料协会建筑遮阳材料分会

 山东建筑大学

中国建筑防水协会

 世界绿色设计组织建筑专业委员会

 中国玻璃协会

山东城市建设职业学院

 苏州大学

 苏州科技大学

合肥经济技术开发区住宅产业化促进中心

天津市静海区大邱庄生态城发展建设管理局